eXamen.press

eXamen.press ist eine Reihe, die Theorie und Praxis aus allen Bereichen der Informatik für die Hochschulausbildung vermittelt.

Helmut Seidl · Reinhard Wilhelm ·
Sebastian Hack

Übersetzerbau

Band 3: Analyse und Transformation

Helmut Seidl
Technische Universität München
Institut für Informatik – I2
Boltzmannstr. 3
85748 Garching
seidl@in.tum.de

Reinhard Wilhelm
Universität des Saarlandes
FB Informatik
66041 Saarbrücken
wilhelm@cs.uni-sb.de

Sebastian Hack
Universität des Saarlandes
FB Informatik
66041 Saarbrücken
hack@cs.uni-sb.de

Das vorliegende Buch ist als Neuauflage aus dem Buch Wilhelm, R.; Maurer, D. *Übersetzerbau: Theorie, Konstruktion, Generierung* hervorgegangen, das in der 1. Auflage (ISBN 3-540-55704-0) und der 2. Auflage (ISBN 3-540-61692-6) im Springer-Verlag erschien.

ISSN 1614-5216
ISBN 978-3-642-03329-2   e-ISBN 978-3-642-03331-5
DOI 10.1007/978-3-642-03331-5
Springer Heidelberg Dordrecht London New York

Die Deutsche Nationalbibliothek verzeichnet diese Publikation in der Deutschen Nationalbibliografie; detaillierte bibliografische Daten sind im Internet über http://dnb.d-nb.de abrufbar.

© Springer-Verlag Berlin Heidelberg 2010, Corrected printing 2010
Dieses Werk ist urheberrechtlich geschützt. Die dadurch begründeten Rechte, insbesondere die der Übersetzung, des Nachdrucks, des Vortrags, der Entnahme von Abbildungen und Tabellen, der Funksendung, der Mikroverfilmung oder der Vervielfältigung auf anderen Wegen und der Speicherung in Datenverarbeitungsanlagen, bleiben, auch bei nur auszugsweiser Verwertung, vorbehalten. Eine Vervielfältigung dieses Werkes oder von Teilen dieses Werkes ist auch im Einzelfall nur in den Grenzen der gesetzlichen Bestimmungen des Urheberrechtsgesetzes der Bundesrepublik Deutschland vom 9. September 1965 in der jeweils geltenden Fassung zulässig. Sie ist grundsätzlich vergütungspflichtig. Zuwiderhandlungen unterliegen den Strafbestimmungen des Urheberrechtsgesetzes.
Die Wiedergabe von Gebrauchsnamen, Handelsnamen, Warenbezeichnungen usw. in diesem Werk berechtigt auch ohne besondere Kennzeichnung nicht zu der Annahme, dass solche Namen im Sinne der Warenzeichen- und Markenschutz-Gesetzgebung als frei zu betrachten wären und daher von jedermann benutzt werden dürften.

Satz: Druckfertige Daten der Autoren
Umschlaggestaltung: KünkelLopka Werbeagentur, Heidelberg

Gedruckt auf säurefreiem Papier

Springer ist Teil der Fachverlagsgruppe Springer Science+Business Media (www.springer.com)

Vorwort

Übersetzer für Programmiersprachen müssen nicht nur Programme der Quellsprache *korrekt* in Programme der Zielsprache, meist einer Maschinensprache, übersetzen. Darüber hinaus sollen sie häufig auch noch *möglichst guten* Code erzeugen. Als eine Entwicklermannschaft der IBM unter der Leitung von John W. Backus in den frühen 50er Jahren den ersten Übersetzer für die Programmiersprache FORTRAN entwarf und realisierte, war der Zielrechner nach heutigen Maßstäben extrem klein und extrem langsam. Deshalb ist es kein Wunder, dass die Idee einer *optimierenden* Übersetzung aufkam. Diese sollte die bescheidenen Maschinenressourcen so geschickt wie möglich ausnutzen.

Als imperative Programmiersprache war FORTRAN vor allem für numerische Berechnungen gedacht. Für diesen Zweck bietet FORTRAN als wichtigste Sprachkonstrukte Felder zur Speicherung von Vektoren und Matrizen an und Schleifen, um Algorithmen darauf zu formulieren. Felder und Schleifen bieten einen großen Spielraum für Programmtransformationen zur Verbesserung der Effizienz. In FORTRAN sind Felder strukturell recht nahe an den mathematischen Objekten, die man in ihnen speichert. Elemente eines multidimensionalen Felds werden durch mehrfache Indizierung mit ganzzahligen Ausdrücken ausgewählt, was zu relativ komplexen Adressberechnungen führt. Einfache numerische Algorithmen verwenden andererseits häufig *identische* Indexausdrücke an unterschiedlichen Stellen des Programms, wofür eine naive Codeerzeugung immer die gleichen Berechnungsfolgen erzeugen würde. Ebenfalls sehr verbreitet sind Schleifen, bei deren Durchlauf die Indizierung mit konstanter Schrittweite weiter geschaltet wird. Solche Beobachtungen gaben den Übersetzerbauern Hinweise, wo Optimierungen ansetzen könnten. Sehr bald wurden Transformationen zur Steigerung der Ausführungseffizienz vorgeschlagen. Unvorsichtig angewendet, verändern diese jedoch die *Semantik* des Programms. Deshalb mussten die genauen Voraussetzungen geklärt werden, unter denen die Transformationen überhaupt anwendbar sind. In der Regel hängt die Anwendbarkeit von *globalen* Eigenschaften des Programms ab, welche durch eine *statische Analyse* im Übersetzer ermittelt werden müssen.

Dies war die Geburtsstunde der *Datenflussanalyse*. Der Name kommt wohl daher, dass diese Analysen den Fluss von Eigenschaften der Variablenwerte von Programmpunkt zu Programmpunkt untersuchten. Die *Theorie* zur statischen Analyse von Programmen konnte erst in den 70er Jahren entwickelt werden, als die Semantik von Programmiersprachen auf eine solide mathematische Grundlage gestellt war. Den größten Einfluss hatten die beiden Dissertationen von Gary A. Killdall (1972) und von Patrick Cousot (1978). Gary Kildall klärte die verbandstheoretischen Grundlagen der Datenflussanalyse. Patrick Cousot stellte die entscheidende Beziehung zur Semantik der Programmiersprache her und nannte deshalb die statische Analyse *abstrakte Interpretation*. Sein Ansatz ermöglichte es, die Korrektheit statischer Analysen zu beweisen und sogar Analysen zu entwerfen, die schon auf Grund ihrer Konstruktion korrekt sind.

Die Ursprünge von Datenflussanalyse wie von abstrakter Interpretation liegen also im Übersetzerbau. Allerdings hat sich die statische Programmanalyse längst von ihrer ersten Anwendung bei der Codeerzeugung emanzipiert und ist zu einer wichtigen *Verifikationsmethode* geworden. Heute überprüfen statische Analysen *Sicherheitseigenschaften* von Programmen, wie etwa die Abwesenheit von Laufzeitfehlern, oder weisen die partielle Korrektheit von Programmen nach. Sie berechnen *Laufzeitschranken* für eingebettete Echtzeitsysteme oder ermitteln *Synchronitätseigenschaften* nebenläufiger Programme und werden so mehr und mehr zu einem unverzichtbaren Hilfsmittel bei der Entwicklung zuverlässiger Software.

Dieses Buch behandelt die Phase der Übersetzung, in der die Effizienz des Programms durch semantikerhaltende Transformationen gesteigert wird. Es stellt die notwendigen Techniken der statischen Analyse vor. Neben den Analysen werden auch die Transformationen auf präzise Weise beschrieben. Dazu wird eine kleine Kernsprache mit einer einfachen operationellen Semantik eingeführt, auf die sich die vorgestellten Analysen und Transformationen beziehen.

In dem Band *Wilhelm/Seidl: Übersetzerbau – Virtuelle Maschinen* wurde der Anspruch realisiert, mehrere Programmierparadigmen zu behandeln. In diesem Band werden deshalb neben Analysen und optimierenden Transformationen von imperativen Programmen auch solche von funktionalen Programmen beschrieben. Funktionale Sprachen basieren semantisch auf dem λ-Kalkül und weisen eine weit entwickelte Theorie der Programmtransformationen auf.

Wir wünschen unseren Lesern eine ertragreiche Lektüre.

München und Saarbrücken, im August 2009.

Helmut Seidl, Reinhard Wilhelm und Sebastian Hack

Allgemeine Literaturhinweise

Die Liste der Monographien, die einen Überblick über Techniken zu statischer Programmanalyse und abstrakter Interpretation geben, ist erstaunlich kurz. Das Buch von Matthew S. Hecht [Hec77], das die klassischen Ergebnisse zur Datenflussanalyse zusammenfasst, ist immer noch lesenswert. Der Sammelband von Steven S. Muchnick und Neil D. Jones wenige Jahre später enthält viele originale und einflussreiche Beiträge zur Analyse rekursiver Prozeduren und dynamischer Datenstrukturen [MJ81]. Einen ähnlichen Sammelband speziell für deklarative Sprachen haben Samson Abramsky und Chris Hankin herausgegeben [AH87]. Eine umfassende, moderne Darstellung bieten Flemming Nielson, Hanne Riis Nielson und Chris Hankin [NNH99].

Eine Reihe umfassenderer Dastellungen des Übersetzerbaus enthalten ausführliche Kapitel über Datenflussanalyse [AG04, CT04, ALSU07]. Sehr ausführlich wird dieses Thema auch in Steven S. Muchnick's Monographie "Advanced Compiler Design and Implementation" [Muc97] behandelt. Das Handbuch zum Übersetzerbau, herausgegeben von Y.N. Srikant und Priti Shankar [SS03], behandelt ausführlich Codeerzeugungstechniken für verschiedene Architekturen, bietet aber auch Kapitel über Datenflussanalyse, Shape-Analyse und spezielle Techniken für objektorientierte Programmiersprachen.

Die Entwicklung beweisbar korrekter Übersetzer [Ler09, TL09] hat in den letzten Jahren auch zu verstärktem Interesse an Korrektheitsbeweisen für Programmoptimierungen geführt. Techniken zur systematischen Ableitung korrekter Programmtransformationen stellen Patrick und Radia Cousot [CC02] vor. Automatisches Beweisen der Korrektheit optimierender Transformationen behandeln Sorin Lerner [LMC03, LMRC05, KTL09].

Inhaltsverzeichnis

1	**Grundlagen und intraprozedurale Optimierung**	1
	1.1 Einführung	1
	1.2 Vermeidung überflüssiger Berechnungen	7
	1.3 Exkurs: Eine operationelle Semantik	8
	1.4 Beseitigung von Mehrfachberechnungen	11
	1.5 Exkurs: Vollständige Verbände	16
	1.6 Kleinste Lösung oder MOP–Lösung?	27
	1.7 Beseitigung von Zuweisungen an tote Variablen	32
	1.8 Beseitigung von Zuweisungen zwischen Variablen	40
	1.9 Konstantenfaltung	43
	1.10 Intervallanalyse	54
	1.11 Aliasanalyse	68
	1.12 Fixpunktalgorithmen	83
	1.13 Beseitigung teilweiser Redundanzen	90
	1.14 Anwendung: Schleifeninvarianter Code	97
	1.15 Beseitigung teilweise toter Zuweisungen	102
	1.16 Aufgaben	109
	1.17 Literaturhinweise	113
2	**Interprozedurale Optimierungen**	115
	2.1 Inlining	120
	2.2 Beseitigung letzter Aufrufe	122
	2.3 Interprozedurale Analyse	124
	2.4 Der funktionale Ansatz	125
	2.5 Interprozedurale Erreichbarkeit	130
	2.6 Bedarfsgetriebene interprozedurale Analyse	131
	2.7 Der Call-String-Ansatz	134
	2.8 Aufgaben	136
	2.9 Literaturhinweise	137

3 Optimierung funktionaler Programme 139
- 3.1 Eine einfache funktionale Programmiersprache 140
- 3.2 Einige einfache Optimierungen 141
- 3.3 Inlining 144
- 3.4 Spezialisierung rekursiver Funktionen 146
- 3.5 Eine verbesserte Wertanalyse 148
- 3.6 Beseitigung von Zwischendatenstrukturen 153
- 3.7 Verbesserung der Auswertungsreihenfolge: Die Striktheitsanalyse .. 157
- 3.8 Aufgaben 165
- 3.9 Literaturhinweise 168

Literaturverzeichnis 171

Stichwortverzeichnis 175

1
Grundlagen und intraprozedurale Optimierung

1.1 Einführung

In diesem Abschnitt wollen wir einige grundlegende Techniken kennen lernen, mit denen die Qualität des Codes, den der Übersetzer erzeugt, verbessert werden kann. Das Qualitätsmaß ist hierbei nicht a priori festgelegt. In diesem Buch werden wir vor allem daran interessiert sein, die *Ausführungszeit* des Programms zu verbessern. Andere Optimierungsziele könnten die Verringerung des benötigten Speicherplatzes, die Reduzierung des Stromverbrauchs oder auch die Verringerung der Lesbarkeit des Programms („Obfuskierung") sein.

Eine Strategie, um ein Programm effizienter zu machen, ist, *überflüssige* Berechnungen zu vermeiden. Würde die Berechnung eines Ausdrucks mit garantiert gleichem Ergebnis wiederholt, so kann der Übersetzer diese Wiederholung vermeiden, indem er dafür sorgt, dass das Ergebnis nach der ersten Berechnung abgespeichert wird. Dies ermöglicht es, eine (eventuell) teure Neuberechnung durch ein *Nachschlagen* des Werts zu ersetzen.

Laufzeit kann ebenfalls eingespart werden, falls Teilberechnungen bereits zur Übersetzungszeit ausgeführt werden können. Die *Konstantenfaltung* versucht, Ausdrücke, deren Werte bereits zur Übersetzungszeit bekannt sind, durch diese Werte zu ersetzen. Diese Optimierung unterstützt einen Programmierstil, der mehrmals verwendete Programmkonstanten in Variablen mit sprechenden Namen ablegt, um dann alle Vorkommen der Konstanten durch den erhellenderen Variablennamen zu ersetzen. Die Konstantenfaltung vermeidet einen eventuell mit diesem Programmierstil verbundenen Laufzeitnachteil.

Auch Bereichseinschränkungen für die Werte von Variablen können von Nutzen sein. Lässt sich zum Beispiel nachweisen, dass der Indexausdruck, mit dem auf ein Feld zugegriffen wird, stets einen Wert hat, der innerhalb der Grenzen des Felds liegt, kann eine Überprüfung zur Laufzeit des Programms eingespart werden.

Eine weitere Idee besteht darin, Berechnungen aus einem Bereich, der sehr oft ausgeführt wird, in einen Bereich zu verschieben, der seltener ausgeführt wird. So wird der Übersetzer versuchen, eine Berechnung mit immer gleichem Wert aus einer Schleife heraus zu ziehen. Schließlich kann der Übersetzer versuchen, teure Berechnungen durch äquivalente billigere zu ersetzen, z.B. eine Multiplikation in einer Schleife durch eine wiederholt ausgeführte Addition. Die Ersetzung von Funktionsaufrufen durch das Einkopieren des Rumpfs an die Aufrufstelle („Inlining") ergibt häufig neue Möglichkeiten zur Anwendung von optimierenden Transformationen.

Wie wichtig bereits bei sehr einfachen Programmen Optimierungen sind, um einigermaßen guten Code zu erzeugen, zeigt das folgende Beispiel.

Beispiel 1.1.1 Betrachten wir in einer imperativen Programmiersprache ein Progamm, das ein Feld a sortieren soll. In diesem Program könnte es etwa die folgende Funktion **swap** geben:

```
void swap ( int i, int j) {
    int t;
    if (a[i] > a[j]) {
        t ← a[j];
        a[j] ← a[i];
        a[i] ← t;
    }
}
```

Die Ineffizienzen dieser Implementierung liegen auf der Hand. Zuerst einmal müssen die Adressen $a[i], a[j]$ je dreimal berechnet werden. Das ergibt insgesamt sechs Adressberechnungen, wo bereits zwei genügen sollten. Dann werden die Werte $a[i], a[j]$ jeweils zweimal geladen. Das ergibt vier Speicherzugriffe, wo zwei ausreichen sollten.

Diese Ineffizienzen können beseitigt werden, wenn wir eine Implementierung wählen, wie sie in der Programmiersprache C naheliegen würde. Hier ist die Idee, mithilfe von Zeigern auf die Elemente des Felds zuzugreifen und die mehrmals verwendeten Werte zwischenzuspeichern.

```
void swap (int *p, int *q) {
    int t, ai, aj;
    ai ← *p; aj ← *q;
    if (ai > aj) {
        t ← aj;
        *q ← ai;
        *p ← t;
    }
}
```

Eine genauere Betrachtung dieser Funktion zeigt, dass in dieser Formulierung sogar die Hilfsvariable t eingespart werden kann.

Die zweite Formulierung ist offenbar effizienter. Die ursprüngliche Formulierung ist jedoch erheblich intuitiver. Tatsächlich erwarten wir von einer vernünftigen Programmiersprache, dass sie uns erlaubt, intuitive Programme zu schreiben, so wie wir vom Übersetzer erwarten, dass er für diese intuitiven Programme effizienten Code generiert. □

Optimierungen sind *semantikerhaltende* Programmtransformationen. Dies bedeutet, dass die Semantik des Programms von der Transformation nicht verändert wird. Die Semantik des Programms ist durch die Definition der Programmiersprache gegeben in der das Programm formuliert ist.

Beispiel 1.1.2 Betrachten wir die Transformation:

$$y \leftarrow f() + f(); \quad \Longrightarrow \quad y \leftarrow 2 * f();$$

Die Idee dieser „Optimierung" besteht darin, die Auswertung des zweiten Aufrufs der Funktion f einzusparen. Das Ergebnis dieser Transformation ist aber nur dann äquivalent zum Ausgangsprogramm, wenn die Funktion f beim zweiten Aufruf garantiert das gleiche Ergebnis liefert und außerdem keine Seiteneffekte hat. In einer imperativen Programmiersprache kann das aber nicht unbedingt garantiert werden. □

Programm-*Verbesserungen* sind damit also nicht unter allen Umständen korrekt. Zu jeder effizienzsteigernden Transformation gehören i.A. *Anwendbarkeitsbedingungen*, d.h. hinreichende Bedingungen dafür, dass die Transformation die Semantik des Programms erhält. Für diese Bedingungen werden Methoden benötigt, mit deren Hilfe ein Übersetzer automatisch überprüfen kann, ob die Bedingungen erfüllt sind.

Ein sorgfältiges Vorgehen erfordert hier, dass man erstens nachweist, dass die Voraussetzungen für die Korrektheit der Transformation hinreichend sind, und zweitens einen Beweis führt, dass die Analyse, die die Gültigkeit der Voraussetzungen nachweisen soll, niemals falsche Antworten liefert. Beide Korrektheitsbeweise müssen auf die *operationelle* Semantik der Programmiersprache Bezug nehmen.

Einzelne Optimerungen erzielen für viele Programmiersprachen Verbesserungen. Im Allgemeinen erfordert aber jede Programmiersprache (oder jede Klasse von Programmiersprachen) eigene Optimierungen, die die Effizienz der Implementierung spezieller Sprachkonstrukte verbessern. Ein Beispiel hierfür ist die Eliminierung dynamischer Methodenaufrufe in objektorientierten Sprachen. Statische Aufrufe ermöglichen aggressives Inlining. Dies ist in objektorientierten Sprachen wegen der häufig kleinen Methoden von großer Bedeutung. In FORTRAN spielt Inlining dagegen eine untergeordnete Rolle. Wichtig für FORTRAN ist zum Beispiel die Parallelisierung/Vektorisierung geschachtelter Schleifen.

Des Weiteren hat der Entwurf der Programmiersprache einen großen Einfluss auf die Effizienz und Effektivität der Programmanalysen. Durch Einschränkungen der Programmiersprache können Eigenschaften erzwungen werden, deren Gültigkeit sonst nur unter großem Aufwand analysierbar wäre. Ein Hauptproblem der Programmanalyse imperativer Programme ist, die Abhängigkeiten zwischen den einzelnen Anweisungen zu ermitteln. Durch den fast uneingeschränkten Gebrauch von Zeigern, gibt es etwa in C wesentlich mehr Möglichkeiten, diese Analysen zu erschweren als beispielsweise in JAVA.

Beispiel 1.1.3 Betrachten wir noch einmal die Programmiersprache JAVA. Sprachimmanente Ineffizienzen sind unter anderem die obligatorische Überprüfung von

Feldgrenzen. Ebenfalls teuer sind die dynamische Methodenauswahl und die Speicherverwaltung für Objekte.

Die Analysierbarkeit wird dadurch erleichtert, dass es keine Zeigerarithmetik gibt und keine Zeiger in den Keller. Negativ dagegen schlägt zu Buche, dass JAVA dynamisches Nachladen von Klassen unbekannter Herkunft unterstützt. Auch Programmierkonzepte wie Ausnahmen, Nebenläufigkeit oder gar Selbstinspektion (Reflection) mögen für das praktische Programmieren unerlässlich sein. Für eine automatische Programmanalyse stellen sie jedoch beträchtliche Herausforderungen dar.

Wie sieht es nun mit den formalen Korrektheitsbeweisen aus? Es sind einige Anstrengungen unternommen worden, für JAVA eine formalisierte Semantik bereit zu stellen. Explizite Korrektheitsbeweise sind jedoch eher die Ausnahme — was nicht unbedingt an der prinzipiellen Unmöglichkeit liegt, sondern eher an der Größe des Aufwands: es gibt einfach zu viele Sprachkonzepte, die jeweils separat behandelt werden müssen. □

Aus diesem Grund werden wir in diesem Buch nicht JAVA als Beispielsprache benutzen. Stattdessen verwenden wir einen Ausschnitt aus einer imperativen Programmiersprache. Dieser Ausschnitt soll einerseits so einfach wie möglich sein, andererseits aber so realistisch, dass er wesentliche Probleme praktischer Übersetzer umfasst. Unser Programmiersprachenfragment kann man sich als eine Art *Zwischensprache* vorstellen, in die man das ursprüngliche Programm übersetzt hat. Die *int*-Variablen des Programms stellen wir uns als *virtuelle Register* vor, denen während der Codeerzeugung in der Registerzuteilungsphase (nach Möglichkeit) physikalische Register zugewiesen werden. Solche Variablen können wir auch einsetzen, um Adressen für indirekte Speicherzugriffe zu speichern. Arithmetische Ausdrücke dienen dazu, Werte für *int*-Variablen zu ermitteln. Schließlich sehen wir ein (konzeptuell beliebig großes) Feld M vor, in dem *int*-Werte abgelegt werden und aus dem die abgelegten Werte wieder geladen werden können. Dieses Feld M können wir uns als den gesamten (virtuellen) *Speicher* vorstellen, den das Betriebssystem zur Verfügung stellt.

Die Trennung zwischen Variablen und Speicher mag zunächst künstlich wirken. Ihre Motivation ist die Alias-Freiheit: Sowohl eine Variable x als auch eine Speicherzelle $M[\cdot]$ bezeichnen einen Behälter, der einen Wert aufnehmen kann. Die Identität des Behälters ist bei einem Zugriff $M[e]$ nicht direkt ersichtlich, da sie vom Wert des Ausdrucks e abhängt. Im Allgemeinen ist es unentscheidbar, ob durch $M[e_1]$ und $M[e_2]$ derselbe Behälter angesprochen wird. Bei einer Variable ist das nicht der Fall: x ist der einzige Name, um auf den mit x assoziierten Behälter zuzugreifen. Dies ist für viele Programmanalysen wichtig: Kann die Analyse für einen schreibenden Speicherzugriff $M[e] \leftarrow x$ die Identität des Behälters von $M[e]$ nicht ermitteln, kann fortan über den Inhalt des Restes des Speichers keine Annahmen mehr getroffen werden – die Analyse verliert an Präzision. Bei Variablen ist dies nicht möglich, da auf ihre Behälter nicht indirekt zugegriffen werden kann.

- Variablen: x
- arithmetische Ausdrücke: e
- Zuweisungen: $x \leftarrow e$
- lesender Speicherzugriff: $x \leftarrow M[e]$
- schreibender Speicherzugriff: $M[e_1] \leftarrow e_2$
- bedingte Verzweigung: **if** $(e)\ s_1$ **else** s_2
- unbedingte Sprünge: **goto** L

Beachten Sie, dass wir auf explizite Schleifenkonstrukte verzichtet haben. Diese können wir jedoch mithilfe bedingter Verzweigungen und unbedingter Sprünge an markierte Programmstellen leicht darstellen. Auch haben wir (vorerst) auf Funktionen und Prozeduren verzichtet. Das bedeutet, dass wir uns zuerst einmal auf die Analyse und Optimierung einzelner Funktionen beschränken.

Beispiel 1.1.4 Betrachten wir erneut unsere Funktion swap() aus Beispiel 1.1.1. Wir stellen uns vor, dass der Übersetzer den Rumpf dieser Funktion schematisch in unsere Zwischensprache übersetzt hätte. Dem Feld a entspricht dann ein bestimmter Speicherbereich in M. In unseren Programmen muss deshalb die Adressberechnung für die Feldzugriffe explizit gemacht werden.

$$
\begin{array}{lll}
0: & A_1 \leftarrow A_0 + 1 * i; & //\quad A_0 = \&a[0] \\
1: & R_1 \leftarrow M[A_1]; & //\quad R_1 = a[i] \\
2: & A_2 \leftarrow A_0 + 1 * j; & \\
3: & R_2 \leftarrow M[A_2]; & //\quad R_2 = a[j] \\
4: & \textbf{if}\ (R_1 > R_2)\ \{ & \\
5: & \quad A_3 \leftarrow A_0 + 1 * j; & \\
6: & \quad t \leftarrow M[A_3]; & \\
7: & \quad A_4 \leftarrow A_0 + 1 * j; & \\
8: & \quad A_5 \leftarrow A_0 + 1 * i; & \\
9: & \quad R_3 \leftarrow M[A_5]; & \\
10: & \quad M[A_4] \leftarrow R_3; & \\
11: & \quad A_6 \leftarrow A_0 + 1 * i; & \\
12: & \quad M[A_6] \leftarrow t; & \\
13: & \} & //
\end{array}
$$

Dabei wird angenommen, dass die Variable A_0 die Anfangsadresse des Feldes a enthält. Beachten Sie, dass dieser Code die Ineffizienzen, die wir in Beispiel 1.1.1 diskutiert hatten, nun explizit macht. Welche Optimierungen sind anwendbar?

Optimierung 1: $\quad 1 * R \implies R$

Der Skalierungsfaktor, den eine automatische Behandlung der Feldindizierung erzeugt, kann natürlich eingespart werden, wenn er wie in diesem Fall 1 ist.

Optimierung 2: $\quad$ Wiederbenutzung von Teilausdrücken

Eine genauere Betrachtung zeigt uns, dass einerseits die Variablen A_1, A_5 und A_6 wie auch andererseits die Variablen A_2, A_3 und A_4 jeweils den gleichen Wert erhalten:

$$A_1 = A_5 = A_6 \qquad A_2 = A_3 = A_4$$

Darüber hinaus liefern auch die Speicherzugriffe $M[A_1]$ und $M[A_5]$ bzw. $M[A_2]$ und $M[A_3]$ jeweils die gleichen Werte zurückliefern:

$$M[A_1] = M[A_5] \qquad M[A_2] = M[A_3]$$

Deshalb erhalten auch die Variablen R_1 und R_3 sowie R_2 und t jeweils die gleichen Werte:

$$R_1 = R_3 \qquad R_2 = t$$

Enthält eine Variable x den Wert eines Ausdrucks e, den wir benötigen, kann man den Inhalt von x benutzen, anstatt den Wert von e ein weiteres Mal zu berechnen. Unter Benutzung dieser Information können wir unser Beispielprogramm stark vereinfachen:

$$\begin{aligned}
A_1 &\leftarrow A_0 + i; \\
R_1 &\leftarrow M[A_1]; \\
A_2 &\leftarrow A_0 + j; \\
R_2 &\leftarrow M[A_2]; \\
\textbf{if }&(R_1 > R_2) \{ \\
&M[A_2] \leftarrow R_1; \\
&M[A_1] \leftarrow R_2; \\
\}&
\end{aligned}$$

Wir beobachten, dass die Hilfsvariable t wie auch die Variablen A_3, A_4, A_5 und R_3 überflüssig geworden sind.

Die folgende Tabelle listet unsere Ersparnisse auf:

	vorher	nachher
+	6	2
*	6	0
Laden	4	2
Speichern	2	2
>	1	1
←	6	2

□

Die Optimierungen, die am Beispiel der Funktion **swap** mit der Hand durchgeführt wurden, sollen nach Möglichkeit automatisch realisiert werden. Dazu werden wir im Folgenden nach und nach die notwendigen Transformationen und Analysen bereitstellen.

1.2 Vermeidung überflüssiger Berechnungen

In diesem Kapitel beschreiben wir einige Techniken, um Berechnungen, die das Programm überflüssigerweise ausführt, einzusparen. Wir beginnen mit einer ersten Optimierung zur Vermeidung von Mehrfachberechnungen oder *Redundanzen*. Am Beispiel dieser ersten Transformation sollen gleichzeitig grundlegende Vorgehensweisen erläutert werden. Insbesondere werden wir in möglichst knappen Exkursen eine operationelle Semantik für unsere Beispiel-Programmiersprache einführen sowie die notwendigen verbandstheoretischen Grundlagen diskutieren.

Ein beliebter Trick in der Algorithmik beruht darauf, Rechenzeit gegenüber Speicherplatz auszuspielen. Wird eine Berechnung ausgeführt, speichert man den berechneten Wert ab. Anstatt die gleiche Berechnung später ein weiteres Mal durchzuführen, wird der bereits berechnete Wert nachgeschlagen. Diese Technik heißt auch *Memoisierung*.

Beachten Sie die Bedingungen für die Profitabilität einer solchen Transformation: Einerseits benötigt man gegebenenfalls zusätzlichen Platz für die Speicherung der Zwischenergebnisse. Zum anderen wird die Neuberechnung nicht ersatzlos gestrichen, sondern durch das Nachschlagen des Werts ersetzt. Dieses ist billig, falls der Wert in einem Register liegt; es könnte aber auch teuer sein, wenn er im Speicher abgelegt werden muss. Im letzteren Fall könnte eine Neuberechnung eventuell billiger sein als die Abspeicherung. Zur Vereinfachung werden wir hier diese Art von Kosten-Nutzen-Analyse nicht durchführen, sondern stets annehmen, dass Nachschlagen günstiger ist als Neuberechnung.

Die Berechnungen, die wir hier betrachten, sind Auswertungen von Ausdrücken e. Das erste Problem besteht darin, eine Mehrfachberechnung zu erkennen.

Beispiel 1.2.1 Betrachten Sie das Programmstück:

$$
\begin{array}{rl}
& z \leftarrow 1; \\
& y \leftarrow M[5]; \\
A: & x_1 \leftarrow \boxed{y + z}; \\
& \ldots \\
B: & x_2 \leftarrow \boxed{y + z};
\end{array}
$$

Es sieht so aus, als ob am Programmpunkt B der Wert des Ausdrucks $y + z$ mit gleichem Ergebnis ein weiteres Mal berechnet wird. Dies ist zumindest immer dann der Fall, wenn die zweite Auswertung stets nach der ersten ausgeführt wird und die Variablen y und z vor der zweiten Auswertung die gleichen Werte wie vor der ersten Auswertung haben. □

Wir stellen fest, dass wir für eine systematische Codeverbesserung in der Lage sein müssen, folgende Fragen zu beantworten:

- Wird eine Ausdrucksauswertung stets vor einer anderen ausgeführt?

- Hat eine Variable an einem Programmpunkt stets den gleichen Wert wie an einem anderen Programmpunkt?

Zur Beantwortung solcher Fragen benötigen wir zunächst eine *operationelle Semantik*, die festlegt, was bei der Programmausführung passieren soll, und desweiteren ein Verfahren, das in Programmen Mehrfachberechnungen identifiziert. Beachten Sie, dass wir keineswegs so ambitioniert sind, *sämtliche* Mehrfachberechnungen ausfindig machen zu wollen. Dies wäre aus allgemeinen Berechenbarkeitsüberlegungen heraus auch unmöglich. In der Praxis ist es jedoch oft ausreichend, wenn unser Verfahren wenigstens einige Mehrfachberechnungen identifiziert und niemals Ausdrucksvorkommen als Mehrfachberechnungen klassifiziert, die in Wirklichkeit gar keine sind!

1.3 Exkurs: Eine operationelle Semantik

Als besonders geeignet für Korrektheitsbeweise von Programmanalysen und -optimierungen erweist sich ein *small-step* operationeller Ansatz. Hierbei wird formalisiert, was ein Berechnungsschritt ist. Eine *Berechnung* ergibt sich dann als eine Abfolge von Berechnungsschritten.

Wir beginnen damit, Programme als *Kontrollflussgraphen* darzustellen. Die Knoten dieses Graphen entsprechen den Programmpunkten, die während einer Berechnung durchlaufen werden. Die Kanten des Graphen entsprechen den einzelnen Berechnungsschritten. In unserem Fall sind sie deshalb mit den zugehörigen Aktionen beschriftet, d.h. mit zu überprüfenden Bedingungen, mit Zuweisungen, Laden, Speichern oder mit der leeren Anweisung ";". Einen Ausschnitt aus dem Kontrollflussgraphen für den Rumpf der Funktion **swap** zeigt Abb. 1.1. Dabei repräsentieren

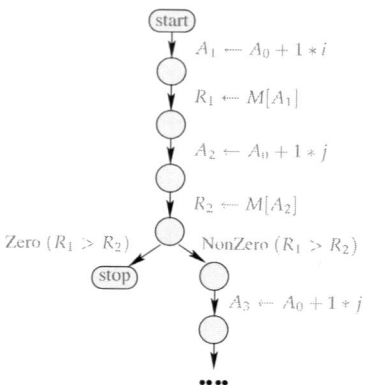

Abb. 1.1. Ein Ausschnitt aus dem Kontrollflussgraphen für **swap**().

Knoten Programmpunkte, *start* den Programmanfang, *stop* das Programmende und Kanten Berechnungsschritte.
Als Kantenbeschriftungen lassen wir zu:

Test :	NonZero(e) oder Zero(e)
Zuweisung :	$x \leftarrow e$
Laden :	$x \leftarrow M[e]$
Speichern :	$M[e_1] \leftarrow e_2$
leere Anweisung :	;

Dabei behalten wir uns vor, Kantenbeschriftungen mit ; auch wegzulassen. An einer bedingten Programmverzweigung soll NonZero(e) die Kante einer bedingten Verzweigung beschriften, die genommen wird, wenn die Bedingung e zutrifft, d.h. einen Wert verschieden von 0 liefert. Entsprechend steht Zero(e) an der Kante einer bedingten Verzweigung, die genommen wird, wenn die Bedingung e nicht zutrifft, d.h. den Wert 0 liefert.

Berechnungen geschehen entlang von *Pfaden*. Sie transformieren den aktuellen *Programmzustand*. Programmzustände können wir als Paare repräsentieren:

$$s = (\rho, \mu)$$

Dabei ordnet die Abbildung ρ jeder Variablen des Programms ihren Wert und die Abbildung μ jeder Adresse im Speicher den Wert der zugehörigen Speicherzelle zu. Wir nehmen der Einfachheit halber an, dass die Werte von Variablen und die Inhalte von Speicherzellen jeweils ganze Zahlen sind. Deshalb haben die Abbildungen ρ und μ die Funktionalität:

$\rho : \text{Vars} \to \textbf{int}$	Werte der Variablen
$\mu : \mathbb{N} \to \textbf{int}$	Inhalt des Speichers

Jede Kante $k = (u, lab, v)$ mit Eingangsknoten u, Endknoten v und Beschriftung lab definiert eine Transformation $[\![k]\!]$ auf den Zuständen. Diese Transformation nennen wir auch den *Effekt* der Kante. Der Effekt einer Kante ist möglicherweise nur eine *partielle* Abbildung. Ist ein Kanteneffekt für einen Zustand s nicht definiert, dann bedeutet das, dass die Programmausführung im Zustand s diese Kante nicht ausführen wird. Dies kann bei Kanten vorkommen, die mit Bedingungen beschriftet sind, aber auch bei Speicherzugriffen, bei denen auf nicht erlaubte Adressen zugegriffen wird.

Die Transformation $[\![k]\!]$ der Kante $k = (u, lab, v)$ hängt nur von ihrer Beschriftung lab ab:

$$[\![k]\!] = [\![lab]\!]$$

Die Kanteneffekte $[\![lab]\!]$ sind wie folgt definiert:

1 Grundlagen und intraprozedurale Optimierung

$$[\![;]\!] \, (\rho, \mu) = (\rho, \mu)$$

$$[\![\mathsf{NonZero}(e)]\!] \, (\rho, \mu) = (\rho, \mu) \qquad \text{falls } [\![e]\!] \, \rho \neq 0$$
$$[\![\mathsf{Zero}(e)]\!] \, (\rho, \mu) = (\rho, \mu) \qquad \text{falls } [\![e]\!] \, \rho = 0$$

$$[\![x \leftarrow e]\!] \, (\rho, \mu) = \left(\boxed{\rho \oplus \{x \mapsto [\![e]\!] \, \rho\}}, \mu\right)$$

$$[\![x \leftarrow M[e]]\!] \, (\rho, \mu) = \left(\boxed{\rho \oplus \{x \mapsto \mu([\![e]\!]\rho)\}}, \mu\right)$$

$$[\![M[e_1] \leftarrow e_2]\!] \, (\rho, \mu) = \left(\rho, \boxed{\mu \oplus \{[\![e_1]\!]\rho \mapsto [\![e_2]\!]\rho\}}\right)$$

Eine leere Anweisung verändert den Zustand nicht. Bedingungen, $\mathsf{NonZero}(e)$ bzw. $\mathsf{Zero}(e)$, repräsentieren eine partielle Identität; die zugehörigen Kanteneffekte sind nur definiert, wenn die Auswertung des Ausdrucks e einen Wert ungleich bzw. gleich 0 liefert. Sind diese Kanteneffekte jedoch definiert, ändern sie den Zustand nicht. Zur Berechnung des Werts eines Ausdrucks e haben wir eine Hilfsfunktion $[\![e]\!]$ benutzt, die *Ausdrucksauswertung*, die für eine Variablenbelegung ρ den Wert von e berechnet. Wie üblich ist diese Funktion induktiv über die Struktur des Ausdrucks e definiert. Damit ergibt sich etwa:

$$[\![x + y]\!] \, \{x \mapsto 7, y \mapsto -1\} = 6$$
$$[\![\neg(x = 4)]\!] \, \{x \mapsto 5\} \quad = \neg 0 = 1$$

Der Operator $\neg$ bezeichnet dabei die *logische Negation*.

Eine Zuweisung $x \leftarrow e$ modifiziert die Komponente ρ des Zustands; ρ enthält für die Variable x jetzt den Wert $[\![e]\!] \, \rho$, d.h. den Wert, den die Auswertung des Ausdrucks e für die Variablenbelegung ρ vor der Zuweisung liefert. Der Speicher M bleibt durch diese Zuweisung unverändert. Zur formalen Beschreibung der Abänderung von ρ benutzen wir den Operator $\oplus$. Dieser Operator modifiziert eine Funktion, indem er ihr für ein Argument einen neuen Wert gibt:

$$\rho \oplus \{x \mapsto d\}(y) = \begin{cases} d & \text{falls } y \equiv x \\ \rho(y) & \text{sonst} \end{cases}$$

Eine Lade-Operation $x \leftarrow M[e]$ behandeln wir analog zu einer Zuweisung – mit dem Unterschied, dass der neue Wert der Variablen x ermittelt wird, indem erst eine Adresse im Speicher bestimmt wird, um anschließend den Wert aus der entsprechenden Speichherzelle auszulesen.

Am kompliziertesten ist die Semantik des Speicherns, $M[e_1] \leftarrow e_2$. Hier ändern sich die Werte der Variablen nicht. Stattdessen müssen zuerst die Werte der Teilausdrücke e_1, e_2 ermittelt werden. Der Wert von e_1 liefert die Adresse im Speicher, an welcher der Wert des Ausdrucks e_2 abgelegt werden soll.

Sowohl bei der Lade- wie der Speicheroperation nehmen wir an, dass der Adressausdruck jeweils eine legale Adresse d.h. einen Wert > 0 liefert.

Beispiel 1.3.1 Für die Zuweisung $x \leftarrow x+1$ und eine Variablenbelegung $\{x \mapsto 5\}$ ergibt sich:
$$[\![x \leftarrow x+1]\!] (\{x \mapsto 5\}, \mu) = (\rho, \mu)$$
wobei:
$$\begin{aligned}\rho &= \{x \mapsto 5\} \oplus \{x \mapsto [\![x+1]\!]\{x \mapsto 5\}\} \\ &= \{x \mapsto 5\} \oplus \{x \mapsto 6\} \\ &= \{x \mapsto 6\}\end{aligned}$$

□

Damit haben wir festgelegt, was an Kanten im Kontrollflussgraphen passiert. Eine *Berechnung* π des Programms ist ein Pfad im Kontrollflussgraphen, der von einem Startpunkt u zu einem Endpunkt v führt. Ein solcher Pfad ist eine Folge $\pi = k_1 \ldots k_n$ von Kanten $k_i = (u_i, lab_i, u_{i+1})$ des Kontrollflussgraphen ($i = 1, \ldots, n-1$), wobei $u_1 = u$ und $u_n = v$. Die zu π gehörende Zustandstransformation $[\![\pi]\!]$ ergibt sich dann als *Komposition* der Kanteneffekte der Kanten von π:

$$[\![\pi]\!] = [\![k_n]\!] \circ \ldots \circ [\![k_1]\!]$$

Beachten Sie, dass die Abbildung $[\![\pi]\!]$ nicht für alle Zustände definiert sein muss. Nur dann, wenn $[\![\pi]\!]$ für einen Zustand s definiert ist, ist eine Berechnung entlang der Folge von Kanten π möglich.

1.4 Beseitigung von Mehrfachberechnungen

Kehren wir zu unserem Ausgangsproblem zurück, eine Analyse zu finden, die für jeden Programmpunkt feststellt, ob ein Ausdruck dort neu berechnet werden muss oder ob sein bereits berechneter Wert benutzt werden kann.

Wir betrachten hier die *Verfügbarkeit von Ausdrücken in Variablen*. Ein Ausdruck e sehen wir nur dann als *verfügbar* in der Variable x an, wenn er mit Sicherheit ausgewertet, der Variablen x zugewiesen und seither weder x, noch eine der in e vorkommenden Variablen modifiziert wurde.

Betrachten wir eine Zuweisung $x \leftarrow e$ mit $x \notin \mathsf{Vars}(e)$, d.h. x kommt selbst nicht in dem Ausdruck e vor. Sei weiterhin $\pi = k_1 \ldots k_n$ ein Pfad vom Startpunkt des Programms zu dem Programmpunkt v. Wir sagen, dass e nach Ausführung von π in x verfügbar ist, wenn die beiden folgenden Eigenschaften gelten:

- Der Pfad π enthält eine Kante k_i, an der eine Zuweisung $x \leftarrow e$ ausgeführt wird.
- An keiner der Kanten $k_{i+1}, \ldots, k_n$ wird einer Variablen aus $\mathsf{Vars}(e) \cup \{x\}$ ein neuer Wert zugewiesen.

Der Einfachheit halber sagen wir dann auch, die *Zuweisung* $x \leftarrow e$ ist nach der Ausführung von π *verfügbar*. Andernfalls nennen wir e in x bzw. $x \leftarrow e$ entlang π *nicht in x verfügbar*. Wir nehmen an, dass am Startpunkt des Programms keine Zuweisung verfügbar ist. Ist π der leere Pfad, d.h. $\pi = \epsilon$, dann ist auch keine Zuweisung nach Ausführung von π verfügbar.

Betrachten wir eine Kante $k = (u, lab, v)$. Nehmen wir an, wir würden bereits die Menge A der Zuweisungen kennen, die vor Ausführung der Kante k verfügbar sind. Dann erhalten wir die Menge der nach Ausführung der Kante k verfügbaren Zuweisungen, indem wir auf A eine Funktion $[\![k]\!]^\sharp$ anwenden. Die Funktion $[\![k]\!]^\sharp$ hängt alleine von der Beschriftung der Kante k ab. Im Gegensatz zu dem Effekt $[\![k]\!]$ der Kante der operationellen Semantik nennen wir den Effekt der Kante, die wir für die Analyse konstruieren, *abstrakt*. Im Folgenden wollen wir diese abstrakten Kanteneffekte $[\![k]\!]^\sharp = [\![lab]\!]^\sharp$ konstruieren.

Sei *Ass* die Menge aller (uns interessierenden) Zuweisungen $x \leftarrow e$ des Programms mit $x \notin \mathsf{Vars}(e)$. Nehmen wir an, am Startpunkt u der Kante $k = (u, lab, v)$ stünde die Menge $A \subseteq \mathit{Ass}$ zur Verfügung. Dann lässt sich die Menge der nach dem Durchlaufen der Kante verfügbaren Zuweisungen wie folgt ermitteln:

$$[\![;]\!]^\sharp A = A$$
$$[\![\mathsf{NonZero}(e)]\!]^\sharp A = [\![\mathsf{Zero}(e)]\!]^\sharp A = A$$
$$[\![x \leftarrow e]\!]^\sharp A = \begin{cases} (A \backslash \mathsf{Occ}(x)) \cup \{x \leftarrow e\} & \text{falls } x \notin \mathsf{Vars}(e) \\ A \backslash \mathsf{Occ}(x) & \text{andernfalls} \end{cases}$$
$$[\![x \leftarrow M[e]]\!]^\sharp A = A \backslash \mathsf{Occ}(x)$$
$$[\![M[e_1] \leftarrow e_2]\!]^\sharp A = A$$

wobei $\mathsf{Occ}(x)$ die Menge aller Zuweisungen bezeichnet, in denen x entweder als linke Seite oder in dem Ausdruck auf der rechten Seite vorkommt. Eine leere Anweisung oder eine Bedingung verändert die Verfügbarkeit einer Zuweisung nicht. Bei einer Zuweisung wird der Wert der rechten Seite berechnet und der linken Seite zugewiesen. Deshalb müssen alle Zuweisungen entfernt werden, welche die Variable auf der linken Seite der Zuweisung enthalten. Anschließend muss diese zu A hinzugefügt werden, sofern die linke Seite nicht in der rechten vorkommt. Der abstrakte Kanteneffekt für das Laden aus dem Speicher sieht analog aus, während bei einem Abspeichern keine Variablen modifiziert werden. Hier ändert sich A nicht.

An jeder Kante ändert sich die Menge der verfügbaren Zuweisungen durch Herausnehmen oder Hinzufügen von Elementen. Die abstrakten Effekte, die wir für jede einzelne Kante definiert haben, setzen wir zu der abstrakten Transformation $[\![\pi]\!]^\sharp$, die zu einem Pfad $\pi = k_1 \ldots k_n$ gehört, wie folgt zusammen:

$$[\![\pi]\!]^\sharp = [\![k_n]\!]^\sharp \circ \ldots \circ [\![k_1]\!]^\sharp$$

Die Menge der nach Ausführung des Pfads π vom Startknoten zum Programmpunkt v verfügbaren Zuweisungen ergibt sich deshalb als

$$[\![\pi]\!]^\sharp \emptyset = [\![k_n]\!]^\sharp (\ldots ([\![k_1]\!]^\sharp \emptyset) \ldots)$$

Damit kann ein einzelner Pfad π daraufhin untersucht werden, welche Zuweisungen entlang π zur Verfügung stehen. In einem Programm wird es jedoch typischerweise mehrere Pfade geben, die einen Programmpunkt v erreichen. Welcher von diesen bei der Programmausführung ausgewählt wird, kann von der Eingabe abhängen und ist deshalb zur Übersetzungszeit meist unbekannt. Wir betrachten eine Zuweisung $x \leftarrow e$ als *sicher* verfügbar an einem Programmpunkt v, wenn sie auf allen Pfaden vom Startpunkt zum Programmpunkt v verfügbar ist. Andernfalls ist $x \leftarrow e$ möglicherweise nicht verfügbar. Die Menge der am Programmpunkt v sicher verfügbaren Zuweisungen ist deshalb gegeben durch:

$$\mathcal{A}^*[v] \;=\; \bigcap \{[\![\pi]\!]^\sharp \emptyset \mid \pi : start \to^* v\}$$

Dabei bezeichnet $start \to^* v$ die Menge aller Pfade vom Startpunkt $start$ des Programms zum Programmpunkt v.

Im Moment wollen wir die Frage hintenanstellen, wie man die Mengen $\mathcal{A}^*[v]$ berechnen kann. Stattdessen wollen wir zuerst einmal überlegen, wie sich diese Information für eine optimierende Transformation des Programms ausnutzen lässt.

Transformation RE:

Wir ersetzen eine Zuweisung $x \leftarrow e$ durch $x \leftarrow y$, wenn eine Zuweisung $y \leftarrow e$ am Programmpunkt u vor dieser Zuweisung definitiv verfügbar, d.h. in der Menge $\mathcal{A}^*[u]$ enthalten ist. Dies formalisiert die folgende Graphersetzungsregel:

Analoge Regeln verwenden wir, um die Ausdrücke in Bedingungen, beim Laden aus dem Speicher und beim Schreiben in den Speicher gegebenenfalls durch Variablenzugriffe zu ersetzen.

Die Transformation RE nennen wir auch *Beseitigung von Redundanzen* (englisch: *Redundancy Elimination*. Wir sehen, die tatsächliche Transformation ist sehr einfach. Aufwändig dagegen kann es sein, die für die Transformation notwendigen Programmeigenschaften zu berechnen.

Beispiel 1.4.1 Betrachten wir das folgende kurze Programmstück:

$$x \leftarrow y + 3;$$
$$x \leftarrow 7;$$
$$z \leftarrow y + 3;$$

Vor der Programmausführung ist $x \leftarrow y + 3$ nicht verfügbar. Nach der ersten Zuweisung ist diese stets verfügbar. Da die zweite Zuweisung jedoch den Wert von x überschreibt, kann die zweite Zuweisung nicht vereinfacht werden. □

Beispiel 1.4.2 Betrachten wir die Implementierung der Anweisung $a[7]\text{-}-;$ in unserer Beispiel-Sprache. Nehmen wir dabei an, dass sich die Anfangsadresse des Felds a in der Variable A befindet. Den ursprünglichen Kontrollfluss-Graphen zu dem Programmfragment zusammen mit der Anwendung der Transformation RE zeigt Abb. 1.2. Weil bei Erreichen der Zuweisung $A_2 \leftarrow A + 7$ die Zuweisung $A_1 \leftarrow A + 7$

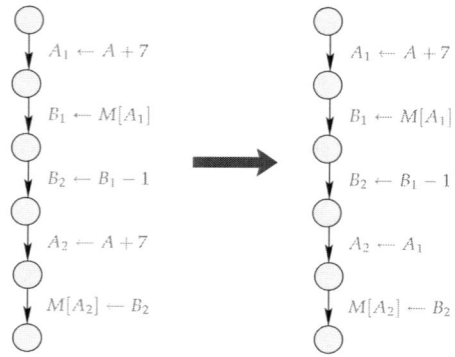

Abb. 1.2. Die Transformation RE für $a[7]--;$.

verfügbar ist, können wir die rechte Seite $A + 7$ durch die Variable A_1 ersetzen. □

Um die Anwendbarkeit der Transformation RE zu erhöhen, können wir für jeden uns interessierenden Ausdruck eine eigene Variable zur Verfügung stellen. Damit umgehen wir das Problem, dass ein Ausdruck zwar berechnet wurde, sein Wert aber nicht mehr zugreifbar ist, weil die Variable, in der sein Wert abgespeichert wurde, mittlerweile einen neuen Wert erhielt (vgl. Beispiel 1.4.1). Eine entsprechende Transformation entwickelt Aufg. 5.

In einer praktischen Implementierung wird der Übersetzer nicht für *alle* Zuweisungen die Verfügbarkeit bestimmen, sondern nur für solche, bei denen die Neuberechnung der rechten Seite teurer als ein Variablenzugriff ist.
Wenden wir uns dem Beweis der Korrektheit der vorgestellten Transformationen zu. Wir können ihn in zwei Teile aufteilen.

1. Den Beweis der Korrektheit der abstrakten Kanteneffekte $[\![k]\!]^\sharp$ relativ zur Definition der Verfügbarkeit;
2. Den Beweis der Korrektheit der Ersetzung von Ausdrücken e durch Variablenzugriffe.

Hier betrachten wir nur den zweiten Punkt. Die Definition der Verfügbarkeit ist in gewissem Sinne rein syntaktisch. Sei π ein Pfad im transformierten Programm vom Startpunkt des Programms zu einem Programmpunkt u und sei $s = (\rho, \mu)$ der Zustand nach Ausführung der Berechnung π. Sei $x \leftarrow e$ eine Zuweisung mit

$x \notin \mathsf{Vars}(e)$. Nehmen wir weiter an, dass $x \leftarrow e$ an u verfügbar ist. Dann müssen wir zeigen, dass im Zustand s der Wert der Variablen x gleich dem Wert des Ausdrucks e für die Variablenbelegung ρ ist, d.h. $\rho(x) = [\![e]\!]\,\rho$. Diese Eigenschaft wird durch Induktion über die Länge der Berechnung π bewiesen.

Nehmen wir nun an, an dem Programmpunkt u gebe es eine ausgehende Kante k, an der eine Zuweisung $x \leftarrow e$ erfolgt. Nehmen wir weiter an, $y \leftarrow e$ sei in $\mathcal{A}^*[u]$ enthalten, d.h. verfügbar. Dann ist $y \leftarrow e$ insbesondere auch in der Menge der nach π verfügbaren Zuweisungen enthalten. Folglich gilt $\rho(y) = [\![e]\!]\,\rho$. Unter dieser Bedingung kann die Zuweisung $x \leftarrow e$ durch $x \leftarrow y$ ersetzt werden.

Es bleibt die Preisfrage: Wie berechnen wir die Mengen $\mathcal{A}^*[u]$?

Eine grundlegende Idee besteht darin, ein *Ungleichungssystem* aufzustellen, das diese Werte charakterisiert. In dem Ungleichungssystem sammeln wir Bedingungen, welche die gesuchten Mengen erfüllen müssen:

$$\mathcal{A}[start] \subseteq \emptyset$$
$$\mathcal{A}[v] \subseteq [\![k]\!]^\sharp\,(\mathcal{A}[u]) \qquad k = (u, lab, v) \quad \text{Kante}$$

Wir nehmen an, dass am Startpunkt des Programms keinerlei Zuweisungen verfügbar sind. Das wird durch die erste Ungleichung ausgedrückt. Weiterhin erzeugt jede Kante k von einem Programmpunkt u zu einem Programmpunkt v eine Ungleichung. Diese Ungleichung beschreibt, wie verfügbare Zuweisungen entlang der Kante k von u nach v propagiert werden. Die Menge der am Endpunkt v der Kante k verfügbaren Zuweisungen ist in der Menge der Zuweisungen *enthalten*, die sich entlang der Kante k aus den am Programmpunkt u verfügbaren Zuweisungen ergeben: deshalb die Inklusionsbeziehung zwischen $\mathcal{A}[v]$ und $[\![k]\!]^\sharp\,(\mathcal{A}[u])$.

Beispiel 1.4.3 Betrachten wir als Beispiel ein Programm, das die Fakultätsfunktion implementiert (Abb. 1.3). Wir sehen, dass das Ungleichungssystem mithilfe der

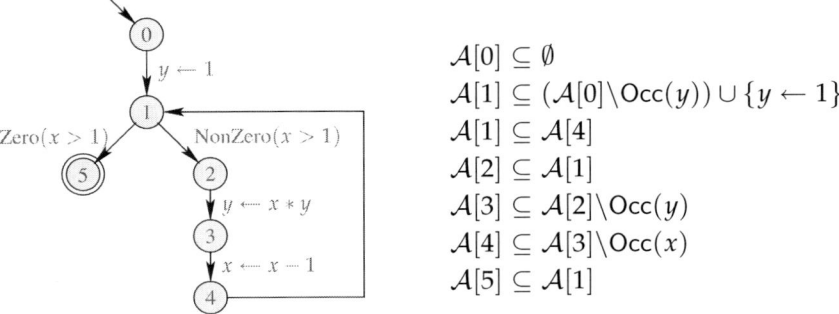

Abb. 1.3. Das Ungleichungssystem für die Fakultätsfunktion.

abstrakten Kantentransformationen ganz schematisch aus dem Kontrollflussgraphen gewonnen werden kann. In dem Beispiel lässt sich das Ungleichungssystem weiter stark vereinfachen. Die einzige Zuweisung, bei der die Variable der linken Seite nicht auf der rechten Seite vorkommt, ist $y \leftarrow 1$. Der vollständige Verband für verfügbare Zuweisungen besteht deshalb nur aus den zwei Elementen $\emptyset$ und $\{y \leftarrow 1\}$. Entsprechend ist $\text{Occ}(y) = \{y \leftarrow 1\}$ und $\text{Occ}(x) = \emptyset$.

Eine triviale Lösung dieses Ungleichungssystems zeigt Abb. 1.4. Diese Lösung

$$\mathcal{A}[0] = \mathcal{A}[1] = \mathcal{A}[2] = \mathcal{A}[3] = \mathcal{A}[4] = \mathcal{A}[5] = \emptyset$$

Abb. 1.4. Eine triviale Lösung für das Ungleichungssystem aus Beispiel 1.4.3.

ist in diesem Fall auch die einzige Lösung. Im allgemeinen kann es jedoch sehr wohl mehrere Lösungen geben. Bei der Verfügbarkeit von Zuweisungen sind wir dann an *größt möglichen* Mengen interessiert: Je größer das Ergebnis ist, d.h. desto mehr Zuweisungen wir als verfügbar nachweisen, desto genauer ist unsere Analyse und desto mehr Möglichkeiten gibt es zur Optimierung.

Wir fragen uns, ob eine *größte* Lösung immer existiert, und wenn ja, ob wir sie effizient berechnen können. ⊔

Um die Fragen nach der Existenz von „besten" Lösungen von Ungleichungssystemen und ihrer effizienten Berechnung systematisch beantworten und auf andere Programmanalysen anwenden zu können, verallgemeinern wir die Problemstellung ein wenig.

Als erstes beobachten wir dazu, dass die Menge der möglichen Werte für die unbekannten $\mathcal{A}[v]$ eine *Halbordnung* bzgl. der Teilmengenrelation $\subseteq$ und damit auch bzgl. der Obermengenrelation $\supseteq$ bildet. Diese Halbordnung hat die zusätzliche Eigenschaft, dass jede Teilmenge X von Werten eine *kleinste obere Schranke* bzw. eine *größte untere Schranke* besitzt, nämlich gerade die Vereinigung bzw. den Durchschnitt der Mengen in X. Eine Halbordnung mit dieser Zusatzeigenschaft nennt man auch *vollständigen Verband*.

Weiterhin beobachten wir, dass die abstrakten Kanten-Transformationen $[\![k]\!]^\sharp$ *monoton* sind, d.h. die Ordungsrelation auf Werten erhalten:

$$[\![k]\!]^\sharp(B_1) \supseteq [\![k]\!]^\sharp(B_2) \quad \text{wenn} \quad B_1 \supseteq B_2$$

1.5 Exkurs: Vollständige Verbände

In diesem Abschnitt sammeln wir grundlegende Begriffe und Sätze über vollständige Verbände, Lösungen von Ungleichungssystemen und grundlegenden Verfahren, um kleinste Lösungen zu berechnen. Wir beginnen mit den Definitionen von Halbordnung und vollständigem Verband.

1.5 Exkurs: Vollständige Verbände

Eine Menge $\mathbb{D}$ mit einer Relation $\sqsubseteq \,\subseteq\, \mathbb{D} \times \mathbb{D}$ nennen wir eine *Halbordnung* (Partial Order), falls folgende Eigenschaften für alle $a, b, c \in \mathbb{D}$ gelten:

$a \sqsubseteq a$ *Reflexivität*

$a \sqsubseteq b \wedge b \sqsubseteq a \implies a = b$ *Antisymmetrie*

$a \sqsubseteq b \wedge b \sqsubseteq c \implies a \sqsubseteq c$ *Transitivität*

Das üblicherweise verwendete Symbol $\sqsubseteq$ sollte Sie dabei an die typischen Ordnungsrelationen $\leq$ auf Zahlen und $\subseteq$ auf Mengen erinnern. Beispiele für Halbordnungen sind:

1. Die Menge $\mathbb{D} = 2^{\{a,b,c\}}$ aller Teilmengen einer endlichen Grundmenge, hier $\{a, b, c\}$ mit der Relation $\subseteq$:

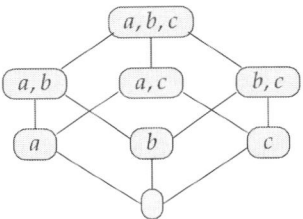

2. Die Menge aller ganzen Zahlen $\mathbb{Z}$ mit der Relation $=$:

3. Die Menge aller ganzen Zahlen $\mathbb{Z}$ mit der Relation $\leq$:

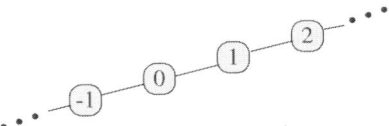

4. Die Menge aller ganzen Zahlen $\mathbb{Z}_\bot = \mathbb{Z} \cup \{\bot\}$, erweitert um ein zusätzliches Element $\bot$ mit der Ordnung:

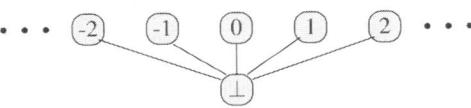

Ein Element $d \in \mathbb{D}$ heißt *obere Schranke* für eine Teilmenge $X \subseteq \mathbb{D}$ falls

$x \sqsubseteq d \quad$ für alle $x \in X$

Das Element d heißt *kleinste obere Schranke* (englisch: least upper bound oder lub), falls

1. d eine obere Schranke ist und
2. $d \sqsubseteq y$ für jede obere Schranke y von X gilt.

Nicht jede Teilmenge in einer Halbordnung hat notwendigerweise auch eine obere Schranke, geschweige denn eine kleinste obere Schranke. In der Halbordnung $\mathbb{Z}$ der ganzen Zahlen, ausgestattet mit der natürlichen Ordnung $\leq$ besitzt etwa die Menge $\{0, 2, 4\}$ die oberen Schranken $4, 5, \ldots$. Die Menge $\{0, 2, 4, \ldots\}$ aller geraden Zahlen besitzt dagegen keine obere Schranke.

Eine Halbordnung $\mathbb{D}$ ist ein *vollständiger Verband* (englisch: complete lattice), falls jede Teilmenge $X \subseteq \mathbb{D}$ eine kleinste obere Schranke besitzt. Diese kleinste obere Schranke bezeichnen wir auch mit $\bigsqcup X$.

Jedes Element ist eine obere Schranke der leeren Menge. Weil in einem vollständigen Verband auch die leere Menge eine *kleinste* obere Schranke besitzt, gibt es in jedem vollständigen Verband ein Element $\bot$, das kleiner oder gleich jedem anderen Element des vollständigen Verbands ist. Dieses *kleinste* Element wird auch *Bottom*-Element genannt. Weil in einem vollständigen Verband auch die Menge aller Elemente eine obere Schranke besitzen muss, gibt es in jedem vollständigen Verband auch ein ein *größtes* Element $\top$, das *Top*-Element. Betrachten wir unsere Beispiel-Halbordnungen. Dann gilt:

1. Die Menge $\mathbb{D} = 2^{\{a,b,c\}}$ aller Teilmengen der Grundmenge $\{a, b, c\}$ und allgemein jeder Grundmenge zusammen mit der Teilmengenrelation ist ein vollständiger Verband.
2. Die Menge $\mathbb{Z}$ aller ganzen Zahlen ist weder mit der Halbordnung $=$ noch mit der Halbordnung $\leq$ ein vollständiger Verband.
3. Die Hinzufügung eines kleinsten Elements $\bot$ reicht ebenfalls nicht, um aus $\mathbb{Z}$ mit $=$ einen vollständigen Verband zu erhalten. Vielmehr müssen wir außer einem kleinsten Element $\bot$ auch noch ein größtes Element, das *Top*-Element, $\top$, hinzufügen. Das Ergebnis ist der *flache* Verband $\mathbb{Z}_\bot^\top = \mathbb{Z} \cup \{\bot, \top\}$:

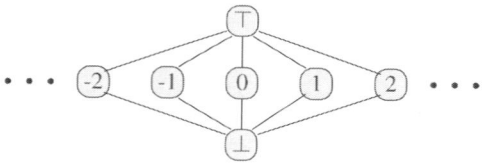

Analog zu oberen Schranken und kleinsten oberen Schranken kann man auch untere Schranken und größte untere Schranken für eine Teilmenge X einer Halbordnung definieren. Zum Aufwärmen beweisen wir den folgenden Satz:

Satz 1.5.1 *In jedem vollständigen Verband $\mathbb{D}$ besitzt jede Teilmenge $X \subseteq \mathbb{D}$ eine größte untere Schranke $\bigsqcap X$.*

Beweis. Sei $U = \{u \in \mathbb{D} \mid \forall x \in X : u \sqsubseteq x\}$ die Menge sämtlicher unterer Schranken der Menge X. Da $\mathbb{D}$ ein vollständiger Verband ist, besitzt die Menge U eine kleinste obere Schranke $g := \bigsqcup U$. Wir behaupten, dass g die gesuchte größte untere Schranke der Menge X ist.

Um diese Behauptung zu beweisen, zeigen wir zuerst einmal, dass g ebenfalls eine untere Schranke der Menge X ist. Dazu betrachten wir ein beliebiges Element

$x \in X$. Dann gilt $u \sqsubseteq x$ für jedes $u \in U$, da jedes $u \in U$ sogar eine untere Schranke für ganz X ist. Folglich ist x eine obere Schranke der Menge U und damit insbesondere größer oder gleich der kleinsten oberen Schranke von U, d.h. $g \sqsubseteq x$. Da x beliebig war, folgt unsere Behauptung.

Es bleibt zu zeigen, dass g auch die größte untere Schranke von X ist. Dies ist aber einfach: weil g eine obere Schranke für U ist, ist g insbesondere größer oder gleich jedem Element in U, d.h. $u \sqsubseteq g$ für alle $u \in U$. □

Die Verhältnisse in einem vollständigen Verband veranschaulicht Abb. 1.5. Dass es

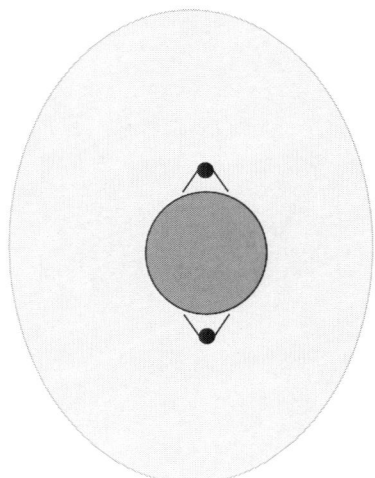

Abb. 1.5. Die obere und untere Schranke für eine Teilmenge X.

zu einer Teilmenge X stets eine kleinste obere Schranke gibt, folgt aus der Definition eines vollständigen Verbands. Dass die Teilmenge X aber ebenfalls über eine größte untere Schranke verfügt, folgt aus Satz 1.5.1.

Wir suchen *Lösungen* für Ungleichungssysteme der Form:

$$x_i \sqsupseteq f_i(x_1, \ldots, x_n) \qquad i = 1, \ldots, n$$

Bei der Bestimmung der verfügbaren Zuweisungen entsprechen dabei die Unbekannten x_i in den Ungleichungen den $\mathcal{A}[u]$ (u Programmpunkt). Der vollständige Verband $\mathbb{D}$, in dem wir Werte für die Unbekannten suchen, ist der Teilmengenverband 2^{Ass}, wobei die Halbordnung durch die Obermengenrelation $\supseteq$ gegeben ist. Die Funktionen $f_i : \mathbb{D}^n \to \mathbb{D}$ schließlich beschreiben, wie die Unbekannten x_i von den anderen Unbekannten abhängen. Die Ungleichungen haben damit die Form:

$$\mathcal{A}[\textit{start}] \subseteq \emptyset \text{ Kante}\}$$
$$\mathcal{A}[v] \quad \subseteq \bigcap \{[\![k]\!]^{\sharp} (\mathcal{A}[u]) \mid k = (u, \textit{lab}, v) \text{ Kante}\} \text{ für } v \neq \textit{start}$$

Zur Vereinfachung haben wir sämtliche Ungleichungen für dieselbe Unbekannte zu einer Ungleichung zusammen gefasst, indem wir die kleinste obere Schranke über die Beiträge der rechten Seiten der einzelnen Ungleichungen bilden. Diese Formulierung ändert die Lösungsmenge der entsprechenden Ungleichungen nicht, da gilt:

$$x \sqsupseteq d_1 \wedge \ldots \wedge x \sqsupseteq d_k \quad \text{gdw.} \quad x \sqsupseteq \bigsqcup \{d_1, \ldots, d_k\}$$

Eine wesentliche Eigenschaft der Funktionen f_i, die die rechten Seiten unserer Ungleichungen definieren, ist, dass sie *monoton* sind. Eine Funktion $f : \mathbb{D}_1 \to \mathbb{D}_2$ zwischen den beiden Halbordnungen $\mathbb{D}_1, \mathbb{D}_2$ heißt *monoton*, falls $f(a) \sqsubseteq f(b)$ gilt, sofern $a \sqsubseteq b$ gilt. Der Einfachheit halber haben wir hier die Ordnungsrelationen in $\mathbb{D}_1$ und in $\mathbb{D}_2$ mit dem gleichen Symbol $\sqsubseteq$ bezeichnet.

Beispiel 1.5.1 Für eine Menge U $\mathbb{D}_1 = \mathbb{D}_2 = 2^U$ sei der Teilmengenverband mit der Ordnungsrelation $\subseteq$. Dann ist jede Funktion f mit $f\,x = (x \cap a) \cup b$ für $a, b \subseteq U$ monoton. Eine Funktion g mit $g\,x = a \setminus x$ für $a \neq \emptyset$ ist dagegen nicht monoton.

Für $\mathbb{D}_1 = \mathbb{D}_2 = \mathbb{Z}$ mit der Ordnungsrelation "$\leq$" sind die Funktionen inc und dec mit inc $x = x + 1$ bzw. dec $x = x - 1$ monoton. Die durch inv $x = -x$ definierte Funktion inv ist dagegen nicht monoton. $\square$

Sind die Funktionen $f_1 : \mathbb{D}_1 \to \mathbb{D}_2$ und $f_2 : \mathbb{D}_2 \to \mathbb{D}_3$ monoton, dann ist auch ihre Komposition $f_2 \circ f_1 : \mathbb{D}_1 \to \mathbb{D}_3$ monoton.

Ist $\mathbb{D}_2$ ein vollständiger Verband, dann bildet auch die Menge $[\mathbb{D}_1 \to \mathbb{D}_2]$ der monotonen Funktionen $f : \mathbb{D}_1 \to \mathbb{D}_2$ einen vollständigen Verband, wobei

$$f \sqsubseteq g \quad \text{gdw.} \quad f\,x \sqsubseteq g\,x \quad \text{für alle } x \in \mathbb{D}_1$$

gilt. Insbesondere ist für $F \subseteq [\mathbb{D}_1 \to \mathbb{D}_2]$ die Funktion f mit $f\,x = \bigsqcup \{g\,x \mid g \in F\}$ selbst wieder monoton und die kleinste obere Schranke der Menge F.

Im Falle von $\mathbb{D}_1 = \mathbb{D}_2 = 2^U$ können wir für Funktionen $f_i\,x = a_i \cap x \cup b_i$ mit $a_i, b_i \subseteq U$, die Operationen "$\circ$", "$\sqcup$" und "$\sqcap$" explizit durch Operationen auf den Mengen a_i, b_i ausdrücken;

$$
\begin{array}{ll}
(f_2 \circ f_1)\,x = \boxed{a_1 \cap a_2} \cap x \cup \boxed{a_2 \cap b_1 \cup b_2} & \text{Komposition} \\
(f_1 \sqcup f_2)\,x = \boxed{(a_1 \cup a_2)} \cap x \cup \boxed{b_1 \cup b_2} & \text{Vereinigung} \\
(f_1 \sqcap f_2)\,x = \boxed{(a_1 \cup b_1) \cap (a_2 \cup b_2)} \cap x \cup \boxed{b_1 \cap b_2} & \text{Durchschnitt}
\end{array}
$$

Unser Ziel ist, für das Ungleichungssystem;

$$x_i \sqsupseteq f_i(x_1, \ldots, x_n), \quad i = 1, \ldots, n \qquad (*)$$

eine möglichst *kleine* Lösung in einem vollständigen Verband $\mathbb{D}$ zu konstruieren, wobei die $f_i : \mathbb{D}^n \to \mathbb{D}$, welche die rechten Seiten definieren, jeweils monoton sein sollen. Hier benutzen wir, dass mit $\mathbb{D}$ auch $\mathbb{D}^n$ ein vollständiger Verband ist. Um das zu Grunde liegende Problem weiter zu vereinfachen, fassen wir die n Funktionen f_i zu einer einzigen Funktion $f : \mathbb{D}^n \to \mathbb{D}^n$ zusammen mit $f(x_1, \ldots, x_n) = (y_1, \ldots, y_n)$, wobei $y_i = f_i(x_1, \ldots, x_n)$. Es zeigt sich, dass mit den Komponenten-Funktionen f_i auch f monoton ist. Unser Problem hat sich darauf reduziert, eine möglichst kleine Lösung *einer einzigen* Ungleichung $x \sqsupseteq f\,x$ in dem allerdings nun etwas komplizierteren vollständigen Verband $\mathbb{D}^n$ zu finden.

Dabei gehen wir so vor: Wir beginnen mit einem möglichst kleinen Element d, also etwa mit $d = \bot = (\bot, \ldots, \bot)$, dem kleinsten Element von $\mathbb{D}^n$. Falls $d \sqsupseteq f\,d$ gilt, haben wir eine Lösung gefunden. Andernfalls ersetzen wir d durch $f\,d$ und wiederholen die Ersetzung.

Beispiel 1.5.2 Betrachten wir den vollständigen Verband $\mathbb{D} = 2^{\{a,b,c\}}$ mit der Ordnungsrelation $\sqsubseteq\, =\, \subseteq$ zusammen mit dem Ungleichungssystem:

$$x_1 \supseteq \{a\} \cup x_3$$
$$x_2 \supseteq x_3 \cap \{a,b\}$$
$$x_3 \supseteq x_1 \cup \{c\}$$

Dann ergibt die Iteration: Die Ergebnisse der einzelnen Iterationen sind in der folgenden Tabelle zusammen gefasst:

	0	1	2	3	4
x_1	$\emptyset$	$\{a\}$	$\{a,c\}$	$\{a,c\}$	dito
x_2	$\emptyset$	$\emptyset$	$\emptyset$	$\{a\}$	
x_3	$\emptyset$	$\{c\}$	$\{a,c\}$	$\{a,c\}$	

Wir beobachten, dass mindestens ein Wert für die Unbekannten mit jeder Iteration größer wird, bis am Ende eine Lösung gefunden ist. $\square$

Tatsächlich können wir uns davon überzeugen, dass dies für jeden vollständigen Verband der Fall ist. Genauer gesagt, zeigen wir:

Satz 1.5.2 *Sei $\mathbb{D}$ ein vollständiger Verband und $f : \mathbb{D} \to \mathbb{D}$ eine monotone Funktion. Dann gilt:*

1. *Die Folge $\bot, f\bot, f^2\bot, \ldots$ ist eine aufsteigende Kette, d.h. es gilt $f^{i-1}\bot \sqsubseteq f^i\bot$ für alle $i \geq 1$.*
2. *Ist $d = f^{n-1}\bot = f^n\bot$, dann ist d das kleinste Element d' mit $d' \sqsupseteq f(d')$.*

Beweis. Zum Beweis der ersten Aussage wenden wir vollständige Induktion an. Für $i = 1$ gilt die erste Aussage, weil $f^{1-1}\bot = f^0\bot = \bot$ das kleinste Element des vollständigen Verbands und damit kleiner oder gleich $f^1\bot = f\bot$ ist. Nehmen wir an, die Aussage gelte für $i - 1 \geq 1$, d.h. es gilt $f^{i-2}\bot \sqsubseteq f^{i-1}\bot$. Wegen der Monotonie der Funktion f gilt:

$$f^{i-1}\bot = f(f^{i-2}\bot) \sqsubseteq f(f^{i-1}\bot) = f^i\bot$$

Wir schließen, dass damit die Aussage auch für i gilt. Folglich gilt die Aussage für alle $i \geq 1$.

Betrachten wir nun die zweite Aussage. Nehmen wir an, dass

$$d = f^{n-1} \perp \sqsupseteq f^n \perp$$

gilt. Dann ist d is eine Lösung der Ungleichung $x \sqsupseteq f\, x$. Nehmen wir weiter an, wir hätten irgendeine andere Lösung d' der Ungleichung, d.h., es gelte auch $d' \sqsupseteq f\, d'$. Dann genügt es zu zeigen, dass $f^i \perp \sqsubseteq d'$ für alle $i \geq 0$ gilt. Dies zeigen wir erneut mittels vollständiger Induktion. Für $i = 0$ ist dies der Fall. Sei nun $i > 0$ und $f^{i-1} \perp \sqsubseteq d'$. Wegen der Monotonie von f gilt dann,

$$f^i \perp = f(f^{i-1} \perp) \sqsubseteq f\, d' \sqsubseteq d'$$

da d' eine Lösung ist. Damit gilt unsere Behauptung für alle i. □

Satz 1.5.2 gibt uns ein Verfahren an die Hand, nicht nur irgendeine Lösung, sondern sogar die kleinste Lösung einer Ungleichung zu berechnen – unter der Voraussetzung, dass die aufsteigende Kette der $f^i \perp$ irgendwann *stabil* wird, d.h. ab einem i konstant ist. Für die Terminierung unseres Verfahrens ist es damit hinreichend, wenn *sämtliche* aufsteigenden Ketten in $\mathbb{D}$ irgendwann stabil werden. Das ist sicherlich der Fall, sofern wir mit *endlichen* Verbänden rechnen. Die durch unser Iterationsverfahren gefundene kleinste Lösung ist tatsächlich eine Lösung nicht nur der Ungleichung $x \sqsupseteq f\, x$, sondern sogar eine Lösung der Gleichung: $x = f\, x$, d.h. ein *Fixpunkt* von f.

Was passiert, wenn nicht sämtliche aufsteigende Ketten in unserem vollständigen Verband irgendwann stabil werden? Dann wird unser Iterationsverfahren möglicherweise nie terminieren. Nichtsdestoweniger gibt es auch in diesem Fall stets eine kleinste Lösung.

Satz 1.5.3 (Knaster – Tarski) *In einem vollständigen Verband $\mathbb{D}$ hat jede monotone Funktion $f : \mathbb{D} \to \mathbb{D}$ einen kleinsten Fixpunkt d_0, welcher auch die kleinste Lösung der Ungleichung $x \sqsupseteq f\, x$ ist.*

Beweis. Eine Lösung der Ungleichung $x \sqsupseteq f\, x$ nennen wir auch *Postfixpunkt* von f. Sei $P = \{d \in \mathbb{D} \mid d \sqsupseteq f\, d\}$ die Menge der *Postfixpunkte* von f. Wir behaupten, dass die größte untere Schranke d_0 der Menge P gerade der kleinste Fixpunkt von f ist.

Dazu beweisen wir zuerst einmal, dass d_0 selbst in P enthalten ist, d.h. ein Postfixpunkt von f ist. Offenbar gilt $f\, d_0 \sqsubseteq f\, d \sqsubseteq d$ für jeden Postfixpunkt $d \in P$. Folglich ist $f\, d_0$ eine untere Schranke von P und damit kleiner oder gleich der größten unteren Schranke, d.h. $f\, d_0 \sqsubseteq d_0$.

Als untere Schranke von P, die in P enthalten ist, ist d_0 der *kleinste* Postfixpunkt von f. Es bleibt zu zeigen, dass f auch ein Fixpunkt von f und damit der kleinste Fixpunkt von f ist.

Wir wissen bereits, dass $f\, d_0 \sqsubseteq d_0$ gilt. Betrachten wir die umgekehrte Richtung. Wegen der Monotonie von f, folgern wir, dass auch $f(f\, d_0) \sqsubseteq f\, d_0$ gilt. Folglich ist $f\, d_0$ ein Postfixpunkt von f, d.h. $f\, d_0 \in P$. Weil aber d_0 eine untere Schranke von P ist, muss dann auch $d_0 \sqsubseteq f\, d_0$ gelten. □

Satz 1.5.3 garantiert uns, dass jede monotone Funktion f in einem vollständigen Verband einen kleinsten Fixpunkt besitzt, welcher mit der kleinsten Lösung der Ungleichung $x \sqsupseteq f\,x$ übereinstimmt.

Beispiel 1.5.3 Sei der vollständige Verband die Menge der natürlichen Zahlen, erweitert um ∞, d.h. $\mathbb{D} = \mathbb{N} \cup \{\infty\}$ mit der Halbordnung $\leq$. Die Funktion inc mit $\text{inc}\,x = x + 1$ ist monoton. Es gilt:

$$inc^i \perp = inc^i\,0 = i \quad \sqsubseteq \quad i+1 = inc^{i+1} \perp$$

Damit besitzt diese Funktion einen kleinsten Fixpunkt. Dieser wird aber nicht nach endlich vielen Iterationen erreicht. □

Indem wir Satz 1.5.3 auf den vollständigen Verband mit der *dualen* Ordnungsrelation $\sqsupseteq$ (anstelle von $\sqsubseteq$) betrachten, folgern wir, dass jede monotone Funktion nicht nur einen kleinsten, sondern auch einen *größten* Fixpunkt besitzt.

Beispiel 1.5.4 Betrachten wir erneut den Teilmengenverband $\mathbb{D} = 2^U$ für eine Grundmenge U und eine Funktion f mit $f\,x = x \cap a \cup b$. Diese Funktion ist monoton. Deshalb hat sie sowohl einen kleinsten wie einen größten Fixpunkt. Unser Iterationsverfahren liefert für f:

f	$f^k \perp$	$f^k \top$
0	$\emptyset$	U
1	b	$a \cup b$
2	b	$a \cup b$

□

Wenden wir uns mit diesem Hintergrundwissen wieder unserer Anwendung zu, d.h. dem Lösen eines Ungleichungssystems

$$x_i \sqsupseteq f_i(x_1, \ldots, x_n), \quad i = 1, \ldots, n \qquad (*)$$

über einem vollständigen Verband $\mathbb{D}$ für monotone Funktionen $f_i : \mathbb{D}^n \to \mathbb{D}$. Wir wissen nun, dass ein solches Ungleichungssystem stets eine kleinste Lösung besitzt, die mit der kleinsten Lösung des zugehörigen Gleichungssystems

$$x_i = f_i(x_1, \ldots, x_n), \quad i = 1, \ldots, n$$

übereinstimmt. In unseren Anwendungen bei der Programmanalyse treffen wir sehr oft vollständige Verbände an, in denen es alle aufsteigenden Ketten stabil werden. In diesen Fällen kann die kleinste Lösung des Ungleichungssystems durch unser Iterationsverfahren, d.h. wiederholtes Einsetzen explizit berechnet werden. Jedoch ist die naive Fixpunktiteration gemäß Satz 1.5.2 oft ziemlich *ineffizient*.

Beispiel 1.5.5 Betrachten wir erneut die Implementierung des Fakultätsprogramms aus Beispiel 1.4.3. Die Fixpunktiteration zur Berechnung der kleinsten Lösung des Ungleichungssystems für verfügbare Zuweisungen zeigt Abb. 1.6. Erst nach fünf Runden stabilisieren sich sämtliche Werte für die Unbekannten. □

	1	2	3	4	5
0	∅	∅	∅	∅	∅
1	$\{y \leftarrow 1\}$	$\{y \leftarrow 1\}$	∅	∅	∅
2	$\{y \leftarrow 1\}$	$\{y \leftarrow 1\}$	∅	∅	∅
3	∅	∅	∅	∅	∅
4	$\{y \leftarrow 1\}$	∅	∅	∅	∅
5	$\{y \leftarrow 1\}$	$\{y \leftarrow 1\}$	∅	∅	∅

Abb. 1.6. Die naive Fixpunktiteration für das Programm aus Beispiel 1.4.3.

Wie könnte man die naive Fixpunktiteration verbessern? Eine erhebliche praktische Verbesserung lässt sich durch die sogenannte *Round-Robin-Iteration* erzielen. Algorithmisch ist diese sogar leichter als die naive Iteration zu realisieren: man greift bei der Neuberechnung der Werte für die Unbekannten nicht auf die Werte der Unbekannten der letzten Runde zurück, sondern benutzt deren in der aktuellen Runde bereits berechneten Wert:

> **for** $(i \leftarrow 1; i \leq n; i++)$ $x_i \leftarrow \bot$;
> **do** {
>   *finished* ← **true**;
>   **for** $(i \leftarrow 1; i \leq n; i++)$ {
>   *new* ← $f_i(x_1, \ldots, x_n)$;
>   **if** $(\neg(x_i \sqsupseteq new))$ {
>   *finished* ← **false**;
> $x_i \leftarrow x_i \sqcup new$;
>   }
>   }
> } **while** $(\neg finished)$;

Beispiel 1.5.6 Betrachten wir erneut das Ungleichungssystem zur Berechnung der verfügbaren Ausdrücke für das Fakultätsprogramm aus Beispiel 1.4.3. Die zugehörige Round-Robin-Iteration zeigt Abbildung 1.7. Offensichtlich reichen nun bereits drei Iterationen aus! □

Betrachten wir die Round-Robin-Iteration näher. Die Zuweisung $x_i \leftarrow x_i \sqcup new$; in unserer Implementierung überschreibt nicht einfach den alten Wert für x_i, sondern ersetzt ihn durch die kleinste obere Schranke mit dem neuen Wert. Wir sagen, dass der Algorithmus während seiner Iteration die Lösung für x_i *akkumuliert*. Im Falle monotoner Funktionen f_i ist die kleinste obere Schranke des alten Werts für x_i mit dem neuen Wert gerade gleich dem neuen Wert. Im Falle einer nicht-monotonen Funktion f_i ist dies allerdings nicht immer der Fall. Dann ist der Algorithmus jedoch robust genug, eine *aufsteigende Folge* von Werten für jede Unbekannte x_i zu berechnen und damit – im Falle der Terminierung – zumindest irgendeine Lösung des Ungleichungssystems zu liefern.

1.5 Exkurs: Vollständige Verbände

	1	2	3
0	∅	∅	
1	$\{y \leftarrow 1\}$	∅	
2	$\{y \leftarrow 1\}$	∅	
3	∅	∅	dito
4	∅	∅	
5	∅	∅	

Abb. 1.7. Die Round-Robin-Iteration für das Programm aus Beispiel 1.4.3.

Die Laufzeit des Verfahrens hängt davon ab, wie oft die *do-while*-Schleife durchlaufen wird. Sei h die maximale Länge einer echt aufsteigenden Kette:

$$\bot \sqsubset d_1 \sqsubset d_2 \sqsubset \ldots \sqsubset d_h$$

in dem vollständigen Verband $\mathbb{D}$. Diese Zahl nennen wir auch die *Höhe* des vollständigen Verbands $\mathbb{D}$. Sei weiterhin n die Anzahl der Unbekannten des Ungleichungssystems. Dann benötigt die Round-Robin-Iteration maximal $h \cdot n$ Runden der *do-while*-Schleife, bis die Werte der kleinsten Lösung für sämtliche Unbekannten ermittelt sind — zusammen gegebenenfalls mit einer weiteren Runde, um die Terminierung festzustellen.

Die Abschätzung $h \cdot n$ kann auf n verbessert werden, wenn der vollständige Verband von der Form 2^U ist für eine Grundmenge U ist, und wenn jede Funktion f_i aus konstanten Mengen und Variablen alleine mithilfe der Operationen $\cup$ und $\cap$ aufgebaut ist. Dies liegt daran, dass in diesem Fall Enthaltensein eines Elements $u \in U$ in den Ergebnismengen für die Unbekannten x_i unabhängig ist vom Enthaltensein jedes anderen Elements u' in diesen Mengen. Für welche Variablen x_i das Element u in dem Ergebnis für x_i enthalten ist, kann deshalb über dem vollständigen Verband $2^{\{u\}}$ der Höhe 1 ausgerechnet werden und benötigt dort gerade n Iterationen. Indem wir anstelle des vollständigen Verbands $2^{\{u\}}$ bei der Round-Robin-Iteration den Verband 2^U verwenden, führen wir gewissermaßen die Round-Robin-Iterationen für jedes Element $u \in U$ parallel aus.

Diese Abschätzungen betreffen nur den schlimmsten Fall. Bei geeigneter Anordnung der Variablen wird die kleinste Lösung oft bereits mit weit weniger Iterationen erreicht.

Wir fragen uns, ob die neue Iterationsstrategie ebenfalls die kleinste Lösung liefert, wenn die naive Fixpunktiteration die kleinste Lösung geliefert hätte. Nehmen wir dazu an, die Funktionen f_i seien sämtlich monoton. Sei $y_i^{(d)}$ die i-te Komponente von $F^d \perp$ und $x_i^{(d)}$ der Wert von x_i nach der d-ten Ausführung der *do-while*-Schleife der Round-Robin-Iteration. Für alle $i = 1, \ldots, n$ und $d \geq 0$ zeigen wir die folgenden Aussagen:

1. $y_i^{(d)} \sqsubseteq x_i^{(d)} \sqsubseteq z_i$ für jede Lösung $(z_1, \ldots, z_n)$ des Ungleichungssystems;
2. terminiert die Round-Robin-Iteration, dann enthalten nach der Terminierung die Variablen $x_1, \ldots, x_n$ die kleinste Lösung des Ungleichungssystems;
3. $y_i^{(d)} \sqsubseteq x_i^{(d)}$.

Die Aussage (1) zeigt man mithilfe vollständiger Induktion. Wegen der ersten Aussage liegen alle Approximationen $x_i^{(d)}$ unterhalb des Werts der kleinsten Lösung für die Unbekannte x_i. Terminiert die Round-Robin-Iteration nach der Runde d, dann erfüllen die Werte $x_i^{(d)}$ das Gleichungssystem und sind damit eine Lösung. Wegen (1) bilden sie sogar die kleinste Lösung. Damit folgt die Behauptung (2).

Aus der Aussage (1) können wir zusätzlich folgern, dass die Round-Robin-Iteration nach der d-ten Runde mindestens so große Werte liefert wie die naive Fixpunktiteration. Terminiert deshalb die naive Fixpunktiteration nach der Runde d, würde auch die Round-Robin-Iteration spätestens nach d Runden terminieren.

Wir schließen, dass die Round-Robin-Iteration niemals schlechter als die naive Fixpunktiteration ist. Nichtsdesoweniger kann auch die Round-Robin-Iteration mehr oder weniger geschickt durchgeführt werden: tatsächlich hängt ihre Effizienz wesentlich von der *Anordnung* ab, in der die Variablen durchlaufen werden.

Günstig ist es, wenn eine Variable x_i, von der eine andere Variable x_j abhängt, vor dieser neu ausgewertet wird. Im Falle eines Ungleichungssystems ohne zyklische Variablenabhängigkeiten können wir so sogar erreichen, dass bereits nach einem Durchlauf der *do-while*-Schleife die kleinste Lösung erreicht wird.

Beispiel 1.5.7 Betrachten wir erneut das Ungleichungssystem zur Berechnung der verfügbaren Ausdrücke für das Fakultätsprogramm aus Beispiel 1.4.3. Abbildung 1.8 zeigt eine günstige und eine ungünstige Anordnung der Unbekannten. Im ungün-

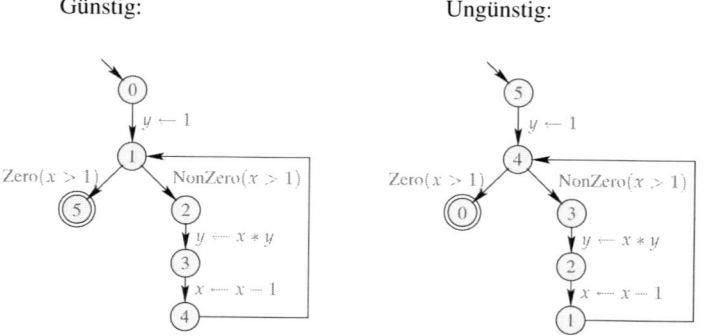

Abb. 1.8. Eine günstige und eine ungünstige Anordnung der Unbekannten.

stigen Fall benötigen wir für dieses Programm immerhin vier Iterationen (Abb. 1.9).
□

	1	2	3	4	5
0	$\{y \leftarrow 1\}$	$\{y \leftarrow 1\}$	$\emptyset$	$\emptyset$	
1	$\{y \leftarrow 1\}$	$\{y \leftarrow 1\}$	$\{y \leftarrow 1\}$	$\emptyset$	
2	$\emptyset$	$\emptyset$	$\emptyset$	$\emptyset$	dito
3	$\{y \leftarrow 1\}$	$\{y \leftarrow 1\}$	$\emptyset$	$\emptyset$	
4	$\{y \leftarrow 1\}$	$\emptyset$	$\emptyset$	$\emptyset$	
5	$\emptyset$	$\emptyset$	$\emptyset$	$\emptyset$	

Abb. 1.9. Die Round-Robin-Iteration für die ungünstige Anordnung aus Abb. 1.8.

1.6 Kleinste Lösung oder MOP–Lösung?

Im letzten Abschnitt haben wir Verfahren kennen gelernt, um kleinste Lösungen von Ungleichungssystemen zu ermitteln. Was, müssen wir uns aber jetzt fragen, helfen uns diese kleinsten Lösungen wirklich?

Betrachten wir erneut einen vollständigen Verband $\mathbb{D}$, wie er bei der Programmanalyse auftreten könnte, sowie ein Ungleichungssystem der Form

$$\mathcal{I}[start] \sqsupseteq d_0$$
$$\mathcal{I}[v] \sqsupseteq [\![k]\!]^\sharp (\mathcal{I}[u]) \qquad k = (u, lab, v) \quad \text{Kante}$$

wobei $d_0 \in \mathbb{D}$ der Wert für den Startpunkt des Programms darstellt und alle abstrakten Kanteneffekte $[\![k]\!]^\sharp : \mathbb{D} \to \mathbb{D}$ monoton sind. Der generische Ansatz, für ein Analyseproblem einen vollständigen Verband auszuwählen, einen Startwert festzulegen sowie die abstrakten Kanteneffekte durch monotone Funktionen zu beschreiben, heißt auch *monotoner Analyserahmen*. Mit weiteren Instanzen dieses allgemeinen Ansatzes werden wir uns in den nächsten Abschnitten ausführlich beschäftigen.

Für jeden Programmpunkt v wird der Wert:

$$\mathcal{I}^*[v] = \bigsqcup \{ [\![\pi]\!]^\sharp d_0 \mid \pi : start \to^* v \}$$

gesucht. Die Abbildung $\mathcal{I}^*$ heißt auch die *Merge-Over-All-Paths*-Lösung (kurz: MOP–Lösung) der Analyseaufgabe. Das Verhältnis zwischen der kleinsten Lösung des Ungleichungssystems und der MOP–Lösung klärt der folgende Satz.

Satz 1.6.1 (Kam, Ullman 1975) *Sei $\mathcal{I}$ die kleinste Lösung des Ungleichungssystems. Für jeden Programmpunkt v gilt*

$$\mathcal{I}[v] \sqsupseteq \mathcal{I}^*[v] \ .$$

Das heißt, für jeden Pfad π vom Programmstart nach v gilt:

$$\mathcal{I}[v] \sqsupseteq [\![\pi]\!]^\sharp d_0 \ . \qquad (*)$$

Beweis. Wir beweisen die Aussage $(*)$ durch Induktion über die Länge von π. Ist π der leere Pfad, d.h. $\pi = \epsilon$, dann gilt:

$$[\![\pi]\!]^\sharp\, d_0 = [\![\epsilon]\!]^\sharp\, d_0 = d_0 \sqsubseteq \mathcal{I}[start]$$

Andernfalls ist π von der Form $\pi = \pi' k$ für eine Kante $k = (u, lab, v)$. Nach Induktionsannahme gilt die Behauptung bereits für den kürzeren Pfad π', d.h. $[\![\pi']\!]^\sharp\, d_0 \sqsubseteq \mathcal{I}[u]$. Damit folgern wir:

$$\begin{aligned}
[\![\pi]\!]^\sharp\, d_0 &= [\![k]\!]^\sharp\, ([\![\pi']\!]^\sharp\, d_0) \\
&\sqsubseteq [\![k]\!]^\sharp\, (\mathcal{I}[u]) \quad \text{da } [\![k]\!]^\sharp \text{ monoton ist} \\
&\sqsubseteq \mathcal{I}[v] \quad \text{da } \mathcal{I} \text{ eine Lösung ist}
\end{aligned}$$

Damit ist die Behauptungi bewiesen. □

In gewisser Weise ist Satz 1.6.1 eine Enttäuschung: eigentlich hatten wir gehofft, die kleinste Lösung wäre identisch mit der MOP–Lösung. Stattdessen müssen wir zur Kenntnis nehmen, dass die kleinste Lösung im Allgemeinen nur eine obere Schranke für die MOP–Lösung liefert. In vielen praktischen Fällen stimmen jedoch die Fixpunktlösung und die MOP–Lösung überein. Dies ist insbesondere der Fall, wenn alle Funktionen $[\![k]\!]^\sharp$ *distributiv* sind. Eine Funktion $f : \mathbb{D}_1 \to \mathbb{D}_2$ heißt

- *distributiv*, falls $f(\bigsqcup X) = \bigsqcup\{f\, x \mid x \in X\}$ für alle nichtleeren Teilmengen $X \subseteq \mathbb{D}$;
- *strikt*, falls $f \perp = \perp$;
- *total distributiv*, falls f distributiv und strikt ist.

Beispiel 1.6.1 Betrachten wir den vollständigen Verband $\mathbb{D} = \mathbb{N} \cup \{\infty\}$ mit der natürlichen Ordnung $\leq$. Die Funktion inc mit $\text{inc}\, x = x + 1$ ist distributiv, erhält aber nicht das kleinste Element.

Als weiteres Beispiel betrachten wir die Funktion

$$\text{add} : (\mathbb{N} \cup \{\infty\})^2 \to (\mathbb{N} \cup \{\infty\})$$

mit $\text{add}(x_1, x_2) = x_1 + x_2$, wobei der vollständige Verband $(\mathbb{N} \cup \{\infty\})^2$ komponentenweise angeordnet ist. Dann haben wir:

$$\text{add}\, \perp = \text{add}\,(0,0) = 0 + 0 = 0$$

Deshalb ist die Funktion strikt. Sie ist aber nicht distributiv, wie das folgende Gegenbeispiel belegt:

$$\begin{aligned}
\text{add}\,((1,4) \sqcup (4,1)) = \text{add}\,(4,4) &= 8 \\
\neq 5 &= \text{add}\,(1,4) \sqcup \text{add}\,(4,1)
\end{aligned}$$

□

Beispiel 1.6.2 Betrachten wir erneut den Teilmengenverband $\mathbb{D} = 2^U$ mit der Halbordnung $\subseteq$. Für alle $a, b \subseteq U$ ist die Funktion f mit $f\, x = x \cap a \cup b$ distributiv, da

$$(\bigsqcup X) \cap a \cup b = \bigsqcup \{x \cap a \mid x \in X\} \cup b$$
$$= \bigsqcup \{x \cap a \cup b \mid x \in X\}$$
$$= \bigsqcup \{f \, x \mid x \in X\}$$

für jede nicht-leere Teilmenge $X \subseteq \mathbb{D}$. Die Funktion f ist jedoch nur strikt, sofern $b = \emptyset$ gilt.

Ein analoges Resultat erhalten wir für den Teilmengenverband $\mathbb{D} = 2^U$ mit der ungekehrten Ordnung $\supseteq$ und Funktionen f der Form $f \, x = (x \cup a) \cap b$. Für diese Halbordnung bedeutet Distributivität nun, dass $f(\bigcap X) = \bigcap \{f \, x \mid x \in X\}$ git für jede nicht-leere Teilmenge $X \subseteq 2^U$. □

Tatsächlich gibt es eine genaue Charakterisierung aller distributiven Funktionen, sofern ihr Definitionsbereich ein *atomarer* Verband ist. Sei $\mathbb{A}$ ein vollständiger Verband. Ein Element $a \in \mathbb{A}$ heißt *atomar*, falls $a \neq \bot$ ist und die einzigen Elemente $a' \in \mathbb{A}$ mit $a' \sqsubseteq a$ die Elemente $a' = \bot$ und $a' = a$ sind. Der vollständige Verband $\mathbb{A}$ heißt atomar, falls jedes Element $d \in \mathbb{A}$ die kleinste obere Schranke aller atomaren Elemente $a \sqsubseteq d$ in $\mathbb{A}$ ist.

In dem vollständigen Verband $\mathbb{N} \cup \{\infty\}$ aus Beispiel 1.6.1 ist 1 das einzige atomare Element. Deshalb ist dieser vollständige Verband nicht atomar. In dem Teilmengenverband 2^U, geordnet durch die Teilmengenrelation $\subseteq$, sind die atomaren Elemente gerade die einelementigen Teilmengen $\{u\}, u \in U$. In dem entsprechenden Teilmengenverband mit der umgedrehten Ordnung $\supseteq$ sind die atomaren Elemente durch die Mengen $(U \backslash \{u\}), u \in U$, gegeben. Der folgende Satz sagt, dass für atomare Verbände distributive Funktionen eindeutig bestimmt sind durch ihre Werte für das kleinste Element $\bot$ und die atomaren Elemente.

Satz 1.6.2 *Seien $\mathbb{A}$ und $\mathbb{D}$ vollständige Verbände, wobei $\mathbb{A}$ atomar ist. Sei $A \subseteq \mathbb{A}$ die Menge der atomaren Elemente in $\mathbb{A}$. Dann gilt:*

1. *Zwei distributive Funktionen $f, g : \mathbb{A} \to \mathbb{D}$ sind genau dann gleich, wenn $f(\bot) = g(\bot)$ und $f(a) = g(a)$ für alle $a \in A$ gelten.*
2. *Jedes Paar (d, h) mit $d \in \mathbb{D}$ und $h : A \to \mathbb{D}$ definiert eine distributive Abbildung $f_{d,h} : \mathbb{A} \to \mathbb{D}$ durch:*

$$f_{d,h}(x) = d \sqcup \bigsqcup \{h(a) \mid a \in A, a \sqsubseteq x\}, \quad x \in \mathbb{A}$$

Beweis. Wir zeigen nur die erste Behauptung. Sind die Funktionen f und g gleich, dann stimmen sie auch auf $\bot$ und den atomaren Elementen von $\mathbb{A}$ überein. Für die umgekehrte Richtung betrachten wir ein beliebiges Element $x \in \mathbb{A}$. Für $x = \bot$ gilt $f(x) = g(x)$ nach Voraussetzung. Für $x \neq \bot$ ist die Menge $A_x = \{a \in A \mid a \sqsubseteq x\}$ nicht leer. Deshalb schließen wir:

$$f(x) = f(\bigsqcup A_x)$$
$$= \bigsqcup \{f(a) \mid a \in A, a \sqsubseteq x\}$$
$$= \bigsqcup \{g(a) \mid a \in A, a \sqsubseteq x\} = g(x)$$

was zu beweisen war. □

Beachten Sie, dass jede distributive Funktion $f : \mathbb{D}_1 \to \mathbb{D}_2$ automatisch bereits monoton ist. Es gilt nämlich $a \sqsubseteq b$ genau dann, wenn $a \sqcup b = b$ gilt. Falls $a \sqsubseteq b$ gilt, dann gilt

$$f\,b = f\,(a \sqcup b) = f\,a \sqcup f\,b$$

Folglich gilt $f\,a \sqsubseteq f\,b$, was zu zeigen war. □

Für Programmanalysen mit distributiven Kanteneffekten finden wir:

Satz 1.6.3 (Kildall 1972) *Sei jeder Programmpunkt v vom Startpunkt des Programms aus erreichbar. Seien weiterhin sämtliche Kanteneffekte $[\![k]\!]^\sharp : \mathbb{D} \to \mathbb{D}$ distributiv. Dann stimmt die kleinste Lösung $\mathcal{I}$ des Ungleichungssystems mit der MOP–Lösung $\mathcal{I}^*$ überein, d.h.*

$$\mathcal{I}^*[v] = \mathcal{I}[v]$$

für alle Programmpunkte v.

Beweis. Wegen Satz 1.6.1 genügt es zu zeigen, dass $\mathcal{I}[v] \sqsubseteq \mathcal{I}^*[v]$ gilt für alle v. Da $\mathcal{I}$ die kleinste Lösung des Ungleichungssystems ist, reicht es nachzuweisen, dass unter den gegebenen Voraussetzungen $\mathcal{I}^*$ ebenfalls eine Lösung ist, d.h. alle Ungleichungen erfüllt. Für den Startpunkt *start* des Programms gilt:

$$\mathcal{I}^*[start] = \bigsqcup\{[\![\pi]\!]^\sharp\,d_0 \mid \pi : start \to^* start\} \sqsupseteq [\![\epsilon]\!]^\sharp\,d_0 \sqsupseteq d_0$$

Für jede Kante $k = (u, lab, v)$ überprüfen wir:

$$\begin{aligned}
\mathcal{I}^*[v] &= \bigsqcup\{[\![\pi]\!]^\sharp\,d_0 \mid \pi : start \to^* v\} \\
&\sqsupseteq \bigsqcup\{[\![\pi'k]\!]^\sharp\,d_0 \mid \pi' : start \to^* u\} \\
&= \bigsqcup\{[\![k]\!]^\sharp\,([\![\pi']\!]^\sharp\,d_0) \mid \pi' : start \to^* u\} \\
&= [\![k]\!]^\sharp\,(\bigsqcup\{[\![\pi']\!]^\sharp\,d_0 \mid \pi' : start \to^* u\}) \\
&= [\![k]\!]^\sharp\,(\mathcal{I}^*[u])
\end{aligned}$$

Dabei gilt die vorletzte Gleichung, weil die Menge $\{\pi' \mid \pi' : start \to^* u\}$ aller Pfade vom Startpunkt *start* nach u nicht-leer und der abstrakte Kanteneffekt $[\![k]\!]^\sharp$ distributiv ist. Wir folgern, dass $\mathcal{I}^*$ sämtliche Ungleichungen erfüllt. Damit ist die Behauptung bewiesen. □

Das folgende Beispiel zeigt, dass in Satz 1.6.3 nicht auf die Voraussetzung, dass alle Programmpunkte auch wirklich erreichbar sind, verzichtet werden kann.

Beispiel 1.6.3 Betrachten wir den Kontrollflussgraphen aus Abbildung 1.10. Als

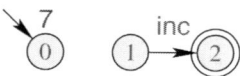

Abb. 1.10. Ein Kontrollflussgraph zur Erreichbarkeit.

vollständigen Verband wählen wir $\mathbb{D} = \mathbb{N} \cup \{\infty\}$ mit der natürlichen Ordnung $\leq$.
Als einzigen Kanteneffekt nehmen wir die distributive Funktion inc. Dann gilt z.B.
für einen beliebigen Anfangswert am Startpunkt des Programms:

$$\begin{aligned} \mathcal{I}[2] &= \mathsf{inc}\,(\mathcal{I}[1]) \\ &= \mathsf{inc}\,0 \\ &= 1 \end{aligned}$$

Auf der anderen Seite haben wir:

$$\mathcal{I}^*[2] = \bigsqcup \emptyset = 0$$

da es keinen Pfad vom Startpunkt 0 nach Programmpunkt 2 gibt. Die MOP–Lösung ist hier folglich verschieden von der kleinsten Lösung. □

Die Voraussetzung, dass alle Programmpunkte erreichbar sind, ist jedoch unkritisch: unerreichbare Programmpunkte können wir stets leicht identifizieren und dann weglassen, ohne die Semantik des Programms zu verändern.

Fazit 1.6.1 Wir fassen noch einmal unsere bisherigen Ergebnisse zusammen und wenden sie auf die Analyse der Verfügbarkeit von Zuweisungen an.

- Sind alle Kanteneffekte distributiv, ist die MOP–Lösung mit der kleinsten Lösung des zugehörigen Ungleichungssystems identisch.
- Sind die Kanteneffekte nur monoton, liefert jede Lösung des Ungleichungssystems zumindest eine obere Schranke für die MOP–Lösung.
- Sind alle aufsteigenden Ketten in dem vollständigen Verband, in dem wir rechnen, endlich, können wir Round-Robin-Iteration anwenden, um die kleinste Lösung des Ungleichungssystems zu berechnen.

Bei unserer bisherigen Anwendung, der Analyse der Verfügbarkeit von Zuweisungen ist der vollständige Verband $\mathbb{D} = 2^{Ass}$ ein endlicher Teilmengenverband mit der Ordnung $\supseteq$, und die abstrakten Kanteneffekte $[\![k]\!]^\sharp$ sind Funktionen f der Form

$$f\,x = x\backslash b \cup a = (x \cup a) \cap (\bar{b} \cup a)$$

für $\bar{b} = Ass\backslash b$. In Beispiel 1.6.2 haben wir gesehen, dass alle diese Funktionen distributiv sind. Wir schließen, dass Round-Robin-Iteration für unser Ungleichungssystem die MOP–Lösung für unser Analyseproblem berechnet – sofern alle Programmpunkte vom Startpunkt des Programms erreichbar sind. □

Damit könnten wir den Abschnitt über die Vermeidung von Mehrfachberechnungen abschließen. Unsere Transformation hat nur einen Schönheitsfehler. Zwar konnten wir einige Mehrfachberechnungen des selben Ausdrucks beseitigen, die Beseitigung ersetzte diese Berechnungen jedoch durch Umspeicherungen zwischen Variablen. In vielen Fällen ist diese Umspeicherung jedoch überflüssig. Im weiteren Verlauf dieses Buchs werden wir Techniken kennen lernen, um solche möglicherweise eingeführten Ineffizienzen ebenfalls zu beseitigen.

1.7 Beseitigung von Zuweisungen an tote Variablen

Bisher haben wir erst eine einzige optimierende Transformation kennen gelernt. Sie ersetzt die Neuberechnung von Ausdrücken durch das Nachschlagen ihrer Werte, sofern ihr Wert in einer Variable sicher verfügbar ist. Dies führte zu einem genaueren Studium der operationellen Semantik von Programmen und der vollständigen Verbände. Nun wollen wir diese Kenntnisse zur Konstruktion anderer optimierender Transformationen und Analysen anwenden.

Beispiel 1.7.1 Betrachten wir das folgende Beispiel:

$$
\begin{aligned}
0: &\quad x \leftarrow y + 2; \\
1: &\quad y \leftarrow 5; \\
2: &\quad x \leftarrow y + 3;
\end{aligned}
$$

Der Wert der Programmvariablen x an den Programmpunkten 0 und 1 ist nicht von Bedeutung. Er wird überschrieben, bevor er benutzt werden kann. Die Variable x nennen wir deshalb an diesen Programmpunkten *tot*. Weil es auf den Wert der Variablen x vor der zweiten Zuweisung an x nicht ankommt, kann die erste Zuweisung an x wegfallen. Diese Zuweisung nennen wir deshalb auch *tot*. Diese Idee wollen wir im Folgenden präzisieren. □

Nehmen wir an, nach der Programmausführung würden noch die Werte der Variablen aus einer gegebenen Menge $X \subseteq \textit{Vars}$ benötigt. Diese Menge X könnte leer sein, wenn alle Variablen nur innerhalb des von uns gegenwärtig analysierten Programms verwendet werden. Die Methoden wird man aber auch auf einzelne Prozedurrümpfe anwenden. Am Endpunkt eines Prozedurrumpfs wird jedoch nicht notwendigerweise das gesamte Programm verlassen, weshalb auf die Werte *global* sichtbarer Variablen möglicherweise auch später noch zugegriffen werden kann. In diesem Fall sollte die Menge X als die Menge der globalen Variablen definiert werden.

Wir nennen die Variable x *lebendig* (relativ zu X) entlang des Pfads π zum Programmende, falls $x \in X$ und π keine Definition von x enthält, oder es mindestens eine *Benutzung* von x in π gibt und die erste Benutzung von x nicht hinter der ersten *Definition* von x liegt, d.h. π lässt sich zerlegen in $\pi = \pi_1 \, k \, \pi_2$ so dass die Kante k eine Benutzung der Variablen x ist und das Anfangsstück π_1 keine Definition von x enthält.

Die Mengen der an einer Kante mit Beschriftung *lab* benutzten bzw. definierten Variablen sind dabei gegeben durch:

lab	benutzt	definiert
;	∅	∅
NonZero(e)	Vars(e)	∅
Zero(e)	Vars(e)	∅
$x \leftarrow e$	Vars(e)	$\{x\}$
$x \leftarrow M[e]$	Vars(e)	$\{x\}$
$M[e_1] \leftarrow e_2$	Vars(e_1) ∪ Vars(e_2)	∅

1.7 Beseitigung von Zuweisungen an tote Variablen

Hier bezeichnet Vars(e) die Menge der Programmvariablen, die in dem Ausdruck e vorkommen.

Eine Variable x, die nicht lebendig entlang π relativ zu X ist, nennen wir auch *tot* entlang π relativ zu X. Die Variable x nennen wir (möglicherweise) *lebendig* an dem Programmpunkt v relativ zu einer Menge X, falls x lebendig ist relativ zu X entlang zumindest eines Pfads, der an v startet und an *stop* endet. Andernfalls nennen wir x am Programmpunkt v *tot* relativ zu X.

Ob eine Variable möglicherweise lebendig oder bestimmt tot ist, hängt somit von den möglichen Fortsetzungen der Programmausführung ab. Im Gegensatz dazu hängt die Verfügbarkeit von Zuweisungen von den bisher durchgeführten Programmschritten ab.

Beispiel 1.7.2 Betrachten wir das Programm aus Abbildung 1.11. In dem Beispiel

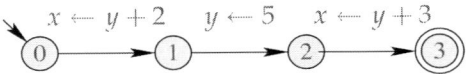

Abb. 1.11. Kleines Beispiel zur Lebendigkeit von Variablen.

haben wir angenommen, dass am Programmende alle Variablen tot sind. Weil es von jedem Programmpunkt aus nur einen Pfad zum Programmende gibt, lassen sich für jeden Programmpunkt die Menge der dort lebendigen bzw. toten Variablen leicht bestimmen. Für die einzelnen Programmpunkte ergibt sich:

	lebendig	tot
0	$\{y\}$	$\{x\}$
1	$\emptyset$	$\{x,y\}$
2	$\{y\}$	$\{x\}$
3	$\emptyset$	$\{x,y\}$

$\square$

Wie berechnet man für jeden Programmpunkt die Menge der dort möglicherweise lebendigen Variablen? Im Prinzip gehen wir genauso vor, wie bei der Berechnung der verfügbaren Zuweisungen. Wir definieren für jede Kante $k = (u, lab, v)$ ihren abstrakten Effekt als eine Funktion $[\![k]\!]^\sharp$, die aus der Menge der hinter der Kante, also an v lebendigen Variablen die Menge der vor der Kante also an u lebendigen Variablen konstruiert.

Als Menge der möglichen Werte betrachten wir $\mathbb{L} = 2^{Vars}$. Für eine Kante $k = (u, lab, v)$ hängt dieser abstrakte Effekt wieder nur von ihrer Beschriftung lab ab, d.h. $[\![k]\!]^\sharp = [\![lab]\!]^\sharp$, wobei

$$\begin{aligned}
[\![;]\!]^\sharp\, L &= L \\
[\![\mathsf{NonZero}(e)]\!]^\sharp\, L &= [\![\mathsf{Zero}(e)]\!]^\sharp\, L = L \cup \mathsf{Vars}(e) \\
[\![x \leftarrow e]\!]^\sharp\, L &= (L \backslash \{x\}) \cup \mathsf{Vars}(e) \\
[\![x \leftarrow M[e]]\!]^\sharp\, L &= (L \backslash \{x\}) \cup \mathsf{Vars}(e) \\
[\![M[e_1] \leftarrow e_2]\!]^\sharp\, L &= L \cup \mathsf{Vars}(e_1) \cup \mathsf{Vars}(e_2)
\end{aligned}$$

Die abstrakten Kanteneffekte $[\![k]\!]^\sharp$ können wir wieder zu den Effekten $[\![\pi]\!]^\sharp$ von Pfaden $\pi = k_1 \ldots k_r$ zusammensetzen. Dazu definieren wir:

$$[\![\pi]\!]^\sharp = [\![k_1]\!]^\sharp \circ \ldots \circ [\![k_r]\!]^\sharp$$

Die Reihenfolge der Kanten bleibt hier in der Funktionskomposition erhalten. Dies liegt daran, dass die Funktion $[\![\pi]\!]^\sharp$ beschreibt, wie man aus einer Menge L von lebendigen Variablen *nach* π die Menge der lebendigen Variablen vor π ermittelt.

Sei X die Menge der Variablen, die nach der Programmausführung lebendig sind. Die Menge der an einem Programmpunkt v lebendigen Variablen ergibt sich als die *Vereinigung* der Mengen von Variablen, die entlang irgendeines Pfads π von v zum Programmende relativ zu X lebendig sind, d.h. als eine Vereinigung der Mengen $[\![\pi]\!]^\sharp\, X$. Entsprechend definieren wir:

$$\mathcal{L}^*[v] = \bigcup \{[\![\pi]\!]^\sharp\, X \mid \pi : v \to^* stop\}$$

wobei $v \to^* stop$ die Menge aller Pfade von v zum Programmende *stop* bezeichnet. Zweckmäßigerweise wählen wir darum für die Menge $\mathbb{L}$ als Ordnungsrelation die Teilmengenbeziehung $\subseteq$. Die Abbildung $\mathcal{L}^*$ repräsentiert erneut die MOP-Lösung unseres Analyseproblems. Programmanalysen, bei denen der Wert an einem Programmpunkt von den Pfaden abhängt, die den Programmpunkt vom Startpunkt aus *erreichen*, nennt man *Vorwärtsanalysen*. Programmanalysen wie die Lebendigkeit von Variablen, bei denen der interessierende Wert an einem Programmpunkt dagegen davon abhängt, wie man von ihm aus das Programmende erreichen kann, nennt man dagegen *Rückwärtsanalysen*.

Transformation DE:

Nehmen wir an, wir hätten die Mengen $\mathcal{L}^*$ gegeben. Für jeden Programmpunkt v enthält das Komplement der Menge $\mathcal{L}^*[v]$ die an v sicher, d.h. entlang jedes Pfads toten Variablen. Zuweisungen an diese Variablen sind überflüssig und können mit den folgenden Transformationsregeln beseitigt werden:

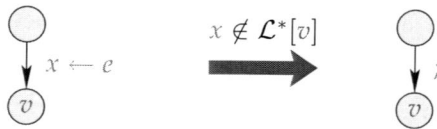

Analog zu Zuweisungen könnte man ebenfalls Speicherzugriffe wegoptimieren, wenn ihr Ergebnis nicht benötigt wird. In vielen praktischen Programmiersprachen ist der Zugriff auf einige Adressen jedoch nicht zulässig. Tritt ein solcher *Speicherfehler* trotzdem auf, bewirkt er Seiteneffekte wie das Auslösen einer Ausnahme oder gar einen Programmabbruch. Um die Semantik des Programms zu erhalten, darf der Optimierer diese Effekte nicht einfach beseitigen.

Die Transformation DE heißt auch *Beseitigung toten Codes* oder *Dead Code Elimination*. Die Korrektheit dieser Transformation zeigt man wieder in zwei Schritten:

1. Man zeigt, dass die abstrakten Effekte für die Kanten die Definition der Lebendigkeit korrekt implementieren;
2. Man zeigt, dass die Anwendung der Transformationsregel semantik-erhaltend ist.

Wir beschäftigen uns hier wieder nur mit dem zweiten Punkt. Wir überlegen uns, dass es nicht darauf ankommt, dass die Werte *jeder* Variablen an *jedem* Programmpunkt vor und nach der Transformation identisch sind. Vielmehr reicht es, wenn das *beobachtbare* Verhalten der beiden Programme identisch ist. Als potentiell beobachtbar betrachten wir einerseits die Folge der durchlaufenen Programmpunkte, andererseits die Werte der Variablen aus der Menge X am Ende der Programmausführung sowie alles, was im Speicher steht. Unsere Behauptung zu Punkt (2) lautet deshalb, dass der Wert einer toten Variablen das weitere beobachtbare Verhalten nicht beeinflusst. Dazu betrachten wir einen Zustand s und eine Berechnung des Programms π, die im Zustand s startet und zum Programmende führt. Mit Induktion über die Länge der Berechnung π zeigen wir:

(L) Sei s' ein Zustand, der sich von s nur in den Werten toter Variablen unterscheidet. Dann ist die Transformation $[\![\pi]\!]$ auch für s' definiert, und für alle Präfixe π' von π stimmen die Zustände $[\![\pi']\!]\,s$ and $[\![\pi']\!]\,s'$ bis auf die Werte toter Variablen überein.

Aus der Invariante (L) schließen wir, dass zwei Zustände an einem Programmpunkt v sicher zu gleichem Verhalten führen, wenn sie sich nur in den Werten am Programmpunkt v toter Variablen unterscheiden. Zur Korrektheit der Transformation genügt es es damit zu zeigen, dass sich die Zustände des ursprünglichen und des transformierten Programms jeweils nur in den Werten toter Variablen unterscheiden.

Zur Berechnung der Menge $\mathcal{L}^*[u]$ der am Programmpunkt u möglicherweise lebendigen Variablen gehen wir analog vor wie bei der Bestimmung der sicher verfügbaren Ausdrücke; wir stellen ein geeignetes Ungleichungssystem auf. Nun haben wir jedoch einen Startwert nicht für den Programmpunkt *start*, sondern für das Programmende *stop*. Wir nehmen an, dass nach Ende der Programmausführung nur Variablen aus der Menge X möglicherweise lebendig sind. Jede Kante $k = (u, lab, v)$ liefert eine Ungleichung, die nicht den Beitrag entlang dieser Kante für den Programmpunkt v beschreibt wie bei einer Vorwärtsanalyse – sondern den Beitrag für den Programmpunkt u. Wir erhalten das folgende Ungleichungssystem:

$$\mathcal{L}[stop] \supseteq X$$
$$\mathcal{L}[u] \quad \supseteq [\![k]\!]^\sharp\,(\mathcal{L}[v]) \qquad k = (u, lab, v) \quad \text{Kante}$$

36   1 Grundlagen und intraprozedurale Optimierung

Die Vertauschung der Rollen von *start* und *stop* sowie die Vertauschung von Start- und Zielpunkt für jede Kante machen den Unterschied in den Ungleichungssystemen zwischen Vorwärts- und Rückwärtsanalysen aus.

Der vollständige Verband, über dem wir dieses Ungleichungssystem lösen wollen, ist endlich. Insbesondere werden damit alle aufsteigenden Ketten irgendwann stabil. Da die Kanteneffekte des Ungleichungssystems monoton sind, lässt sich die kleinste Lösung $\mathcal{L}$ durch Round-Robin-Iteration bestimmen. Da die Kanteneffekte tatsächlich sogar distributiv sind, stimmt diese kleinste Lösung mit der MOP-Lösung $\mathcal{L}^*$ überein – sofern das Programmende *stop* von jedem Programmpunkt aus erreichbar ist (vgl. Satz 1.6.3).

Beispiel 1.7.3 Wir betrachten erneut das Programm für die Fakultät, wobei wir jetzt annehmen, dass Ein- und Ausgabe über Speicherzellen vermittelt wird, und zwar die Zellen $M[I]$ bzw. $M[R]$. Nach Programmende sollen keine Variablen möglicherweise lebendig sein. Den Kontrollflussgraphen zusammen mit den für dieses Programm erzeugten Ungleichungen finden Sie in Abb. 1.12. Dieses Ungleichungssystem ent-

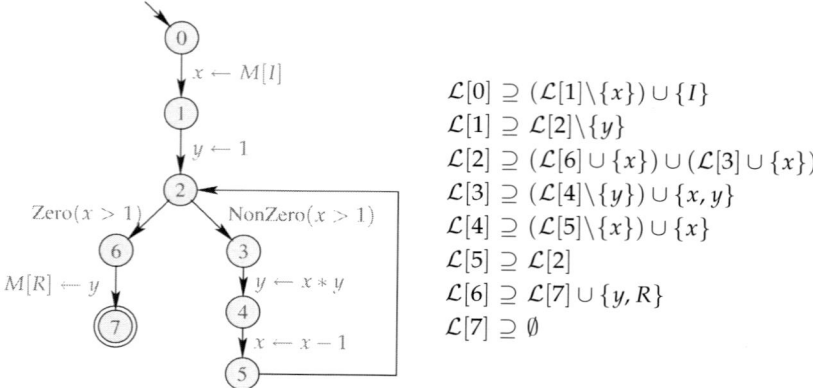

Abb. 1.12. Das Ungleichungssystem zur Lebendigkeit von Variablen für das Fakultätsprogramm.

spricht im wesentlichen dem Kontrollflussgraphen. In der Praxis wird man das Ungleichungssystem daher nicht unbedingt aufbauen. Man merkt sich für jede Kante die zugehörigen Kanteneffekte. Nur durch den Austausch dieser Funktionen kann so ein generischer Fixpunktiterierer für ein Programm unterschiedliche Analysen durchführen.

Die Round-Robin-Iteration für das Ungleichungssystem liefert (bei geeigneter Reihenfolge der Unbekannten) bereits nach der ersten Runde die kleinste Lösung:

1.7 Beseitigung von Zuweisungen an tote Variablen

	1	2
7	$\emptyset$	
6	$\{y, R\}$	
2	$\{x, y, R\}$	dito
5	$\{x, y, R\}$	
4	$\{x, y, R\}$	
3	$\{x, y, R\}$	
1	$\{x, R\}$	
0	$\{I, R\}$	

Wir stellen fest, dass bei keiner Zuweisung des Fakultätsprogramms die linke Seite tot ist. Folglich modifiziert die Transformation DE dieses Programm nicht. □

Die Beseitigung von Zuweisungen an tote Variablen kann möglicherweise weitere Variablen als tot erscheinen lassen. Dies zeigt das Beispiel in Abb. 1.13.

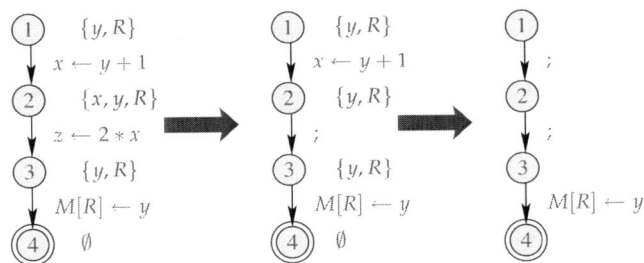

Abb. 1.13. Wiederholte Anwendung der Transformation DE.

In diesem Beispiel wird die Schwäche der Lebendigkeitsanalyse sichtbar: Sie klassifiziert eventuell Variablen als lebendig wegen Benutzungen, die in Zuweisungen an tote Variablen auftreten. Eine Entfernung einer solchen Zuweisung und eine nachfolgende Neuanalyse fände heraus, dass weitere Variablen tot sind. Ein Programm mehrmals zu analysieren in der Hoffnung, nach und nach weitere Möglichkeiten zur Optimierung zu entdecken, ist aber ineffizient und deshalb unbefriedigend. Dies kann man umgehen, wenn man restriktivere Bedingungen für die Lebendigkeit von Variablen einzuführen. Der neue Begriff, *echte Lebendigkeit*, verwendet den Hilfsbegriff der *echten Benutzung* einer Variablen relativ zu einem an dem Programmpunkt beginnenden Pfad. Mit diesem Begriff versucht man, Benutzungen in Zuweisungen an tote Variable loszuwerden. Allerdings wird die Definition der echten Lebendigkeit dadurch rekursiv. Echte Lebendigkeit hängt ab von echter Benutzung, die wiederum durch echte Lebendigkeit definiert ist.

Nehmen wir wieder an, am Programmende würden die Werte der Variablen aus der Menge X noch benötigt. Dann nennen wir eine Variable x *echt lebendig* entlang

38   1 Grundlagen und intraprozedurale Optimierung

eines Pfads π zum Programmende, falls $x \in X$ und π keine Definition von x enthält oder falls π eine *echte* Benutzung von x enthält, vor der keine Definition von x liegt, d.h. π lässt sich in $\pi = \pi_1 \, k \, \pi_2$ zerlegen, so dass π_1 keine Definition von x enthält und k eine echte Benutzung von x ist relativ zu π_2. Die Menge der an einer Kante $k = (u, lab, v)$ echt benutzten Variablen relativ zu einem Pfad π' ist dabei gegeben durch:

lab	y echt benutzt
;	$\emptyset$
NonZero(e)	$y \in \text{Vars}(e)$
Zero(e)	$y \in \text{Vars}(e)$
$x \leftarrow e$	$y \in \text{Vars}(e) \land x$ ist echt lebendig
$x \leftarrow M[e]$	$y \in \text{Vars}(e) \land x$ ist echt lebendig
$M[e_1] \leftarrow e_2$	$y \in \text{Vars}(e_1) \lor y \in \text{Vars}(e_2)$

Die Zusatzbedingung bei Zuweisungen und Ladeoperationen ist, dass die linke Seite selbst echt lebendig sein muss. Diese Zusatzbedingung macht den einzigen Unterschied zur normalen Lebendigkeit aus.

Beispiel 1.7.4 Betrachten Sie das Programm aus Abb. 1.14. Die Variable z ist am

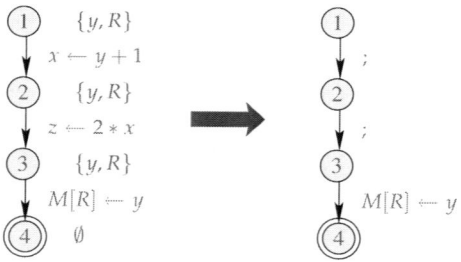

Abb. 1.14. Echt lebendige Variablen.

Programmpunkt 2 nicht lebendig (auch nicht echt lebendig). Somit sind die Variablen auf der rechten Seite der zugehörigen Zuweisung (hier: x) auch nicht echt benutzt. Weil x nicht echt benutzt wird, ist daher x auch am Programmpunkt 1 nicht echt lebendig. □

Die abstrakten Kanteneffekte für echte Lebendigkeit sehen so aus:

1.7 Beseitigung von Zuweisungen an tote Variablen

$$
\begin{aligned}
[\![;]\!]^\sharp L &= L \\
[\![\mathsf{NonZero}(e)]\!]^\sharp L = [\![\mathsf{Zero}(e)]\!]^\sharp L &= L \cup \mathsf{Vars}(e) \\
[\![x \leftarrow e]\!]^\sharp L &= (L\backslash\{x\}) \cup ((x \in L)\,?\,\mathsf{Vars}(e) : \emptyset) \\
[\![x \leftarrow M[e]]\!]^\sharp L &= (L\backslash\{x\}) \cup ((x \in L)\,?\,\mathsf{Vars}(e) : \emptyset) \\
[\![M[e_1] \leftarrow e_2]\!]^\sharp L &= L \cup \mathsf{Vars}(e_1) \cup \mathsf{Vars}(e_2)
\end{aligned}
$$

Für ein Element x und Mengen a, b, c bezeichnet dabei der bedingte Ausdruck $(x \in a)\,?\,b : c$ die Menge:

$$
(x \in a)\,?\,b : c = \begin{cases} b & \text{falls} \quad x \in a \\ c & \text{falls} \quad x \notin a \end{cases}
$$

Die abstrakten Kanteneffekte für echte Lebendigkeit sind komplizierter als für lebendige Variablen. Interessanterweise sind sie aber nichtsdestoweniger distributiv. Dies liegt daran, dass auch der neue Bedingungsoperator distributiv ist, sofern $c \subseteq b$ gilt. Um uns davon zu überzeugen, betrachten wir für einen beliebigen Mengenverband $\mathbb{D} = 2^U$ mit der Teilmengenbeziehung $\subseteq$ als Ordnungsrelation die Funktion:

$$
f\,y = (x \in y)\,?\,b : c
$$

Dann rechnen wir für eine beliebige nicht-leere Menge $Y \subseteq 2^U$ nach:

$$
\begin{aligned}
f(\bigcup Y) &= (x \in \bigcup Y)\,?\,b : c \\
&= (\bigvee\{x \in y \mid y \in Y\})\,?\,b : c \\
&= c \cup \bigcup\{(x \in y)\,?\,b : c \mid y \in Y\} \\
&= c \cup \bigcup\{f\,y \mid y \in Y\}
\end{aligned}
$$

Aus Satz 1.6.2 können wir allgemeiner folgern:

Satz 1.7.1 *Sei U eine endliche Menge und $f : 2^U \to 2^U$ eine Funktion.*

1. *Genau dann gilt $f(x_1 \cup x_2) = f(x_1) \cup f(x_2)$ für alle $x_1, x_2 \subseteq U$, wenn sich f in der folgenden Form darstellen lässt:*

$$
f(x) = b_0 \cup ((u_1 \in x)\,?\,b_1 : \emptyset) \cup \cdots \cup ((u_r \in x)\,?\,b_r : \emptyset)
$$

für geeignete $u_i \in U$ und $b_i \subseteq U$.

2. *Ganau dann gilt $f(x_1 \cap x_2) = f(x_1) \cap f(x_2)$ für alle $x_1, x_2 \subseteq U$, wenn sich f darstellen lässt in der Form:*

$$
f(x) = b_0 \cap ((u_1 \in x)\,?\,U : b_1) \cap \cdots \cap ((u_r \in x)\,?\,U : b_r)
$$

für geeignete $u_i \in U$ und $b_i \subseteq U$. □

Beachten Sie, dass die Funktionen aus Satz 1.7.1 insbesondere unter Komposition, kleinsten oberen Schranken und kleinsten unteren Schranken abgeschlossen sind (Aufg. 11).

Weil die abstrakten Kanteneffekte für echte Lebendigkeit distributiv sind, stimmt die kleinste Lösung des betreffenden Ungleichungssystems mit der zugehörigen MOP-Lösung überein – sofern das Programmende *stop* von jedem Programmpunkt aus erreichbar ist.

Interessanterweise findet die Analyse der echten Lebendigkeit *mehr* überflüssige Zuweisungen als wiederholte Analyse der Lebendigkeit allein.

Beispiel 1.7.5 Abbildung 1.15 zeigt eine Schleife, in der eine Variable modifiziert

Abb. 1.15. Echte Lebendigkeit in Schleifen.

wird, die nur in der Schleife selbst benutzt wird. Die Analyse der Lebendigkeit ist nicht in der Lage, die Nutzlosigkeit der Variable zu identifizieren, die Analyse der echten Lebendigkeit dagegen schon. □

1.8 Beseitigung von Zuweisungen zwischen Variablen

Programme enthalten oft Kopierinstruktionen, die den Inhalt einer Variable in eine andere kopieren. Oft sind diese Kopierinstruktionen die Überreste anderer Optimierungen oder Phasen des Übersetzungsprozesses.

Beispiel 1.8.1 Betrachten Sie das Programm aus Abb. 1.16. Im gegebenen Fall ist die Zwischenspeicherung in der Variablen T nutzlos, da der Wert des Ausdrucks nur genau einmal benutzt wird. Statt der Variablen y könnten wir allerdings direkt die Variable T verwenden, da diese den gleichen Wert enthält. Dann ist die Variable y am Programmpunkt 2 tot, und wir können die Zuweisung an y eliminieren. Im Ergebnisprogramm gibt es dann zwar immer noch die Variable T; dafür haben wir die Variable y beseitigt. □

Für eine solche Transformation müssen wir wissen, wie der Wert eines Ausdrucks durch Kopien von Variablen verbreitet wird. Eine solche Analyse heißt deshalb auch *Propagation von Kopien* oder *copy propagation*. Betrachten wir eine Variable x. An jedem Programmpunkt wird eine Menge von Variablen verwaltet, die mit Sicherheit ebenfalls den aktuellen Wert der Variablen x enthalten. Wir sagen auch, Kopien von x werden *fortgeschaltet* oder *propagiert*. Dann kann die Benutzung einer solchen Variable durch eine Benutzung der Variablen x ersetzt werden. Sei $\mathbb{V} = \{V \subseteq$

1.8 Beseitigung von Zuweisungen zwischen Variablen   41

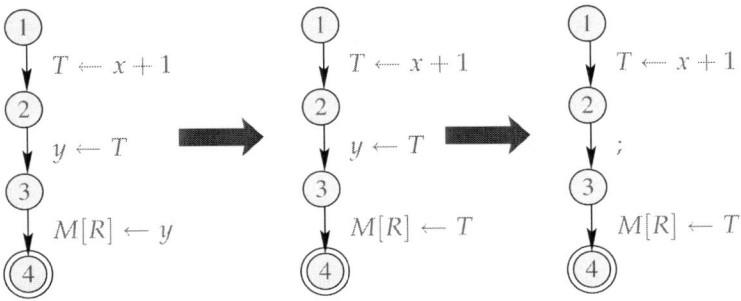

Abb. 1.16. Ein Programm mit Umspeicherungen.

Vars | $x \in V\}$ der vollständige Verband aller Mengen von Programmvariablen, die x enthalten, geordnet durch die Obermengenrelation $\supseteq$. Am Startpunkt des Programms enthält nur die Variable x selbst mit Sicherheit ihren eigenen Wert. Deshalb liegt dort die Menge $V_0 = \{x\}$ vor. Die abstrakten Kanteneffekte hängen wieder nur von der Kantenbeschriftung ab. Wir definieren:

$$
\begin{aligned}
[\![x \leftarrow e]\!]^\sharp V &= \{x\} \\
[\![x \leftarrow M[e]]\!]^\sharp V &= \{x\} \\
[\![z \leftarrow y]\!]^\sharp V &= V \cap ((y \in V) ?\ \textit{Vars} : (\textit{Vars}\backslash\{z\})) \quad \text{falls } x \not\equiv z, y \in \textit{Vars} \\
[\![z \leftarrow r]\!]^\sharp V &= V\backslash\{z\} \quad \text{falls } x \not\equiv z, r \notin \textit{Vars}
\end{aligned}
$$

Hinter der Zuweisung $x \leftarrow e$ oder dem Lesen im aus dem Speicher $x \leftarrow M[e]$ enthält neben x keine andere Variable mit Sicherheit den Wert aktuellen Wert von x. Die anderen beiden Fälle behandeln Zuweisungen an Variablen z, die von x verschieden sind. Für alle anderen Kantenbeschriftungen ändert der abstrakte Kanteneffekt die abstrakte Information nicht. Das Ergebnis der Analyse für das Programm aus Beispiel 1.8.1 und die Variable T zeigt Abb. 1.17. Beachten Sie, dass die Informati-

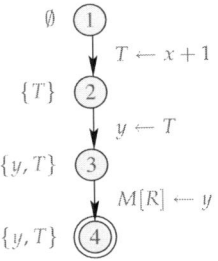

Abb. 1.17. Die Variablen in Beispiel 1.8.1, die den gleichen Wert wie T haben.

1 Grundlagen und intraprozedurale Optimierung

on vorwärts durch den Kontrollflussgraphen propagiert wird. Wegen Satz 1.7.1 sind alle Kanteneffekte distributiv. Wir schließen, dass auch für diese Analyse das Lösen des entsprechenden Ungleichungssystems die MOP–Lösung liefert. Sei $\mathcal{V}_x$ diese Lösung. Gemäß unserer Konstruktion folgt aus $z \in \mathcal{V}_x[u]$, dass z den gleichen Wert enthält wie die Variable x. Deshalb können wir die Zugriffe auf z durch Zugriffe auf x ersetzen. Wir definieren dazu die Substitution $\mathcal{V}[u]^-$:

$$\mathcal{V}[u]^- z = \begin{cases} x & \text{falls } z \in \mathcal{V}_x[u] \\ z & \text{sonst} \end{cases}$$

Damit erhalten wir die nächste Transformation.

Transformation CE:

$u \xrightarrow{\text{NonZero}(e)} \quad \Longrightarrow \quad u \xrightarrow{\text{NonZero}(\mathcal{V}[u]^-(e))}$

... analog für Kanten mit **Zero** (e)

$u \xrightarrow{z \leftarrow e} \quad \Longrightarrow \quad u \xrightarrow{z \leftarrow \mathcal{V}[u]^-(e)}$

$u \xrightarrow{x \leftarrow M[e]} \quad \Longrightarrow \quad u \xrightarrow{x \leftarrow M[\mathcal{V}[u]^-(e)]}$

$u \xrightarrow{M[e_1] \leftarrow e_2} \quad \Longrightarrow \quad u \xrightarrow{M[\mathcal{V}[u]^-(e_1)] \leftarrow \mathcal{V}[u]^-(e_2)}$

Dabei bezeichnet $\mathcal{V}^-(e)$ die Anwendung der Substitution $\mathcal{V}^-$ auf den Ausdruck e.

Beispiel 1.8.2 Es wird Zeit, dass wir uns ein geringfügig größeres Beispiel ansehen, um das Zusammenwirken der verschiedenen Transformationen zu beobachten. In Beispiel 1.4.2 betrachteten wir die Implementierung der Anweisung $a[7]--;$ in unserer Beispielsprache und zeigten, wie die zweite Berechnung des Ausdrucks $A+7$ durch einen Zugriff auf die Variable A_1 ersetzt werden konnte. Das Ergebnis der Optimierung **RE** zeigt Abb. 1.18 links. Die Anwendung der Optimierung **CE** ersetzt die

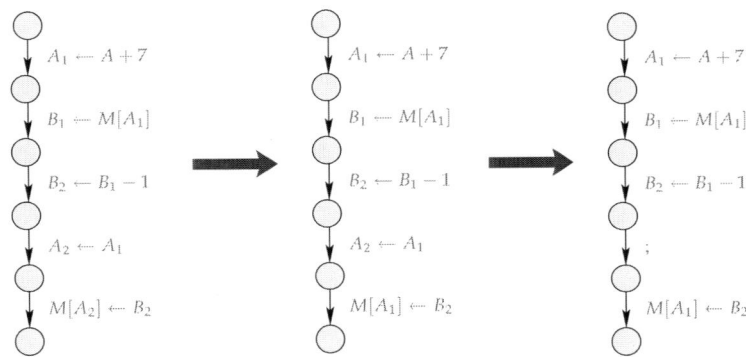

Abb. 1.18. Die Transformationen **CE** und **DE** für die Implementierung von $a[7]--;$.

Benutzung der Variable A_2 durch eine Benutzung der Variable A_1. Das Ergebnis der Transformation ist der Kontrollfluss-Graph in der Mitte. Weil durch die Anwendung der Transformation **CE** nun die Variable A_2 tot ist, wird die Zuweisung an A_2 im letzten Schritt durch Anwendung der Optimierung **DE** eliminiert. Zum Aufräumen muss am Ende nur die eingefügte leere Anweisung aus dem Kontrollfluss-Graphen entfernt werden. □

1.9 Konstantenfaltung

Das Ziel der *Konstantenfaltung* (*constant folding*) ist, möglichst große Teile der Berechnung aus der Laufzeit in die Übersetzungszeit zu verlagern.

Beispiel 1.9.1 Betrachten Sie das kleine Programm aus Abb. 1.19. Die Variable x hat am Programmpunkt 2 stets den Wert 7. Deshalb wertet sich die Bedingung $x > 0$ an den ausgehenden Kanten des Programmpunkts 2 stets zu 1 aus, so dass der Speicherzugriff immer durchgeführt wird. Folglich kann die Abfrage am Programmpunkt 2 gestrichen werden (Abb. 1.20). Mit dem Streichen der Bedingung wird der *else*-Teil unerreichbar. In unserem Beispiel wird dadurch nichts gewonnen; möglicherweise können so jedoch große Teile eines Programms beseitigt werden. □

Wir fragen uns, ob Ineffizienzen wie in Beispiel 1.9.1 in der Praxis vorkommen. Tatsächlich ergeben sich solche Programme etwa, wenn die Programmiererin be-

44   1 Grundlagen und intraprozedurale Optimierung

$x \leftarrow 7;$
if $(x > 0)$
  $M[A] \leftarrow B;$

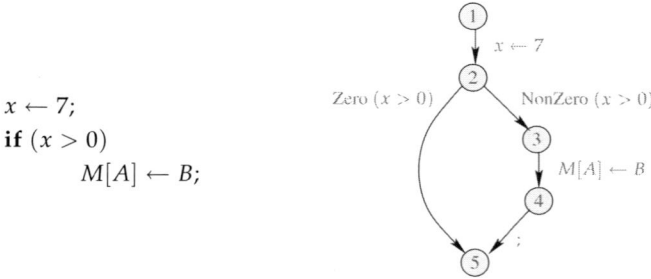

Abb. 1.19. Ein Beispielprogramm zur Konstantenfaltung.

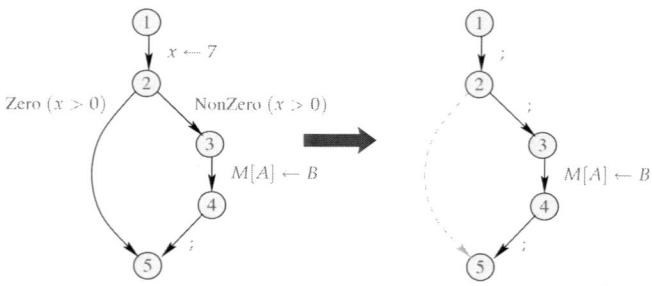

Abb. 1.20. Eine Optimierung des Beispielprogramms aus Abb. 1.19.

nannte Konstanten einführte, um ihr Programm leserlicher zu gestalten oder um die Konstanten möglicherweise später leichter konsistent ändern zu können. Auch kann man sich vorstellen, dass ein und dasselbe Programm für mehrere (ähnliche) Anwendungen entwickelt wurde. Welche Variante des Programms jeweils zur Ausführung kommt, wird mittels Konstanten gesteuert, deren ständige Abfrage zur Laufzeit man jedoch gerne mit Hilfe des Übersetzers entfernen möchte. Weiterhin tendieren *generierte* Programme, also Programme, die von anderen Programmen erzeugt werden, dazu, solchen scheinbar ineffizienten Code zu enthalten. Die wichtigste Beobachtung jedoch ist, dass solcher Code während des Übersetzungsprozesses entstehen kann – etwa durch die Implementierung bestimmter Sprachkonstrukte, oder als Überbleibsel anderer Programmtransformationen.

Verallgemeinerungen der Konstantenfaltung bieten die verschiedenen Techniken zur *partiellen Auswertung* von Programmen. Partielle Auswertung führt Berechnungen auf statisch bekannten Teilen von Zuständen schon zur Übersetzungszeit aus.

Hier befassen wir uns nur mit der Konstantenfaltung selbst. Unser Ziel ist eine Analyse, die für jeden Programmpunkt v zwei Informationen berechnet:

1. Ist v möglicherweise erreichbar?
2. Welche Werte haben die Programmvariablen bei Erreichen von v?

Diese Analyse nennen wir *Konstantenpropagation* (*constant propagation*). Den vollständigen Verband für diese Analyse konstruieren wir in zwei Schritten. Zuerst entwerfen wir eine Halbordnung für die möglichen Werte von Variablen. Dazu erweitern wir die ganzen Zahlen um ein weiteres Element $\top$, das einen *unbekannten Wert* darstellt:

$$\mathbb{Z}^\top = \mathbb{Z} \cup \{\top\} \quad \text{mit} \quad x \sqsubseteq y \quad \text{gdw.} \quad y = \top \text{ oder } x = y$$

Diese Halbordnung zeigt Abb. 1.21. Die Halbordnung $\mathbb{Z}^\top$ selbst ist noch *kein* voll-

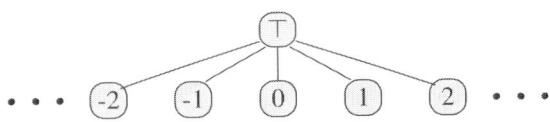

Abb. 1.21. Die Halbordnung $\mathbb{Z}^\top$ für Werte von Variablen.

ständiger Verband: dazu fehlt z.B. ein kleinstes Element. In einem zweiten Schritt konstruieren wir den vollständigen Verband der abstrakten Variablenbelegungen durch

$$\mathbb{D} = (\textit{Vars} \to \mathbb{Z}^\top)_\bot = (\textit{Vars} \to \mathbb{Z}^\top) \cup \{\bot\},$$

d.h. $\mathbb{D}$ ist die Menge aller Abbildungen von Variablen auf abstrakte Werte, erweitert um ein neues Element $\bot$. Dieses neue Element markiert einen Programmpunkt, an dem durch die Fixpunktiteration noch keine Belegung für die Variablen angekommen ist. Wenn auch die berechnete Lösung an einem Programmpunkt den Wert $\bot$ annimmt, heißt das, dass der Punkt von keiner Programmausführung erreicht werden kann.

Auf dieser Menge der *abstrakten Zustände* definieren wir eine Ordnungsrelation durch:

$$D_1 \sqsubseteq D_2 \quad \text{gdw.} \quad \bot = D_1 \quad \text{oder} \quad D_1\, x \sqsubseteq D_2\, x \quad \text{für alle } x \in \textit{Vars}$$

Die abstrakte Variablenbelegung $D_1 \neq \bot$ ist höchstens so groß bzgl. der Halbordnung $\sqsubseteq$ wie die abstrakte Variablenbelegung D_2, wenn D_1 alle Variablen mit höchstens so großen Werten bzgl. der Halbordnung $\sqsubseteq$ auf $\mathbb{Z}^\top$ belegt. Das heißt aber, dass D_1 alle Variablen, die D_2 mit Werten aus $\mathbb{Z}$ belegt, mit den gleichen Werten belegt. D_1 *kennt* also die genauen Werte für mindestens so viele Variablen wie D_2.

Wir rechnen nach, dass $\mathbb{D}$ mit dieser Ordnungsrelation ein vollständiger Verband ist. Betrachten Sie dazu eine Teilmenge $X \subseteq \mathbb{D}$. O.E. können wir annehmen, dass $\bot \notin X$. Dann ist $X \subseteq (\textit{Vars} \to \mathbb{Z}^\top)$.

Ist $X = \emptyset$, dann ist $\bigsqcup X = \bot \in \mathbb{D}$. Folglich enthält $\mathbb{D}$ eine kleinste obere Schranke für X. Ist dagegen $X \neq \emptyset$, dann ist die kleinste obere Schranke $\bigsqcup X = D$ gegeben durch:

$$D\,x = \bigsqcup \{f\,x \mid f \in X\} = \begin{cases} z & \text{falls } f\,x = z \text{ für alle } f \in X \\ \top & \text{sonst} \end{cases}$$

Weil damit jede Teilmenge X von $\mathbb{D}$ eine kleinste obere Schranke besitzt, ist $\mathbb{D}$ ein vollständiger Verband. Zu jeder Kante $k = (u, lab, v)$ konstruieren wir einen abstrakten Kanteneffekt $[\![k]\!]^\sharp = [\![lab]\!]^\sharp : \mathbb{D} \to \mathbb{D}$, welcher die konkrete Berechnung simuliert. Dabei soll $[\![lab]\!]^\sharp \bot = \bot$ für alle Beschriftungen lab gelten.

Sei $D \neq \bot$ eine abstrakte Variablenbelegung. Zur Konstruktion der abstrakten Kanteneffekte benötigen wir eine *abstrakte* Auswertungsfunktion, die den Wert eines Ausdrucks ermittelt – soweit es die Informationen in D erlauben. Bei der abstrakten Auswertung müssen wir damit rechnen, dass für manche D und manche Ausdrücke nur der Wert $\top$ (unbekannter Wert) ermittelt werden kann. Die abstrakte Ausdrucksauswertung lehnt sich an die konkrete Ausdrucksauswertung an: wir tauschen nur die konkreten Operatoren $\square$ durch die zugehörigen *abstrakten* Operatoren $\square^\sharp$ aus, die mit abstrakten Werten, insbesondere mit dem Wert $\top$ umgehen können. Für binäre Operatoren $\square$ definieren wir etwa:

$$a \,\square^\sharp\, b = \begin{cases} \top & \text{falls } a = \top \text{ oder } b = \top \\ a \,\square\, b & \text{sonst} \end{cases}$$

Wenn eines der beiden Argumente unbekannt, also gleich $\top$ ist, soll auch das Ergebnis der Operatoranwendung unbekannt sein. Für zwei bekannte Argumente, also Werte ungleich $\top$ verhält sich dagegen der abstrakte Operator wie der konkrete.

Diese Definition der abstrakten Operatoren ist die naheliegendste. Für manche Operatoren und bestimmte Argumente kann man algebraische Gesetze ausnutzen, um bessere Informationen über eine Operatoranwendung zu bekommen. So liefert eine Multiplikation stets 0, wenn nur einer der beiden Operanden 0 ist; auf den anderen Operanden kommt es in diesem Fall gar nicht an! Solche algebraischen Identitäten gibt es auch für andere Operatoren und sollten vom Übersetzer berücksichtigt werden.

Nehmen wir an, wir hätten für jeden konkreten Operator $\square$ einen zugehörigen abstrakten Operator $\square^\sharp$ auf abstrakten Werten zur Verfügung. Dann definieren wir die *abstrakte* Ausdrucksauswertung

$$[\![e]\!]^\sharp \,:\, (\textit{Vars} \to \mathbb{Z}^\top) \to \mathbb{Z}^\top$$

durch:

$$[\![c]\!]^\sharp D = c$$
$$[\![\square\, e]\!]^\sharp D = \square^\sharp \,[\![e]\!]^\sharp D \qquad \text{für einstellige Operatoren } \square$$
$$[\![e_1 \,\square\, e_2]\!]^\sharp D = [\![e_1]\!]^\sharp D \,\square^\sharp\, [\![e_2]\!]^\sharp D \qquad \text{für binäre Operatoren } \square$$

Beispiel 1.9.2 Betrachten wir die abstrakte Variablenbelegung

$$D = \{x \mapsto 2, y \mapsto \top\}$$

Dann ergibt sich:

$$\begin{aligned}
\llbracket x + 7 \rrbracket^\sharp D &= \llbracket x \rrbracket^\sharp D +^\sharp \llbracket 7 \rrbracket^\sharp D \\
&= 2 +^\sharp 7 \\
&= 9 \\
\llbracket x - y \rrbracket^\sharp D &= 2 -^\sharp \top \\
&= \top
\end{aligned}$$

□

Als Nächstes definieren wir die abstrakten Kanteneffekte $\llbracket k \rrbracket^\sharp = \llbracket lab \rrbracket^\sharp$. Wir setzen $\llbracket lab \rrbracket^\sharp \bot = \bot$, und für $D \neq \bot$ definieren wir:

$$\begin{aligned}
\llbracket ; \rrbracket^\sharp D &= D \\
\llbracket \mathsf{NonZero}\,(e) \rrbracket^\sharp D &= \begin{cases} \bot & \text{falls } 0 = \llbracket e \rrbracket^\sharp D \\ D & \text{sonst} \end{cases} \\
\llbracket \mathsf{Zero}\,(e) \rrbracket^\sharp D &= \begin{cases} \bot & \text{falls } 0 \not\sqsubseteq \llbracket e \rrbracket^\sharp D \\ D & \text{falls } 0 \sqsubseteq \llbracket e \rrbracket^\sharp D \end{cases} \\
\llbracket x \leftarrow e \rrbracket^\sharp D &= D \oplus \{x \mapsto \llbracket e \rrbracket^\sharp D\} \\
\llbracket x \leftarrow M[e] \rrbracket^\sharp D &= D \oplus \{x \mapsto \top\} \\
\llbracket M[e_1] \leftarrow e_2 \rrbracket^\sharp D &= D
\end{aligned}$$

Dabei bezeichnet der Operator $\oplus$ die Abänderung einer Funktion an einem Argument zu einem angegebenen Wert. Weiterhin nehmen wir an, dass vor der Programmausführung nichts über die Werte der Variablen bekannt ist. Deshalb haben wir für den Programmpunkt *start* die abstrakte Variablenbelegung $D_\top = \{x \mapsto \top \mid x \in \mathit{Vars}\}$.

Wie wir es gewohnt sind, setzen wir die abstrakten Kanteneffekte $\llbracket k \rrbracket^\sharp$ zu den Effekten von Pfaden $\pi = k_1 \ldots k_r$ zusammen durch:

$$\llbracket \pi \rrbracket^\sharp = \llbracket k_r \rrbracket^\sharp \circ \ldots \circ \llbracket k_1 \rrbracket^\sharp \quad : \mathbb{D} \to \mathbb{D}$$

Beispiel 1.9.3 Die kleinste Lösung des Ungleichungssystems zur Analyse in unserem einleitenden Beispiel zeigt Abb. 1.22. □

Wie zeigen wir die Korrektheit der berechneten Information? Hier hilft die Theorie der *abstrakten Interpretation* weiter, wie sie von Patrick und Radhia Cousot 1977 vorgeschlagen wurde. Wir präsentieren diese Theorie in einer leicht vereinfachten Form. Die Idee besteht darin, konkrete Werte durch abstrakte Werte zu *beschreiben*. Zur Beschreibung wählen wir Werte aus einer Halbordnung $\mathbb{D}$. Die Beziehung zwischen konkreten Werten und ihren Beschreibungen wird durch eine *Beschreibungsrelation* Δ dargestellt. Die Beschreibungsrelation Δ sollte die folgende Eigenschaft haben:

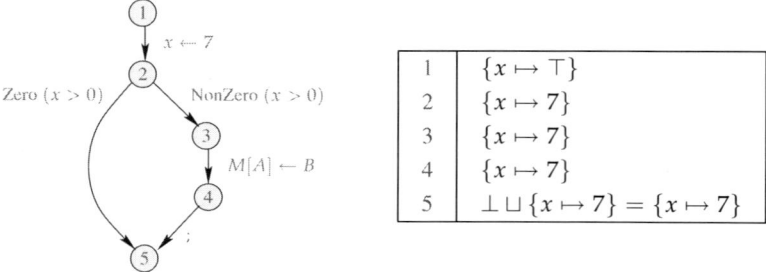

Abb. 1.22. Die Lösung des Ungleichungssystems für Abb. 1.19.

$$x \Delta a_1 \quad \wedge \quad a_1 \sqsubseteq a_2 \quad \Longrightarrow \quad x \Delta a_2$$

Wenn also a_1 eine Beschreibung eines konkreten Werts x ist und $a_1 \sqsubseteq a_2$ gilt, dann ist auch a_2 eine Beschreibung von x. Für eine solche Beschreibungsrelation können wir eine *Konkretisierung* γ definieren, die jedem abstrakten Wert $a \in \mathbb{D}$ die Menge der von a beschriebenen konkreten Werte zuordnet:

$$\gamma a = \{x \mid x \Delta a\}$$

Ein größerer abstrakter Wert beschreibt eine Obermenge der konkreten Werte, die ein kleinerer abstrakter Wert beschreibt, und stellt somit eine ungenauere Information dar:

$$a_1 \sqsubseteq a_2 \quad \Longrightarrow \quad \gamma(a_1) \subseteq \gamma(a_2)$$

Für die Konstantenpropagation bauen wir die Beschreibungsrelation schrittweise auf. Wir beginnen mit einer Beschreibungsrelation $\Delta \subseteq \mathbb{Z} \times \mathbb{Z}^\top$ auf den Werten für Programmvariable. Wir definieren:

$$z \Delta a \quad \text{gdw.} \quad z = a \vee a = \top$$

Zu dieser Beschreibungsrelation gehört die Konkretisierung:

$$\gamma a = \begin{cases} \{a\} & \text{falls } a \sqsubset \top \\ \mathbb{Z} & \text{falls } a = \top \end{cases}$$

Die Beschreibungsrelation für Werte von Programmvariablen setzen wir fort zu einer Beschreibungsrelation zwischen konkreten und abstrakten Variablenbelegungen, die wir der Einfachheit halber wieder mit Δ bezeichnen. Diese Beschreibungsrelation $\Delta \subseteq (\textit{Vars} \to \mathbb{Z}) \times (\textit{Vars} \to \mathbb{Z}^\top)_\bot$ definieren wir durch

$$\rho \Delta D \quad \text{gdw.} \quad D \neq \bot \wedge \rho x \sqsubseteq D x \quad (x \in \textit{Vars})$$

1.9 Konstantenfaltung

Gemäß dieser Definition gibt es keine konkrete Variablenbelegung ρ mit $\rho \Delta \bot$. Folglich liefert auch die Konkretisierung γ für $\bot$ die leere Menge. Für eine abstrakte Variablenbelegung $D \neq \bot$ liefert die Kontretisierung γ die Menge aller konkreten Variablenbelegungen, die für jede Variable x den Wert $D\,x$ zurück liefern, sofern dieser in $\mathbb{Z}$ liegt, und andernfalls einen *beliebigen* Wert:

$$\gamma D = \{\rho \mid \forall\,x : (\rho\,x) \, \Delta \, (D\,x)\}$$

Damit gilt etwa:

$$\{x \mapsto 1, y \mapsto -7\} \;\; \Delta \;\; \{x \mapsto \top, y \mapsto -7\}$$

Die einfache Konstantenpropagation, die wir hier betrachten, ignoriert die Werte innerhalb des Speichers. Deshalb beschreiben wir die Programmzustände (ρ, μ) alleine durch abstrakten Variablenbelegungen, die ρ beschreiben. Die Beschreibungsrelation ist damit definiert durch:

$$(\rho, \mu) \, \Delta \, D \quad \text{gdw.} \quad \rho \, \Delta \, D$$

Hier liefert die Konkretisierung:

$$\gamma D = \begin{cases} \emptyset & \text{falls } D = \bot \\ \{(\rho, \mu) \mid \rho \in \gamma D\} & \text{sonst} \end{cases}$$

Wir wollen zeigen, dass jeder Pfad π im Kontrollflussgraphen die Beschreibungsrelation Δ zwischen konkreten und abstrakten Zuständen erhält. Wir behaupten:

(K)   Gilt $s \, \Delta \, D$ und ist $[\![\pi]\!]\,s$ definiert, dann gilt auch $([\![\pi]\!]\,s) \, \Delta \, ([\![\pi]\!]^\sharp D)$.

Diese Behauptung visualisiert das folgende Diagramm:

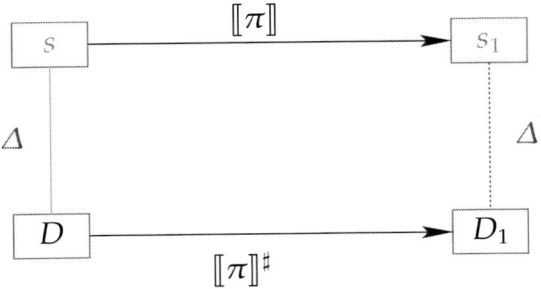

Aus der Behauptung (K) folgt insbesondere, dass

$$[\![\pi]\!]\,s \in \gamma([\![\pi]\!]^\sharp D),$$

wenn immer $s \in \gamma(D)$ gilt.

Zum Beweis der Eigenschaft (K) für beliebige Pfade π genügt es, sie für eine einzelne Kante k zu zeigen. Da die Behauptung für Pfade der Länge 0 gilt, folgt dann die Behauptung (K) für alle Pfade durch vollständige Induktion. Für jede Kante k und $s \, \Delta \, D$ bleibt zu zeigen, dass $(\llbracket k \rrbracket \, s) \, \Delta \, (\llbracket k \rrbracket^\sharp \, D)$ gilt, sofern $\llbracket k \rrbracket \, s$ definiert ist.

Der wesentliche Schritt zum Beweis der Eigenschaft (K) für eine Kante besteht darin, für jeden Ausdruck e nachzuweisen, dass gilt:

$$(\llbracket e \rrbracket \, \rho) \, \Delta \, (\llbracket e \rrbracket^\sharp \, D), \qquad \text{sofern } \rho \, \Delta \, D. \qquad (**)$$

Zum Beweis der Aussage $(**)$ zeigen wir für jeden Operator $\square$:

$$(x \, \square \, y) \, \Delta \, (x^\sharp \, \square^\sharp \, y^\sharp), \qquad \text{sofern } x \, \Delta \, x^\sharp \wedge y \, \Delta \, y^\sharp$$

Dann folgt die Behauptung $(**)$ mittels struktureller Induktion über den Aufbau des Ausdrucks e. Die Aussage über das Verhältnis zwischen konkreten und abstrakten Operatoren muss für jeden Operator gesondert nachgewiesen werden. Für die Konstantenpropagation ist dies sicherlich erfüllt.

Kehren wir zum Beweis der Verträglichkeit der konkreten und abstrakten Effekte einer Kante $k = (u, lab, v)$ mit der Beschreibungsrelation Δ auf Zuständen zurück. Wir führen eine Fallunterscheidung nach der Beschriftung lab der Kante durch.

Es gelte $s = (\rho, \mu) \, \Delta \, D$. Dann ist insbesondere $D \neq \bot$.

Zuweisung $x \leftarrow e$: Es gelten:

$$\llbracket x \leftarrow e \rrbracket \, s \;\; = (\rho_1, \mu) \qquad \text{mit} \qquad \rho_1 \;\; = \rho \oplus \{x \mapsto \llbracket e \rrbracket \, \rho\}$$

$$\llbracket x \leftarrow e \rrbracket^\sharp \, D = D_1 \qquad \text{mit} \qquad D_1 = D \oplus \{x \mapsto \llbracket e \rrbracket^\sharp \, D\}$$

Die Behauptung $(\rho_1, \mu) \, \Delta \, D_1$ folgt darum aus der Verträglichkeit der konkreten und abstrakten Ausdrucksauswertung mit der Beschreibungsrelation Δ.

Lesen $x \leftarrow M[e]$: Es gelten:

$$\llbracket x \leftarrow M[e] \rrbracket \, s \;\; = (\rho_1, \mu) \qquad \text{mit} \qquad \rho_1 \;\; = \rho \oplus \{x \mapsto \mu \, (\llbracket e \rrbracket \, \rho)\}$$

$$\llbracket x \leftarrow M[e] \rrbracket^\sharp \, D = D_1 \qquad \text{mit} \qquad D_1 = D \oplus \{x \mapsto \top\}$$

Die Behauptung $(\rho_1, \mu) \, \Delta \, D_1$ folgt, da $\rho_1 \, x \, \Delta \, \top$ gilt.

Speichern $M[e_1] \leftarrow e_2$:

Hier gilt die Behauptung, da weder der konkrete noch der abstrakte Kanteneffekt die Variablenbelegung modifiziert.

Bedingung Zero(e):

Sei $\llbracket \text{Zero}(e) \rrbracket \, s$ definiert. Dann gilt $0 = (\llbracket e \rrbracket \, \rho) \, \Delta \, (\llbracket e \rrbracket^\sharp \, D)$.
Folglich ist $\llbracket \text{Zero}(e) \rrbracket^\sharp \, D = D \neq \bot$, und die Behauptung ist erfüllt.

Bedingung NonZero(e):

Sei nun $\llbracket \text{NonZero}(e) \rrbracket \, s$ definiert. Dann gilt $0 \neq (\llbracket e \rrbracket \, \rho) \, \Delta \, (\llbracket e \rrbracket^\sharp \, D)$.
Folglich gilt auch $\llbracket e \rrbracket^\sharp \, D \neq 0$. Damit haben wir: $\llbracket \text{NonZero}(e) \rrbracket^\sharp \, D = D$, und die Behauptung folgt.

1.9 Konstantenfaltung

Zusammenfassend schließen wir, dass die Invariante (K) gilt.

Die MOP-Lösung für die Konstantenpropagation ist die kleinste obere Schranke über alle möglichen Beiträge, die Pfade vom Startpunkt zu einem Programmpunkt v für die Anfangsbelegung $D_\top$ liefern können:

$$\mathcal{D}^*[v] = \bigsqcup \{[\![\pi]\!]^\sharp\, D_\top \mid \pi : start \to^* v\},$$

wobei $D_\top\, x = \top$ für alle $x \in \mathit{Vars}$ gilt. Wegen der Invariante (K) gilt dann für alle Anfangszustände s und alle Berechnungen π, die den Programmpunkt v erreichen:

$$([\![\pi]\!]\, s)\ \Delta\ (\mathcal{D}^*[v])$$

Zur Approximation des MOP lösen wir das zugehörige Ungleichungssystem.

Beispiel 1.9.4 Betrachten wir unser Fakultätsprogramm, diesmal mit festem Anfangswert für die Variable x. Das Ergebnis der Analyse zeigt Abb. 1.23. Obwohl wir

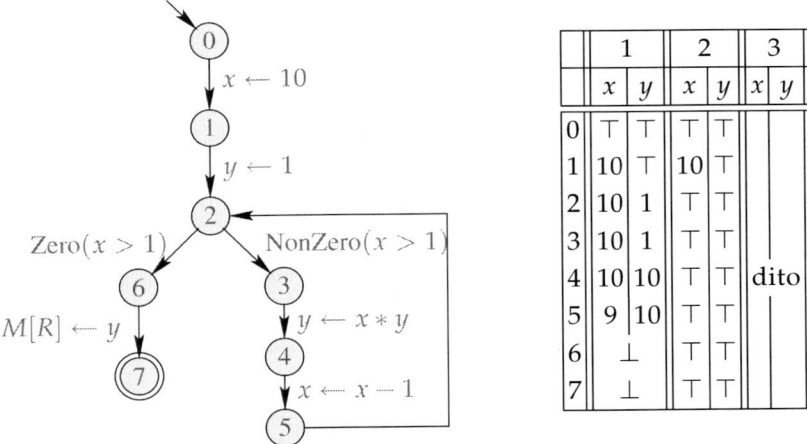

Abb. 1.23. Konstantenpropagation für das Fakultätsprogramm.

die Fakultätsberechnung komplett in die Übersetzungszeit verlegen könnten, liefert die Konstantenpropagation *nicht* dieses Ergebnis: der Grund ist, dass die Konstantenpropagation für jeden Programmpunkt die Variablenwerte ermittelt, die während der gesamten Programmausführung konstant sind. In der Schleifen ändern sich jedoch die Werte von x und y. □

Als Fazit halten wir fest, dass Konstantenpropagation zwar mit konkreten Werten rechnet, aber nur einen „Ausschnitt" aus der konkreten Variablenbelegung bestimmen kann. Ausdrücke, die nur Variablen aus diesem Ausschnitt enthalten, können statisch, d.h. durch den Übersetzer ausgewertet werden. Die Fixpunktiteration zur Berechnung der kleinsten Lösung des Ungleichungssystems terminiert garantiert: bei n Programmpunkten und m Variablen benötigt sie maximal $\mathcal{O}(m \cdot n)$ Runden. Wie Sie in Beispiel 1.9.4 gesehen haben, terminiert das Verfahren allerdings oft schneller. Aber Achtung: die Kanteneffekte für die Konstantenpropagation sind *nicht* alle distributiv!

Ein einfaches Gegenbeispiel zur Distributivität liefert der abstrakte Kanteneffekt für die Zuweisung $x \leftarrow x + y;$. Betrachten wir die beiden Variablenbelegungen:

$$D_1 = \{x \mapsto 2, y \mapsto 3\} \quad \text{und} \quad D_2 = \{x \mapsto 3, y \mapsto 2\}$$

Einerseits gilt:

$$[\![x \leftarrow x + y]\!]^\sharp D_1 \sqcup [\![x \leftarrow x + y]\!]^\sharp D_2 = \{x \mapsto 5, y \mapsto 3\} \sqcup \{x \mapsto 5, y \mapsto 2\}$$
$$= \{x \mapsto 5, y \mapsto \top\}$$

Andererseits gilt aber:

$$[\![x \leftarrow x + y]\!]^\sharp (D_1 \sqcup D_2) = [\![x \leftarrow x + y]\!]^\sharp \{x \mapsto \top, y \mapsto \top\}$$
$$= \{x \mapsto \top, y \mapsto \top\}$$

Damit ist

$$[\![x \leftarrow x + y]\!]^\sharp D_1 \sqcup [\![x \leftarrow x + y]\!]^\sharp D_2 \neq [\![x \leftarrow x + y]\!]^\sharp (D_1 \sqcup D_2)$$

und die Distributivität ist verletzt. Folglich liefert die kleinste Lösung $\mathcal{D}$ des Ungleichungssystems i.A. nur eine *obere Approximation* der MOP-Lösung, d.h. es gilt:

$$\mathcal{D}^*[v] \sqsubseteq \mathcal{D}[v]$$

für jeden Programmpunkt v. Als obere Approximation beschreibt $\mathcal{D}[v]$ trotzdem das Ergebnis jeder Berechnung π, die in v endet:

$$([\![\pi]\!](\rho, \mu)) \triangle \mathcal{D}[v],$$

wann immer $[\![\pi]\!](\rho, \mu)$ definiert ist. Damit liefert die kleinste Lösung immerhin *sichere* Information, die wir in einer Programmtransformation verwenden können.

Transformation CF:

Die erste Verwendung der Information $\mathcal{D}$ besteht darin, Programmpunkte, die als sicher unerreichbar identifiziert wurden, zu beseitigen. Diese Beseitigung von *totem Code* leistet die Transformationsregel:

1.9 Konstantenfaltung   53

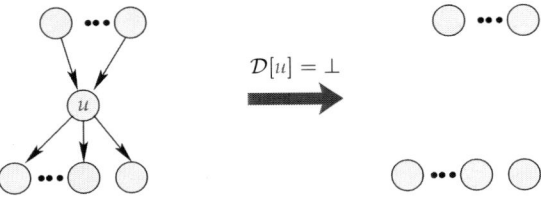

Weiterhin entfernen wir sämtliche (Bedingungs-)Kanten, die zwar zu einem möglicherweise erreichbaren Programmpunkt führen, selbst aber stets den Wert $\bot$ liefern:

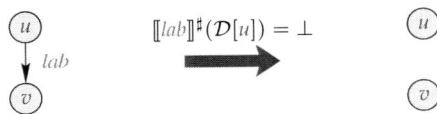

Die nächsten beiden Regeln vereinfachen Bedingungskanten, deren Bedingungsausdruck einen definitiven Wert liefert. Dieser zeigt an, dass diese Kanten sicher bei jeder Berechnung ausgewählt werden:

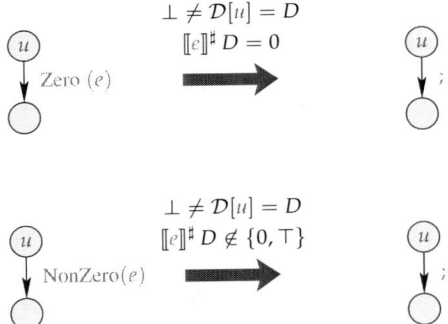

Schließlich verwenden wir die Information $\mathcal{D}$, um im Programm vorkommende Ausdrücke gegebenenfalls bereits zur Übersetzungszeit auszuwerten. Für Zuweisungen erhalten wir etwa:

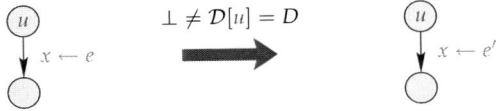

wobei sich der Ausdruck e' ergibt, indem man den Ausdruck e bzgl. der abstrakten Variablenbelegung D auszuwerten versucht, d.h. man definiert:

$$e' = \begin{cases} c & \text{falls } [\![e]\!]^\sharp\, D = c \neq \top \\ e & \text{falls } [\![e]\!]^\sharp\, D = \top \end{cases}$$

Bei der Vereinfachung von Ausdrücken an anderen Kanten verfahren wir analog.

Die Konstantenfaltung, so wie wir sie bisher definierten, bezieht sich immer auf die maximalen Ausdrücke aus den Anweisungen. Man kann sie aber auch einsetzen, um Teilausdrücke zu vereinfachen:

$$x + (3 \cdot y) \quad \xrightarrow{\{x \mapsto \top, y \mapsto 5\}} \quad x + 15$$

$$y \cdot (x + 3) \quad \xrightarrow{\{x \mapsto \top, y \mapsto 5\}} \quad 5 \cdot (x + 3)$$

Unsere Analyse kann weiterhin dahingehend verbessert werden, dass die in Bedingungen enthaltene Information besser ausgenutzt wird.

Beispiel 1.9.5 Betrachten Sie das folgende Beispiel-Programm:

$$\text{if } (x = 7)$$
$$\quad y \leftarrow x + 3;$$

Selbst wenn die Analyse den Wert von x vor der *if*-Abfrage nicht kennt, könnte sie ableiten, dass bei Betreten des *then*-Teils x stets den Wert 7 hat. □

Gut ausgenützt werden können Bedingungen, welche die Gleichheit von Variablen mit Werten oder anderen Variablen testen:

$$[\![\text{NonZero}\,(x = e)]\!]^\sharp\, D = \begin{cases} \bot & \text{falls } [\![x = e]\!]^\sharp\, D = 0 \\ D_1 & \text{sonst} \end{cases}$$

wobei wir setzen:

$$D_1 = D \oplus \{x \mapsto (D\,x \sqcap [\![e]\!]^\sharp\, D)\}$$

Einen analogen abstrakten Kanteneffekt wählen wir auch für Zero $(x \neq e)$.

Die Optimierung, die wir für unser Programm aus Beispiel 1.9.5 erhalten, zeigt die Abb. 1.24.

1.10 Intervallanalyse

Oft ist die exakte Menge von Werten, die eine Variable an einem Programmpunkt bei irgendeiner Programmausführung annehmen kann, nicht bekannt. Für viele Zwecke reicht es jedoch, ein (möglichst kleines) *Intervall* zu kennen, in dem sicher alle Werte dieser Variablen liegen. Solche Intervalle berechnet die Intervallanalyse.

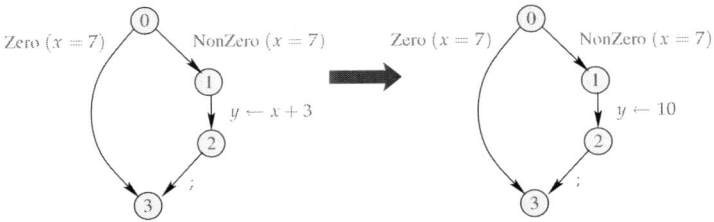

Abb. 1.24. Die Ausnutzung der Information an Bedingungen.

Beispiel 1.10.1 Betrachten wir das folgende Programm:

$$\textbf{for } (i \leftarrow 0; i < 42; i++) \quad a[i] = i;$$

In Programmiersprachen wie JAVA wird verlangt, dass die Indizes bei Feldzugriffen stets innerhalb der deklarierten Grenzen des Felds liegen. Beginnt das Feld a z.B. ab der Adresse A und soll es *int*-Werte mit den Indizes $0, \ldots, 41$ enthalten, dann könnte der erzeugte Zwischencode etwa so aussehen:

$$\begin{aligned}
&i \leftarrow 0; \\
&B : \textbf{if } (i < 42) \ \{ \\
&\quad \textbf{if } (0 \leq i \wedge i < 42) \ \{ \\
&\quad\quad A_1 \leftarrow A + i; \\
&\quad\quad M[A_1] \leftarrow i; \\
&\quad\quad i \leftarrow i + 1; \\
&\quad \} \ \textbf{else goto } \text{error}; \\
&\quad \textbf{goto } B; \\
&\}
\end{aligned}$$

Die Bedingung der äußeren Schleife macht die innere Bereichsüberprüfung überflüssig. Der Programmpunkt error wird nie erreicht. Die innere Bereichsüberprüfung kann deshalb eliminiert werden. □

Die Intervallanalyse verallgemeinert die Konstantenpropagation, indem sie den Wertebereich $\mathbb{Z}^\top$ für die Variablen durch einen Bereich von Intervallen ersetzt. Die Menge aller Intervalle ist gegeben durch:

$$\mathbb{I} = \{[l, u] \mid l \in \mathbb{Z} \cup \{-\infty\}, u \in \mathbb{Z} \cup \{+\infty\}, l \leq u\}$$

Hier stehen l für *lower* und u für *upper*. Gemäß dieser Definition repräsentiert jedes Intervall eine *nicht-leere* Menge von ganzen Zahlen. Zwischen Intervallen definieren wir die natürliche Ordnungsrelation $\sqsubseteq$:

$$[l_1, u_1] \sqsubseteq [l_2, u_2] \quad \text{gdw.} \quad l_2 \leq l_1 \wedge u_1 \leq u_2$$

Die entsprechende geometrische Anschauung illustriert Abb. 1.25.

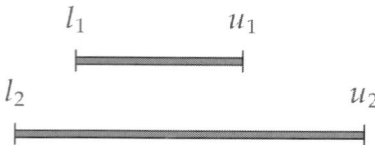

Abb. 1.25. Die Ordnungsrelation für Intervalle $[l_1, u_1] \sqsubseteq [l_2, u_2]$.

Die kleinste obere und die größte untere Schranke zweier Intervalle sind dann wie folgt definiert:

$[l_1, u_1] \sqcup [l_2, u_2] = [\min\{l_1, l_2\}, \max\{u_1, u_2\}]$
$[l_1, u_1] \sqcap [l_2, u_2] = [\max\{l_1, l_2\}, \min\{u_1, u_2\}]$, sofern $\max\{l_1, l_2\} \leq \min\{u_1, u_2\}$

Die geometrische Anschauung dieser Operationen illustriert Abb. 1.26. Über den beiden Beispielintervallen haben wir dabei ihre kleinste obere Schranke vermerkt und ihre größte untere Schranke darunter. Wie $\mathbb{Z}^\top$ ist die Menge $\mathbb{I}$ mit der Halbord-

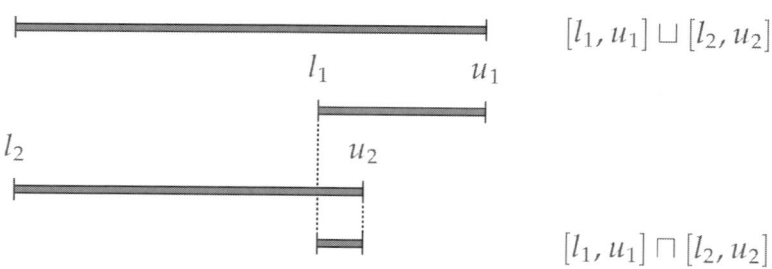

Abb. 1.26. Kleinste obere (oben) und größte untere Schranke (unten) der zwei Intervalle in der Mitte.

nung $\sqsubseteq$ zwar eine Halbordnung, aber kein vollständiger Verband: da die leere Menge explizit ausgeschlossen ist, gibt es kein kleinstes Element. Folglich existieren kleinste obere Schranken nur für *nicht-leere* Mengen von Intervallen. Beachten Sie auch, dass es (im Gegensatz zu der Halbordnung $\mathbb{Z}^\top$) in $\mathbb{I}$ aufsteigende Ketten gibt, die niemals stabil werden, z.B. diese:

$$[0,0] \sqsubseteq [0,1] \sqsubseteq [-1,1] \sqsubseteq [-1,2] \sqsubseteq \ldots$$

Zwischen konkreten Werten und Intervallen stellen wir die folgende Beschreibungsrelation Δ auf:

$$z \,\Delta\, [l,u] \quad \text{gdw.} \quad l \leq z \leq u$$

Diese Beschreibungsrelation führt zu folgender Konkretisierung:

$$\gamma[l,u] = \{z \in \mathbb{Z} \mid l \leq z \leq u\}$$

Beispiel 1.10.2 Damit haben wir etwa:

$$\gamma[0,7] = \{0,\ldots,7\}$$
$$\gamma[0,\infty] = \{0,1,2,\ldots\}$$

□

Wir wollen mit Intervallen rechnen. Die Summe zweier Intervalle sollte alle Werte enthalten, die sich ergeben, wenn wir beliebige Werte aus den beiden Argumentintervallen addieren. Deshalb definieren wir:

$$[l_1, u_1] +^\sharp [l_2, u_2] = [l_1 + l_2, u_1 + u_2] \quad \text{wobei}$$
$$-\infty + \_ = -\infty$$
$$+\infty + \_ = +\infty$$

Beachten Sie, dass niemals der Wert von $-\infty + \infty$ ermittelt werden muss.

Für die Negation definieren wir:

$$-^\sharp [l,u] = [-u,-l]$$

Schwieriger ist es, das kleinste Intervall zu finden, das sämtliche Produkte der Werte zweier Intervalle enthält. Eine einfache Beschreibung ohne umständliche Fallunterscheidungen bietet die folgende Definition:

$$[l_1, u_1] \cdot^\sharp [l_2, u_2] = [a,b] \quad \text{wobei}$$
$$a = \min\{l_1 l_2, l_1 u_2, u_1 l_2, u_1 u_2\}$$
$$b = \max\{l_1 l_2, l_1 u_2, u_1 l_2, u_1 u_2\}$$

Beispiel 1.10.3 Wir überprüfen die Plausibilität unserer Definition der Intervallmultiplikation anhand einiger Beispiele:

$$[0,2] \cdot^\sharp [3,4] = [0,8]$$
$$[-1,2] \cdot^\sharp [3,4] = [-4,8]$$
$$[-1,2] \cdot^\sharp [-3,4] = [-6,8]$$
$$[-1,2] \cdot^\sharp [-4,-3] = [-8,4]$$

□

Problematischer dagegen ist es, eine geeignete Definition der Division von Intervallen zu finden. Sei $[l_1, u_1] \mathbin{/^\sharp} [l_2, u_2] = [a, b]$.

- Ist 0 nicht im Nenner-Intervall enthalten, können wir setzen:

$$a = \min\{l_1/l_2, l_1/u_2, u_1/l_2, u_1/u_2\}$$
$$b = \max\{l_1/l_2, l_1/u_2, u_1/l_2, u_1/u_2\}$$

- Ist dagegen 0 im Nenner-Intervall enthalten, d.h. gilt: $l_2 \leq 0 \leq u_2$, ist ein Laufzeitfehler nicht auszuschließen. In der Semantik unserer kleinen Programmiersprache haben wir offen gelassen, was beim Eintreten eines solchen Fehlers geschehen soll. Der Einfachheit halber nehmen wir hier an, dass in diesem Fall *jeder* Wert ein erlaubtes Ergebnis ist. Darum definieren wir für diesen Fall:

$$[a, b] = [-\infty, +\infty]$$

Neben arithmetischen Operationen benötigen wir abstrakte Versionen der Vergleichsoperatoren. Die abstrakte Gleichheitsoperation ist dabei wesentlich verschieden von der „natürlichen" Gleichheit auf Intervallen. Insbesondere sollte das Ergebnis wieder ein Intervall sein. Ist es einelementig, heißt das, dass das Ergebnis der Wertvergleiche für alle Auswahlen der Elemente der beiden Argumentintervalle stets das Gleiche ist. Wir haben:

$$[l_1, u_1] =^\sharp [l_2, u_2] = \begin{cases} [1, 1] & \text{falls } l_1 = u_1 = l_2 = u_2 \\ [0, 0] & \text{falls } u_1 < l_2 \vee u_2 < l_1 \\ [0, 1] & \text{sonst} \end{cases}$$

Um diese Definition zu verstehen, erinnern wir uns, dass wir hier entsprechend der Programmiersprache C die Booleschen Werte *false* und *true* als 0 bzw. nicht-0 repräsentieren. Die konkrete Wertegleichheit liefert deshalb einen Wert aus der Menge $\{0, 1\}$ zurück. Wir erläutern nun die drei obigen Fälle.

Der erste Fall erfasst den Vergleich zweier identischer einelementiger Intervalle, der zweite den Fall disjunkter Intervalle und der dritte den Fall überlappender Intervalle. Im ersten Fall ergibt sich bei Vergleich aller jeweils durch die Intervalle repräsentierten Werte *true*. Die Menge der möglichen Ergebnisse ist damit in dem Intervall $[1, 1]$ enthalten. Im zweiten Fall dagegen ergibt sich bei Vergleich aller jeweils durch die Intervalle repräsentierten Werte *false*. Die Menge der möglichen Ergebnisse ist damit in dem Intervall $[0, 0]$ enthalten. Im letzten Fall dagegen kann sich bei Vergleich der durch die Intervalle repräsentierten Werte sowohl *true* wie *false* ergeben. Die Menge der möglichen Ergebnisse ist darum in der Menge $\{0, 1\}$ enthalten. Diese Menge wird durch das Intervall $[0, 1]$ beschrieben.

Beispiel 1.10.4 Wieder überzeugen wir uns anhand kleiner Beispiele von der Vernünftigkeit dieser Definition:

$$[42, 42] =^\sharp [42, 42] = [1, 1]$$
$$[1, 2] =^\sharp [3, 4] = [0, 0]$$
$$[0, 7] =^\sharp [0, 7] = [0, 1]$$

□

Von den weiteren Vergleichsoperationen betrachten wir nur noch die Operation $<$. Hier haben wir:

$$[l_1, u_1] <^\sharp [l_2, u_2] = \begin{cases} [1,1] & \text{falls } u_1 < l_2 \\ [0,0] & \text{falls } u_2 \leq l_1 \\ [0,1] & \text{sonst} \end{cases}$$

Beispiel 1.10.5

$$[1,2] <^\sharp [9,42] = [1,1]$$
$$[0,7] <^\sharp [0,7] = [0,1]$$
$$[3,4] <^\sharp [1,3] = [0,0]$$

□

Mithilfe der Halbordnung $(\mathbb{I}, \sqsubseteq)$ konstruieren wir einen vollständigen Verband für abstrakte Variablenbelegungen analog zu unserem vollständigen Verband für die Konstantenpropagation:

$$\mathbb{D}_\mathbb{I} = (\text{Vars} \to \mathbb{I})_\bot = \text{Vars} \to \mathbb{I} \cup \{\bot\}$$

für ein neues Element $\bot$, das wieder das kleinste Element bezeichnet. Die Beschreibungsrelation zwischen konkreten und abstrakten Variablenbelegungen definieren wir auf natürliche Weise durch

$$\rho \; \Delta \; D \qquad \text{gdw.} \qquad D \neq \bot \;\wedge\; \forall x \in \text{Vars} : (\rho\, x) \; \Delta \; (D\, x).$$

Dies führt zu einer entsprechenden Beschreibungsrelation Δ zwischen konkreten Zuständen (ρ, μ) und abstrakten Variablenbelegungen:

$$(\rho, \mu) \; \Delta \; D \qquad \text{gdw.} \qquad \rho \; \Delta \; D$$

Auch die abstrakte Ausdrucksauswertung definieren wir analog zur abstrakten Ausdrucksauswertung bei der Konstantenpropagation. Auch über Intervallen gilt dann für alle Ausdrücke:

$$(\llbracket e \rrbracket \, \rho) \; \Delta \; (\llbracket e \rrbracket^\sharp \, D) \qquad \text{sofern} \qquad \rho \; \Delta \; D$$

Schauen wir uns als nächstes die Kanteneffekte an, die wir zur Intervallanalyse brauchen. Abgesehen davon, dass wir nun mit Intervallen rechnen, sehen die entsprechenden Kanteneffekte ganz genauso wie bei der Konstantenpropagation aus:

60   1 Grundlagen und intraprozedurale Optimierung

$$[\![;]\!]^\sharp\, D = D$$
$$[\![x \leftarrow e]\!]^\sharp\, D = D \oplus \{x \mapsto [\![e]\!]^\sharp\, D\}$$
$$[\![x \leftarrow M[e]]\!]^\sharp\, D = D \oplus \{x \mapsto \top\}$$
$$[\![M[e_1] \leftarrow e_2]\!]^\sharp\, D = D$$
$$[\![\mathsf{NonZero}\,(e)]\!]^\sharp\, D = \begin{cases} \bot & \text{falls } [0,0] = [\![e]\!]^\sharp\, D \\ D & \text{sonst} \end{cases}$$
$$[\![\mathsf{Zero}\,(e)]\!]^\sharp\, D = \begin{cases} \bot & \text{falls } [0,0] \not\sqsubseteq [\![e]\!]^\sharp\, D \\ D & \text{falls } [0,0] \sqsubseteq [\![e]\!]^\sharp\, D \end{cases}$$

sofern $D \neq \bot$. Dabei bezeichnet $\top$ das Intervall $[-\infty, \infty]$.

Wir nehmen an, dass wie bei der Konstantenpropagation vor der Programmausführung nichts über die Werte der Variablen bekannt ist. Dort können wir darum nur das größte Element $\top = \{x \mapsto [-\infty, \infty] \mid x \in \mathit{Vars}\}$ des Verbandes annehmen. Zum Beweis der Korrektheit der Intervallanalyse stellen wir eine Invariante auf, die sich von der Invariante (K) für die Konstantenpropagation nur dadurch unterscheidet, dass wir mit Intervallen rechnen anstatt mit $\mathbb{Z}^\top$. Auch der Beweis der neuen Invariante benutzt die gleiche Argumentation, so dass wir darauf verzichten, den Beweis auszuführen.

Eine wesentliche Quelle der Information sind auch bei der Intervallanalyse die Bedingungen. Noch viel mehr als bei der Konstantenpropagation können wir uns hier Vergleiche von Variablen mit Werten zunutze machen. Nehmen wir an, e ist von der Form $x\square e_1$ für Vergleichsoperatoren $\square \in \{=, <, >\}$. Dann definieren wir:

$$[\![\mathsf{NonZero}\,(e)]\!]^\sharp\, D = \begin{cases} \bot & \text{falls } [0,0] = [\![e]\!]^\sharp\, D \\ D_1 & \text{sonst} \end{cases}$$

wobei

$$D_1 = \begin{cases} D \oplus \{x \mapsto (D\,x) \sqcap ([\![e_1]\!]^\sharp\, D)\} & \text{falls } e \equiv (x = e_1) \\ D \oplus \{x \mapsto (D\,x) \sqcap [-\infty, u-1]\} & \text{falls } e \equiv (x < e_1),\ [\![e_1]\!]^\sharp\, D = [\_, u] \\ D \oplus \{x \mapsto (D\,x) \sqcap [l+1, \infty]\} & \text{falls } e \equiv (x \geq e_1),\ [\![e_1]\!]^\sharp\, D = [l, \_] \end{cases}$$

Eine Bedingung $\mathsf{NonZero}(x < e_1)$ erlaubt es, vom Intervall von x das Intervall $[u, \infty]$ wegzuschneiden, wobei u der größtmögliche Wert im Intervall für e_1 ist. Entsprechend definieren wir:

$$[\![\mathsf{Zero}\,(e)]\!]^\sharp\, D = \begin{cases} \bot & \text{falls } [0,0] \not\sqsubseteq [\![e]\!]^\sharp\, D \\ D_1 & \text{sonst} \end{cases}$$

wobei

$$D_1 = \begin{cases} D \oplus \{x \mapsto (D\,x) \sqcap [-\infty, u]\} & \text{falls } e \equiv (x > e_1),\ [\![e_1]\!]^\sharp\, D = [\_, u] \\ D \oplus \{x \mapsto (D\,x) \sqcap [l, \infty]\} & \text{falls } e \equiv (x < e_1),\ [\![e_1]\!]^\sharp\, D = [l, \_] \\ D & \text{falls } e \equiv (x = e_1) \end{cases}$$

Beachten Sie, dass hier grösste untere Schranken von Intervallen verwendet werden. Diese Durchschnitte sind im gegebenen Kontext jedoch immer definiert, da sich andernfalls bereits vorher die Alternative mit Ergebnis $\bot$ ergeben hätte.

Betrachten wir das Programm aus Beispiel 1.10.1. Seinen Kontrollflussgraphen und die kleinste Lösung des Ungleichungssystems für die Intervallanalyse der Variablen i zeigt Abb. 1.27.

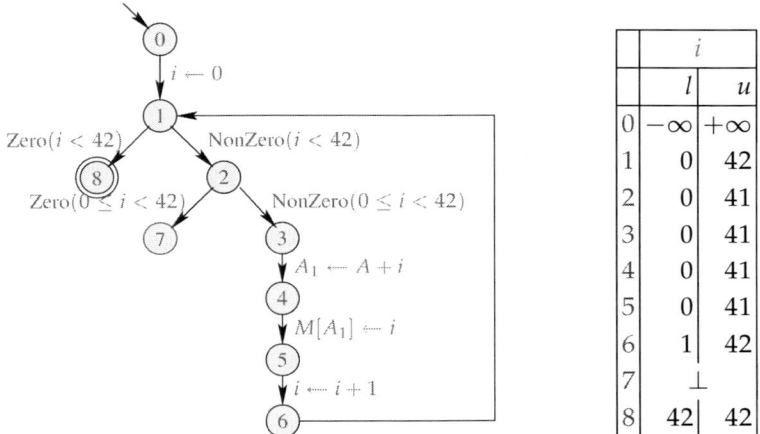

Abb. 1.27. Die kleinste Intervall-Lösung für Beispiel 1.10.1.

Da die Halbordnung $\mathbb{I}$ aufsteigende Ketten besitzt, die niemals stabil werden, ist zunächst unklar, wie man die kleinste Lösung der Ungleichungssysteme der Intervallanalyse berechnen könnte. In unserem Beispiel terminiert die Round-Robin-Iteration zwar, aber erst nach 42 Runden. Man kann jedoch leicht Programme konstruieren, bei denen die Round-Robin-Iteration nie terminiert.

Wir benötigen deshalb Techniken, die es uns erlauben, auch vollständige Verbände mit aufsteigenden Ketten zu verwenden, die niemals stabil werden. Wie der allgemeine Ansatz der abstrakten Interpretation gehen die generellen Verfahren des *Widening* und *Narrowing* auf Patrick und Radhia Cousot zurück. Bereits die erste einschlägige Arbeit behandelte als Beispiel die Intervallanalyse.

Die Idee des *Widening* besteht darin, die Fixpunktiteration zu *beschleunigen* – eventuell durch die Aufgabe von Präzision. Die Beschleunigung soll so organisiert werden, dass für jeden abstrakten Wert einer Unbekannten des Ungleichungssystems nur *endlich* viele Veränderungen zugelassen werden.

Für die Intervallanalyse bedeutet das, dass wir nicht beliebige Vergrößerungen von Intervallen erlauben. Wir gestatten keine Vergrößerungen von *endlichen zu endlichen* Intervallgrenzen. Eine zulässige aufsteigende Kette könnte dann etwa so aussehen:

1 Grundlagen und intraprozedurale Optimierung

$$[3, 17] \sqsubseteq [3, +\infty] \sqsubseteq [-\infty, +\infty]$$

Im Folgenden wollen wir diese Idee formalisieren. Sei wieder

$$x_i \sqsupseteq f_i(x_1, \ldots, x_n), \quad i = 1, \ldots, n$$

ein Ungleichungssystem über einem vollständigen Verband $\mathbb{D}$, wobei die f_i nun nicht notwendigerweise monoton sein müssen. Auch für solche Ungleichungssysteme können wir eine *akkumulierende* Iteration definieren, die dann zwar nicht unbedingt die kleinste Lösung, aber, sofern die Iteration terminiert, zumindest irgendeine Lösung liefert. Wir betrachten das zu dem Ungleichungssystem zugehörige *akkumulierende* Gleichungssystem:

$$x_i = x_i \sqcup f_i(x_1, \ldots, x_n), \quad i = 1, \ldots, n$$

Ein Tupel $\underline{x} = (x_1, \ldots, x_n) \in \mathbb{D}^n$ ist genau dann eine Lösung des Ungleichungssystems, wenn es eine Lösung des akkumulierenden Gleichungssystems ist.

Mit dem akkumulierenden Gleichungssystem selbst ist noch nicht viel gewonnen. Auch eine Fixpunktiteration für dieses Gleichungssystem, etwa mithilfe von Round-Robin-Iteration terminiert nicht notwendigerweise. Um Terminierung zu erzwingen, ersetzen wir den Operator $\sqcup$ des akkumulierenden Gleichungssystems durch einen *Widening*-Operator $\sqcup\!\!\!\sqcup$. Damit erhalten wir das Gleichungssystem:

$$x_i = x_i \sqcup\!\!\!\sqcup f_i(x_1, \ldots, x_n), \quad i = 1, \ldots, n$$

Für die neue Operation $\sqcup\!\!\!\sqcup$ sollte dabei gelten:

$$v_1 \sqcup v_2 \sqsubseteq v_1 \sqcup\!\!\!\sqcup v_2$$

Die während einer Fixpunktiteration für eine Unbekannte x_i akkumulierten Werte werden gegebenenfalls *schneller* größer. Insbesondere berechnet Round-Robin-Iteration für das modifizierte System, wenn sie denn terminiert, immer noch eine Lösung des akkumulierenden Gleichungssystems und damit des Ausgangsungleichungssystems.

Wir wenden dieses Vorgehen nun auf die Intervallanalyse und den vollständigen Verband $\mathbb{D}_\mathbb{I} = (\mathit{Vars} \to \mathbb{I})_\bot$ an. Einen Widening-Operator $\sqcup\!\!\!\sqcup$ für diesen vollständigen Verband definieren wir durch:

$$\bot \sqcup\!\!\!\sqcup D = D \sqcup\!\!\!\sqcup \bot = D$$

und für $D_1 \neq \bot \neq D_2$

$$(D_1 \sqcup\!\!\!\sqcup D_2)\, x = (D_1\, x) \sqcup\!\!\!\sqcup (D_2\, x) \quad \text{wobei}$$
$$[l_1, u_1] \sqcup\!\!\!\sqcup [l_2, u_2] = [l, u] \quad \text{mit}$$
$$l = \begin{cases} l_1 & \text{falls } l_1 \leq l_2 \\ -\infty & \text{sonst} \end{cases}$$
$$u = \begin{cases} u_1 & \text{falls } u_1 \geq u_2 \\ +\infty & \text{sonst} \end{cases}$$

Der Widening-Operator für Variablenbelegungen basiert auf einem Widening-Operator für Intervalle. Auch dieser Operator behandelt seine beiden Argumente nicht gleich und ist folglich nicht kommutativ. Das sieht man ein, wenn Die Intuition dahinter erkennt man, wenn man die Anwendung des Widening-Operators betrachtet. Während der Fixpunktiteration ist der linke Operand immer der alte Wert, während der rechte der neue Wert ist.

Beispiel 1.10.6 Wir haben etwa:

$$[0,2] \sqcup [1,2] = [0,2]$$
$$[1,2] \sqcup [0,2] = [-\infty, 2]$$
$$[1,5] \sqcup [3,7] = [1, +\infty]$$

□

Im Allgemeinen liefert ein Widening-Operator anstelle der kleinsten oberen Schranke irgendeine obere Schranke. Damit werden bei einer Fixpunktiteration die Werte für die Unbekannten schneller größer. Der Widening-Operator sollte so gewählt werden, dass die dabei entstehenden aufsteigenden Ketten irgendwann stabil werden und damit die Fixpunktiteration terminiert. Der hier vorgestellte Widening-Operator für Intervalle garantiert zum Beispiel, dass jedes Intervall höchstens zweimal größer werden kann. Damit begrenzt er die Anzahl der notwendigen Round-Robin-Iterationen für Programme mit n Programmpunkten auf $\mathcal{O}(n \cdot \#\mathit{Vars})$.

Fassen wir diese Idee noch einmal zusammen. Um eine Lösung eines Ungleichungssystems über einem vollständigen Verband mit unendlichen aufsteigenden Ketten zu bestimmen, definieren wir einen geeigneten Widening-Operator. Diesen Widening-Operator setzen wir ein, um die Berechnung einer Lösung des zugehörigen akkumulierenden Gleichungssystems zu beschleunigen und Konvergenz zu erzwingen. Ändert der Widening-Operator Werte nur endlich oft, können wir die Terminierung der akkumulierenden Iteration garantieren.

Die Konstruktion eines geeigneten Widening-Operators ist eine Art schwarze Kunst: Einerseits muss er ziemlich radikal Information verwerfen, um Terminierung zu garantieren. Andererseits sollte er genügend relevante Informationen bewahren. Abb. 1.28 zeigt die Round-Robin-Iteration für das Programm aus Beispiel 1.10.1. Wie erhofft, terminiert die Iteration sehr schnell – jedoch mit enttäuschendem Ergebnis: im Beispiel sind sämtliche obere Schranken verloren gegangen. Eine Einsparung der Feldgrenzenüberprüfung ist nicht möglich.

Offenbar wurde Information zu schnell verworfen. Bei einigem Nachdenken bemerken wir, dass es, um Terminierung zu garantieren, nicht notwendig ist, den Widening-Operator für jede Unbekannte, d.h. an jedem Programmpunkt, einzusetzen. Tatsächlich würde es genügen, wenn man Widening *genügend oft* anwendet, das heißt, dass jeder Kreis im Kontrollflussgraphen zumindest eine Anwendung des Widening-Operators enthält. Eine Menge I von Knoten in einem gerichteten Graphen G, mit der Eigenschaft, dass jeder Kreis in G mindestens einen Knoten aus I enthält, nennen wir auch *Kreistrenner* (*loop separator*). Wenden wir Widening nicht

64   1 Grundlagen und intraprozedurale Optimierung

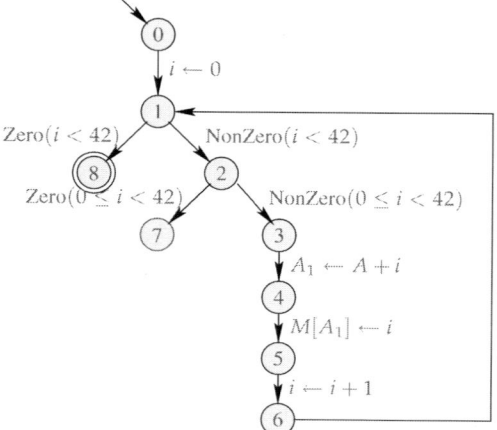

	1		2		3	
	l	u	l	u	l	u
0	$-\infty$	$+\infty$	$-\infty$	$+\infty$		
1	0	0	0	$+\infty$		
2	0	0	0	$+\infty$		
3	0	0	0	$+\infty$		
4	0	0	0	$+\infty$	dito	
5	0	0	0	$+\infty$		
6	1	1	1	$+\infty$		
7	$\bot$		42	$+\infty$		
8	$\bot$		42	$+\infty$		

Abb. 1.28. Beschleunigte Round-Robin-Iteration für Beispiel 1.10.1.

an allen Programmpunkten, sondern nur an den Punkten aus einer solchen Menge I des Kontrollflussgraphen an, terminiert die Round-Robin-Iteration immer noch.

Beispiel 1.10.7 Diese Idee probieren wir an unserem Testprogramm aus Beispiel 1.10.1 aus. Abbildung 1.29 zeigt Beispiel-Mengen I_1 und I_2 von Knoten, an denen wir die Schleife des Programms auftrennen könnten. Für die Menge $I_1 = \{1\}$ ergibt

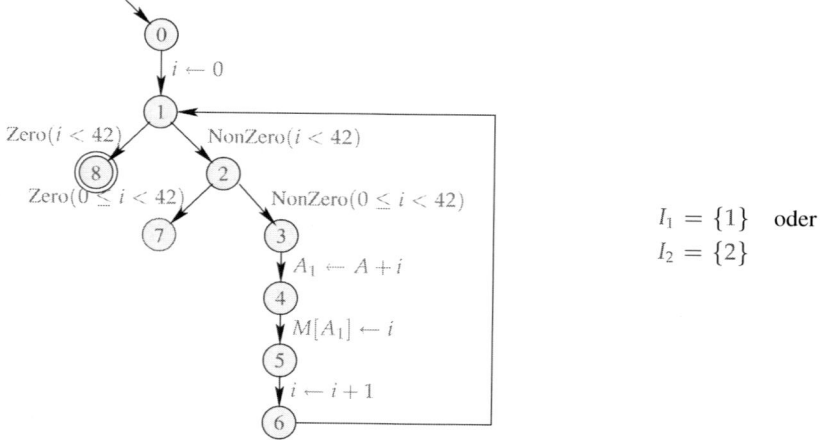

Abb. 1.29. Kreistrenner für das Beispiel 1.10.1.

die Round-Robin-Iteration:

	1		2		3	
	l	u	l	u	l	u
0	$-\infty$	$+\infty$	$-\infty$	$+\infty$		
1	0	0	0	$+\infty$		
2	0	0	0	41		
3	0	0	0	41		
4	0	0	0	41	dito	
5	0	0	0	41		
6	1	1	1	42		
7	$\bot$		$\bot$			
8	$\bot$		42	$+\infty$		

Tatsächlich erhalten wir fast die kleinste Lösung. Die einzige Information, die wir verlieren, ist die obere Schranke für die Schleifenvariable *i* an den Programmpunkten 1 und 8. Für die Menge $I_2 = \{2\}$ ergibt sich dagegen:

	1		2		3	
	l	u	l	u	l	u
0	$-\infty$	$+\infty$	$-\infty$	$+\infty$		
1	0	0	0	42		
2	0	0	0	$+\infty$		
3	0	0	0	41		
4	0	0	0	41	dito	
5	0	0	0	41		
6	1	1	1	42		
7	$\bot$		42	$+\infty$		
8	$\bot$		42	42		

Nun erhält man genaue Aussagen über die Variable *i* an den Programmpunkten 1 und 8, verliert jedoch soviel Information am Programmpunkt 2, dass man die Unerreichbarkeit des Programmpunkts 7 nicht mehr herleiten kann. □

Dieses Beispiel zeigt, dass die Beschränkung des Widening auf wenige wichtige Punkte die Genauigkeit der Analyse erheblich verbessern kann. Das Beispiel zeigt aber auch, dass es in der Anwendung nicht immer offensichtlich ist, diejenigen Stellen zu finden, an denen die größte Genauigkeit erzielt wird. Als Ergänzung betrachten wir deshalb eine weitere Technik: *Narrowing*.

Das Narrowing ist eine Technik, um eine möglicherweise zu große und damit zu ungenaue Lösung sukzessive zu verbessern. Wie beim Widening entwickeln wir zuerst die allgemeine Herangehensweise für beliebige Ungleichungssysteme und schauen uns dann an, wie Narrowing für die Intervallanalyse funktionieren könnte.

Sei $\underline{x}$ irgendeine Lösung des Ungleichungssystems

$$x_i \sqsupseteq f_i(x_1, \ldots, x_n) \,, \quad i = 1, \ldots, n$$

Nehmen wir weiter an, dass die rechten Seiten f_i sämtlich monoton sind und F die zugehörige Funktion $\mathbb{D}^n \to \mathbb{D}^n$ ist. Aus der Monotonie von F folgt:

$$\underline{x} \sqsupseteq F\underline{x} \sqsupseteq F^2\underline{x} \sqsupseteq \ldots \sqsupseteq F^k\underline{x} \sqsupseteq \ldots$$

Diese Iteration nennen wir *Narrowing*. Narrowing hat die Eigenschaft, dass alle Tupel $F^i\underline{x}$, die nach einigen Iterationen erreicht werden, selbst wieder Lösungen des Ungleichungssystems sind. Dies gilt ebenfalls für Narrowing mittels Round-Robin-Iteration. Terminierung ist darum kein Problem mehr; man stoppt, wenn die erreichten Werte zufriedenstellend sind.

Beispiel 1.10.8 Betrachten wir erneut das Programm aus Beispiel 1.10.1. Wir starten die Narrowing-Iteration mit dem Ergebnis, welches das naive Widening lieferte. Dann erhalten wir:

	0		1		2	
	l	u	l	u	l	u
0	$-\infty$	$+\infty$	$-\infty$	$+\infty$	$-\infty$	$+\infty$
1	0	$+\infty$	0	$+\infty$	0	42
2	0	$+\infty$	0	41	0	41
3	0	$+\infty$	0	41	0	41
4	0	$+\infty$	0	41	0	41
5	0	$+\infty$	0	41	0	41
6	1	$+\infty$	1	42	1	42
7	42	$+\infty$	$\bot$		$\bot$	
8	42	$+\infty$	42	$+\infty$	42	42

Die optimale Lösung wird hier tatsächlich erreicht! □

In unserem Beispiel kompensiert das anschließende Narrowing die Informationsverluste durch Widening vollständig. Das ist nicht immer zu erwarten. Auch ist nicht ausgeschlossen, dass die Narrowing-Iteration möglicherweise sehr lange läuft; möglicherweise terminiert Narrowing nicht einmal: dann nämlich, wenn es in dem vollständigen Verband *absteigende* Ketten

$$d_1 \sqsupseteq d_2 \sqsupseteq \ldots$$

gibt, die niemals stabil werden. Dies ist zum Beispiel bei den Intervallen der Fall.

Um Terminierung zu garantieren, kann man *beschleunigtes* Narrowing einsetzen. Nehmen wir an, wir hätten irgendeine Lösung unseres Ungleichungssystems:

$$x_i \sqsupseteq f_i(x_1, \ldots, x_n) \,, \quad i = 1, \ldots, n$$

Dann betrachten wir das Gleichungssystem:

$$x_i = x_i \sqcap f_i(x_1, \ldots, x_n), \quad i = 1, \ldots, n$$

Weil wir mit einer möglicherweise zu großen Lösung starten, benutzen wir die Beiträge der rechten Seiten, um die bisherigen Werte für die Unbekannten zu verbessern, d.h. zu verkleinern.

Sei $H : \mathbb{D}^n \to \mathbb{D}^n$ die Funktion mit $H(x_1, \ldots, x_n) = (y_1, \ldots, y_n)$ mit $y_i = x_i \sqcap f_i(x_1, \ldots, x_n)$. Sind alle f_i monoton, dann gilt:

$$H^i \underline{x} = F^i \underline{x} \quad \text{für alle } i \geq 0.$$

In dem Gleichungssystem ersetzen wir nun den Operator $\sqcap$ durch einen neuen Operator $⊓\!\!\!\!⊓$ mit der folgenden Eigenschaft:

$$a_1 \sqcap a_2 \sqsubseteq a_1 ⊓\!\!\!\!⊓ a_2 \sqsubseteq a_1$$

Den neuen Operator nennen wir auch *Narrowing*-Operator. Der neue Operator verkleinert möglicherweise Werte nicht so schnell wie die größte untere Schranke, ist aber zumindest nicht vergrößernd.

Im Falle der Intervallanalyse könnte man einen Narrowing-Operator so definieren, dass er Intervallgrenzen nur modifiziert, um unendliche Intervall-Grenzen durch endliche zu ersetzen. Unter diesen Umständen kann jedes Intervall höchstens zweimal modifiziert werden. Für Variablenbelegungen D definieren wir

$$\bot ⊓\!\!\!\!⊓ D = D ⊓\!\!\!\!⊓ \bot = \bot$$

und für $D_1 \neq \bot \neq D_2$

$$(D_1 ⊓\!\!\!\!⊓ D_2)\, x = (D_1 x) ⊓\!\!\!\!⊓ (D_2 x) \quad \text{wobei}$$
$$[l_1, u_1] ⊓\!\!\!\!⊓ [l_2, u_2] = [l, u] \quad \text{mit}$$
$$l = \begin{cases} l_2 & \text{falls } l_1 = -\infty \\ l_1 & \text{sonst} \end{cases}$$
$$u = \begin{cases} u_2 & \text{falls } u_1 = \infty \\ u_1 & \text{sonst} \end{cases}$$

Wieder bemerken wir, dass der Narrowing-Operator seine Argumente nicht gleichberechtigt behandelt und damit nicht kommutativ ist. In der Anwendung des Operators ist der linke Operand der Wert aus dem letzten Iterationsschritt und der rechte Operand der neu berechnete Wert.

Beispiel 1.10.9 Auch das beschleunigte Narrowing mit Round-Robin-Iteration probieren wir auf dem Programm aus Beispiel 1.10.1 aus. Wir erhalten:

	0		1		2	
	l	u	l	u	l	u
0	$-\infty$	$+\infty$	$-\infty$	$+\infty$	$-\infty$	$+\infty$
1	0	$+\infty$	0	$+\infty$	0	42
2	0	$+\infty$	0	41	0	41
3	0	$+\infty$	0	41	0	41
4	0	$+\infty$	0	41	0	41
5	0	$+\infty$	0	41	0	41
6	1	$+\infty$	1	42	1	42
7	42	$+\infty$	$\bot$		$\bot$	
8	42	$+\infty$	42	$+\infty$	42	42

Tatsächlich geht trotz der Beschleunigung zumindest in diesem Beispiel keine Information verloren. □

Anders als bei Widening mussten wir bei Narrowing voraussetzen, dass die rechten Seiten des Ungleichungssystems monoton sind. Wenn unser Narrowing-Operator nur endlich lange echt absteigende Ketten gestattet, terminiert das beschleunigte Narrowing garantiert. Im Falle der Intervallanalyse hatten wir unseren Operator ⊓ so definiert, dass jedes Intervall höchstens zweimal modifiziert wird. Folglich erfordert auch die Round-Robin-Iteration mit diesem Narrowing-Operator maximal $\mathcal{O}(n \cdot \#\textit{Vars})$ Runden (n die Anzahl der Programmpunkte).

1.11 Aliasanalyse

Bisher haben wir uns bei unseren Analysen und Optimierungen im wesentlichen nur um Variablen gekümmert. Den Speicher M unserer Programmiersprache haben wir dabei wie ein großes statisch allokiertes Feld betrachtet. Diese Auffassung ist für manche Fragestellungen ausreichend. Moderne Programmiersprachen bieten jedoch Konzepte an, um nicht nur explizit über Namen oder Adressen, sondern auch anonym über Zeiger auf Datenobjekte zuzugreifen. In diesem Abschnitt behandeln wir Grundkonzepte und einfache Ansätze, um mit Zeigern auf dynamisch allokierte Datenobjekte umzugehen. Dazu erweitern wir unsere Programmiersprache um Zeiger, die auf den Anfang dynamisch allokierter Blöcke zeigen. Zur Unterscheidung verwenden wir kleine Buchstaben für **int**-Variablen und große für Zeigervariablen. Den generischen Variablennamen z verwenden wir, wenn wir sowohl *int*-Variablen wie Zeigervariablen meinen. Zusätzlich gestatten wir als besondere Zeigerkonstante null. Als weitere Konzepte betrachten wir:

- Eine Anweisung $z \leftarrow \text{new}(e)$ für einen Ausdruck e und eine Zeigervariable z. Der Operator new() stellt einen neuen Block im Speicher zur Verfügung und liefert einen Zeiger auf den Anfang des Blocks zurück, der in z abgelegt wird. Die Größe dieses Blocks ist durch den Wert des Ausdrucks e gegeben.

- Eine Anweisung $z \leftarrow R[e]$ für eine Zeigervariable R, einen Ausdruck e und eine Variable z, die den Wert aufnehmen soll. Angelehnt an die Adressierung im statisch allokierten Feld M in unserer bisherigen Sprache, liefert die Indizierung des Zeigers R mit dem Wert des Ausdrucks e den Inhalt der entsprechenden Stelle innerhalb des Blocks, auf den R zeigt.
- Eine Anweisung $R[e_1] \leftarrow e_2$ für eine Zeigervariable R, einen Ausdruck e_1 und einen Ausdruck e_2, der den neuen Inhalt für die entsprechende Speicherzelle bereitstellt.

Was wir nicht gestatten, ist *Zeigerarithmetik*, d.h. arithmetische Operationen mit Zeigervariablen. Der Einfachheit halber verzichten wir auch auf die Einführung eines Typsystems, welches sicherstellt, dass Zeigerwerte und **int**-Werte unterschieden werden, dass eine Variable entweder nur **int**-Werte oder nur Zeigerwerte enthält und zur Indizierung wie für arithmetische Operationen nur **int**-Werte verwendet werden.

Ist der Wert der Zeigervariable R_1 *gleich* dem Wert der Zeigervariable R_2, d.h. zeigen sie auf den gleichen Speicherbereich, nennen wir R_1 einen *Alias* von R_2. Eine wichtige Frage in Anwesenheit von dynamischer Speicherverwaltung ist, ob zwei Zeigervariablen an einem Programmpunkt *möglicherweise* den gleichen Wert haben. Dieses Problem heißt *May-Alias-Problem*. Ebenfalls wichtig ist, herauszufinden, ob zwei Zeigervariablen bei Erreichen eines Programmpunkts *immer* gleich sind. Dieses Problem heißt entsprechend *Must-Alias-Problem*.

Aliasinformation ist notwendig, wenn wir unsere bisherigen Analysen nicht mehr auf **int**-Variablen und **int**-Ausdrücke beschränken, sondern auch Werte im Speicher einbeziehen wollen. Betrachten wir z.B. unsere bisherige Analyse der verfügbaren Zuweisungen. Eine unmittelbare Verallgemeinerung würde so vorgehen:

- Wir erweitern die Menge *Ass* der Zuweisungen um die im Programm vorkommenden Ladeanweisungen $z \leftarrow R[e]$. Sei *Def* die sich ergebende Menge von Anweisungen.
- Wir erweitern die Kanteneffekte:

$$[\![R \leftarrow \mathsf{new}(e)]\!]^\sharp \, A = A \backslash \mathsf{Occ}(R)$$
$$[\![z \leftarrow e]\!]^\sharp \, A = \begin{cases} A \backslash \mathsf{Occ}(z) \cup \{z \leftarrow e\} & \text{falls } z \notin \mathsf{Vars}(e) \\ A \backslash \mathsf{Occ}(z) & \text{falls } z \in \mathsf{Vars}(e) \end{cases}$$
$$[\![z \leftarrow R[e]]\!]^\sharp \, A = \begin{cases} A \backslash \mathsf{Occ}(z) \cup \{z \leftarrow R[e]\} & \text{falls } z \notin \mathsf{Vars}(e) \cup \{R\} \\ A \backslash \mathsf{Occ}(z) & \text{falls } z \in \mathsf{Vars}(e) \cup \{R\} \end{cases}$$
$$[\![R[e_1] \leftarrow e_2]\!]^\sharp \, A = A \backslash \mathit{Loads}$$

Dabei bezeichnet $\mathsf{Occ}(z)$ die Menge der Definitionen, welche die Variable z enthalten, und die Menge *Loads* besteht aus allen Speicherzugriffen der Form $z \leftarrow R[e]$. Alle anderen Kanten haben keinen Effekt auf die Menge A der verfügbaren Definitionen. Wir bemerken, dass sämtliche Informationen über aus dem Speicher geladende Werte verloren gehen, wenn nur irgendwelche Werte in den Speicher geschrieben werden.

Beispiel 1.11.1 Ein erstes Beispiel wird in Abb. 1.30 dargestellt. Das Programm

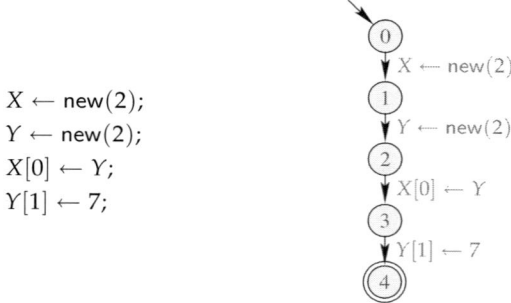

```
X ← new(2);
Y ← new(2);
X[0] ← Y;
Y[1] ← 7;
```

Abb. 1.30. Ein einfaches Programm mit Kontrollflussgraph.

allokiert zwei Blöcke. An der Adresse 0 des ersten Blocks wird ein Verweis auf den zweiten Block abgespeichert, während an die Adresse 1 des zweiten Blocks der Wert 7 abgespeichert wird. Abb. 1.31 zeigt den Programmzustand nach Ausführung dieses Programms. □

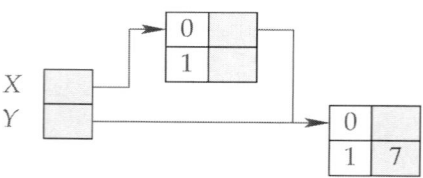

Abb. 1.31. Der Programmzustand nach Ausführung des Programms aus Abb. 1.30.

Beispiel 1.11.2 Als etwas schwierigeres Beispiel betrachten wir ein Progammstück, das eine gegebene Liste umdreht (Abb. 1.32). Dieses Programmstück ist sehr kurz. Genau zu verstehen, wieso der Algorithmus funktioniert, erfordert dennoch Nachdenken. Dieses Beispiel dokumentiert damit recht gut, dass Programme mit nichttrivialer Benutzung von Zeigern schwer verständlich sind und damit anfällig für subtile Fehler. □

Bevor wir eine Analyse von May-Aliasen entwickeln, wollen wir zuerst eine konkrete Semantik für unsere Programmiersprache bereitstellen. Den Speicher stellen wir uns jetzt nicht mehr als eine (potentiell unendliche) Folge von Speicherzellen vor, sondern als eine (potentiell unendliche) Folge von Blöcken, von denen wir jeweils wieder annehmen wollen, dass sie aus einer Folge von Speicherzellen bestehen. Jede Operation new() stellt einen weiteren solchen Block zur Verfügung. Vor der Programmausführung können wir nicht wissen, wie groß die Blöcke sind, die die

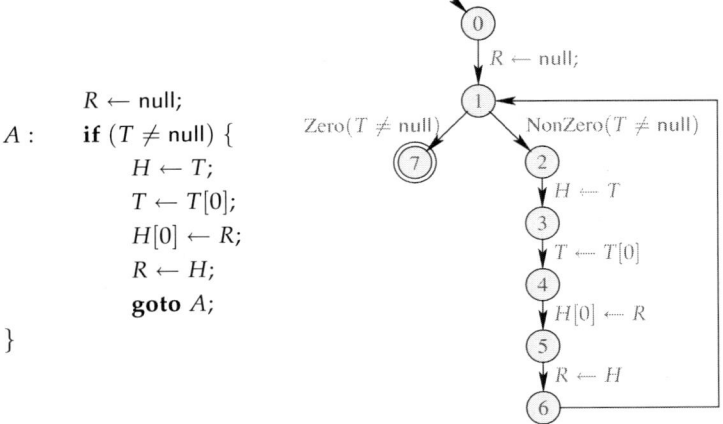

```
        R ← null;
A :    if (T ≠ null) {
          H ← T;
          T ← T[0];
          H[0] ← R;
          R ← H;
          goto A;
       }
}
```

Abb. 1.32. Ein Programm zur Listenumkehr.

Operation new() zur Verfügung stellt. Deshalb nehmen wir bei der Formalisierung der Semantik an, dass jeder allokierte Block (potentiell) unendlich viele Speicherzellen enthält – von denen jedoch bei jeder Programmausführung nur maximal so viele benutzt werden, wie bei Anlegen des Blocks angegeben.

$$Addr_h = \{\text{null}\} \cup \{\text{ref } a \mid a \in \{0, \ldots, h\}\} \qquad \text{Adressen}$$
$$Val_h = Addr_h \cup \mathbb{Z} \qquad \text{Werte}$$
$$Store_h = (Addr_h \times \mathbb{N}_0\}) \to Val_h \qquad \text{Speicher}$$
$$State_h = (Vars \to Val_h) \times \{h\} \times Store_h$$
$$State = \bigcup_{h \geq 0} State_h \qquad \text{Zustände}$$

Die Menge der Werte enthält nun neben ganzen Zahlen Adressen von Blöcken. Adressen stellen die Werte von Zeigervariablen dar. Beachten Sie, dass wir hier Zeiger nur an den Anfang und nicht auch ins Innere von Blöcken erlauben. Ein Programmzustand besteht aus einer Belegung von Variablen und einem Speicher. Der Speicher ordnet jeder Zelle in jedem bereits allokierten Block einen Wert zu. Zusätzlich vermerken wir im Programmzustand, wie oft die Operation new() bereits aufgerufen wurde, d.h. wie viele Blöcke bereits allokiert wurden.

Sei $(\rho, h, \mu) \in State$ ein Programmzustand. Dann erhalten wir für die neuen Operationen die folgenden (konkreten) Kantenefekte:

$$[\![R \leftarrow \text{new}(e)]\!] (\rho, h, \mu) = (\rho \oplus \{R \mapsto \text{ref } h\}, h + 1,$$
$$\mu \oplus \{(\text{ref } h, i) \mapsto \text{null} \mid i \in \mathbb{N}_0\})$$
$$[\![z \leftarrow R[e]]\!] (\rho, h, \mu) = (\rho \oplus \{z \mapsto \mu (\rho R, [\![e]\!] \rho)\}, h, \mu)$$
$$[\![R[e_1] \leftarrow e_2]\!] (\rho, h, \mu) = (\rho, h, \mu \oplus \{(\rho R, [\![e_1]\!] \rho) \mapsto [\![e_2]\!] \rho\})$$

Die komplizierteste Operation ist die Operation new(). Gemäß unserer Semantik führt die Operation new() die folgenden Schritte aus:

1. sie berechnet die Größe des neuen Blocks;
2. sie stellt den neuen Block bereit;
3. sie initialisiert alle Speicherzellen innerhalb des Blocks mit null (wir hätten hier auch irgendeinen anderen Wert wählen können);
4. sie liefert einen Zeiger auf den Anfang des neuen Blocks zurück.

Tatsächlich ist unsere Semantik *zu detailliert*, weil sie mit *absoluten* Adressen rechnet. Die beiden Programme:

$$X \leftarrow \text{new}(4); \qquad\qquad Y \leftarrow \text{new}(4);$$
$$Y \leftarrow \text{new}(4); \qquad\qquad X \leftarrow \text{new}(4);$$

werden von ihr *nicht* als äquivalent betrachtet. Ein Ausweg besteht darin, dass wir Äquivalenz von Programmzuständen definieren nur bis auf Permutation der in den Zuständen vorkommenden Adressen.

Unser erstes Ziel ist, für jede Zeigervariable eine (Beschreibung der) Obermenge aller ihrer Werte zu ermitteln, d.h. aller Adressen, die in der Variablen enthalten sein können. Eine solche Analyse nennen wir *Points-to-Analyse*. Ausgehend von der konkreten Semantik, definieren wir für diese Analyse eine abstrakte Semantik. Anstelle von potentiell unendlich vielen konkreten Adressen wollen wir dabei nur *endlich viele* abstrakte Adressen zu unterscheiden. Auch wollen wir nicht mehr zwischen den verschiedenen Positionen innerhalb eines durch eine (abstrakte) Adresse identifizierten Speicherblocks unterscheiden, sondern für jeden Block nur eine Menge der darin möglicherweise enthaltenen Adressen verwalten.

Verschiedene Points-to-Analysen unterscheiden sich darin, welche Mengen abstrakter Adressen verwendet werden. Hier beschränken wir uns auf den Ansatz, alle an einer Kante $(u, R \leftarrow \text{new}(e), v)$ erzeugten Adressen durch eine abstrakte Adresse zu beschreiben, die wir mit dem Anfangspunkt u der Kante identifizieren. Wir definieren:

$$\begin{aligned} Addr^\sharp &= Nodes & &\text{Erzeugungsstellen} \\ Val^\sharp &= 2^{Addr^\sharp} & &\text{Abstrakte Werte} \\ Store^\sharp &= Addr^\sharp \to Val^\sharp & &\text{abstrakter Speicher} \\ State^\sharp &= (Pointer \to Val^\sharp) \times Store^\sharp & &\text{Zustände} \end{aligned}$$

Dabei ist $Pointer \subseteq Vars$ die Menge der Zeigervariablen. Unsere abstrakten Zustände ignorieren damit sämtliche int-Werte und auch die spezielle Zeigerkonstante null. Auf abstrakten Zuständen gibt es eine natürliche Ordnungsrelation, die sich von der Mengeninklusion herleitet:

$$(\rho_1^\sharp, \mu_1^\sharp) \sqsubseteq (\rho_2^\sharp, \mu_2^\sharp) \quad \text{falls} \quad \begin{array}{l}(\forall\, R \in Pointer.\ \rho_1(R) \subseteq \rho_2(R))\ \wedge \\ (\forall\, u \in Addr^\sharp.\ \mu_1^\sharp(u) \subseteq \mu_2^\sharp(u))\end{array}$$

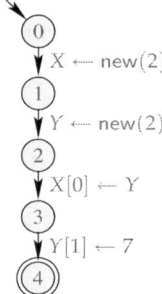

	X	Y	0	1
0	∅	∅	∅	∅
1	{0}	∅	∅	∅
2	{0}	{1}	∅	∅
3	{0}	{1}	{1}	∅
4	{0}	{1}	{1}	∅

Abb. 1.33. Die abstrakten Zustände für das Programm aus Beispiel 1.11.1.

Beispiel 1.11.3 Betrachten wir erneut das Programm aus Beispiel 1.11.1. Die abstrakten Zustände für die verschiedenen Programmpunkte zeigt Abb. 1.33. In diesem Beispiel geht keine Information verloren, da einerseits jede Kante, an der ein neuer Block allokiert wird, nur einmal besucht wird, und andererseits jeder Block nur maximal einmal eine Adresse aufnimmt. ⊓⊔

Die Kanteneffekte für unsere Points-to-Analyse ergeben sich zu:

$$[\![(\_,R_1 \leftarrow R_2,\_)]\!]^\sharp (D,M) = (D \oplus \{R_1 \mapsto D\,R_2\}, M)$$
$$[\![(u, R \leftarrow \mathsf{new}(e),\_)]\!]^\sharp (D,M) = (D \oplus \{R \mapsto \{u\}\}, M)$$
$$[\![(\_,R_1 \leftarrow R_2[e],\_)]\!]^\sharp (D,M) = (D \oplus \{R_1 \mapsto \bigcup\{M\,a \mid a \in D\,R_2\}\}, M)$$
$$[\![(\_,R_1[e_1] \leftarrow R_2,\_)]\!]^\sharp (D,M) = (D, M \oplus \{a \mapsto (M\,a) \cup (D\,R_2) \mid a \in D\,R_1\})$$

Alle weiteren Kanten verändern den abstrakten Zustand nicht. Die Kanten-Effekte hängen jetzt von der ganzen Kante ab. Dies gilt zumindest für Kanten, an denen neue Blöcke allokiert werden. Zuweisungen an eine Variable *überschreiben* den entsprechenden Eintrag in der Variablenbelegung D destruktiv. Beim Lesen aus einem Block im Speicher muss zusätzlich beachtet werden, dass die Adresse des Blocks eventuell nicht genau bekannt ist. Um auf der sicheren Seite zu sein, wird der neue Wert für eine Zeigervariable auf der linken Seite darum als Vereinigung der Beiträge sämtlicher Blocks definiert, deren abstrakte Adresse möglicherweise vorkommt. Beim Schreiben in den Speicher muss beachtet werden, dass möglicherweise eine Menge von abstrakten Zieladressen a vorliegt und zusätzlich jeder solchen abstrakten Adresse möglicherweise eine Menge von konkreten Adressen entspricht. Die Abspeicherung kann deshalb nicht *destruktiv* erfolgen, sondern kann die Menge Adressen, die als neuer abstrakter Wert in Frage kommt, nur zu den jeweiligen Mengen $M\,a$ *hinzufügen*.

Daraus folgt insbesondere, dass ohne Vorinitialisierung jedes neuen Blocks unsere Analyse für jeden Block annehmen müsste, dass er jeden möglichen Wert enthält. Lieferte die Operation new() nicht vorinitialisierte Blöcke zurück, könnte unsere Analyse deshalb keine sinnvollen Informationen über den Speicher zurück liefern!

Alternativ könnten wir auch annehmen, dass bei einer korrekten Programmausführung niemals der Inhalt einer uninitialisierten Speicherzelle als Adresse verwendet wird. Unter dieser Annahme verhält sich das Programm exakt genau so wie ein Programm, bei dem jede Zelle eines neu allokierten Blocks vor der Benutzung des Blocks mit null initialisiert wurde.

Basierend auf unserem abstrakten Bereich $State^\sharp$ und unseren abstrakten Kanteneffekten stellen wir für jeden Kontrollflussgraphen ein Ungleichungssystem auf. Vor der Programmausführung ist nichts über die Werte der Zeigervariablen bekannt. Da es noch keine Speicherblocks gibt, nehmen wir darum den abstrakten Zustand $(D_\emptyset, M_\emptyset)$ an mit

$$D_\emptyset\, x = \emptyset, \quad D_\emptyset\, R = Addr^\sharp, \quad M_\emptyset\, a = \emptyset$$

für alle *int*-Variablen x, alle Zeigervariablen R und alle abstrakten Adressen a.

Sei $\mathcal{P}[v]$, v Programmpunkt, die kleinste Lösung unseres Ungleichungssystems. Die kleinste Lösung liefert uns für jeden Programmpunkt v einen abstrakten Zustand $\mathcal{P}[v] = (D, M)$, welcher für jede Zeigervariable R eine Obermenge der abstrakten Adressen von Speicherblocks liefert, auf den R bei Erreichen von v zeigt. Insbesondere wissen wir, dass R kein Alias einer anderen Zeigervariable R' ist, wenn $(D\,R) \cap (D\,R') = \emptyset$.

Beachten Sie hier, dass wir den konkreten Wert null in unserem abstrakten Zustand nicht mitmodelliert haben. Dereferenzieren von null kann von einer Analyse mit unseren abstrakten Zuständen darum nicht erkannt werden. Wir würden gerne die Korrektheit unserer Analyse beweisen können. Zu unserer Enttäuschung müssen wir feststellen, dass dies gegenüber unserer Referenz-Semantik nicht möglich ist. Das liegt daran, dass wir für verschiedene Programmausführungen i.a. nicht garantieren können, dass die h-te Allokation eines Blocks stets an der selben Kante im Kontrollflussgraphen erfolgt. Andererseits sollte aber die genaue Nummer h keine semantische Signifikanz haben. Eine Lösung besteht darin, dass wir die Korrektheit nicht relativ zu der Referenz-Semantik beweisen, sondern relativ zu einer konkreten Semantik, die wir für unsere Zwecke mit Zusatzinformationen *instrumentiert* haben. In unserem Fall verwenden wir als konkrete Adressen nicht einfach die Werte ref $h, h \in \mathbb{N}_0$. Stattdessen verwenden wir:

$$Addr = \{\text{ref}\,(u, h) \mid u \in Nodes, h \in \mathbb{N}_0\}$$

In der Adresse wird nun der Ausgangsknoten u der Kante vermerkt, an der ein neuer Block allokiert wird. Die derart gruppierten Adressen lassen sich leicht unseren abstrakten Adressen zuordnen. Haben wir die Korrektheit unserer Analyse relativ zu der instrumentierten konkreten Semantik nachgewiesen, müssen wir als zweites nachweisen, dass die instrumentierte konkrete Semantik äquivalent zur Referenz-Semantik ist. Aufg. 22 gibt Ihnen Gelegenheit, diese Idee genauer auszuführen.

Die May-Alias-Analyse, so wie wir sie bisher vorgestellt haben, verwaltet für jeden Programmpunkt einen eigenen abstrakten Speicher. Gibt es viele abstrakte Adressen, kann dessen Repräsentation sehr aufwendig sein. Weil unsere abstrakten

Kanteneffekte keine destruktiven Operationen auf dem abstrakten Speicher bereitstellen, unterscheiden sich die abstrakten Speicher an den Programmpunkten innerhalb einer Schleife nicht!

Um den Preis eines möglicherweise verschmerzbaren Genauigkeitsverlusts, könnte man überhaupt nur *einen* abstrakten Zustand (D, M) zu berechnen, der dann die konkreten Zustände an *sämtlichen* Programmpunkten beschreibt. Eine solche Analyse nennen wir *flussunabhängig*.

Beispiel 1.11.4 Betrachten wir erneut unser einfaches Programm aus Beispiel 1.11.1. Das erwartete Ergebnis der Analyse zeigt Abb. 1.34. Da jede Programmvariable und

Abb. 1.34. Das Ergebnis flussunabhängiger Analyse für das Programm aus Beispiel 1.11.1.

jede Speicherzelle maximal einmal einen Wert erhält, beeinträchtigt die Flussabhängigkeit in diesem Beispiel das Ergebnis nicht. □

Für die Implementierung der flussunabhängigen Analyse betrachten wir nicht den einen abstrakten Zustand als ganzes. Vielmehr führen wir für jede Programmvariable R und jede abstrakte Adresse a eine eigene Unbekannte $\mathcal{P}[R]$ bzw. $\mathcal{P}[a]$ ein. Eine Kante (u, lab, v) des Kontrollflussgraphen gibt jeweils Anlass zu den folgenden Ungleichungen:

lab	Ungleichungen
$R_1 \leftarrow R_2$	$\mathcal{P}[R_1] \supseteq \mathcal{P}[R_2]$
$R \leftarrow \text{new}(e)$	$\mathcal{P}[R] \supseteq \{u\}$
$R_1 \leftarrow R_2[e]$	$\mathcal{P}[R_1] \supseteq \bigcup \{\mathcal{P}[a] \mid a \in \mathcal{P}[R_2]\}$
$R_1[e] \leftarrow R_2$	$\mathcal{P}[a] \supseteq (a \in \mathcal{P}[R_1])\,?\,\mathcal{P}[R_2] : \emptyset \quad$ für alle $a \in Addr^{\sharp}$

Andere Kanten haben keinen Effekt. In diesem Ungleichungssystem sind nun auch die Ungleichungen für Zuweisungen an Zeigervariablen oder Leseoperationen nicht mehr destruktiv. Damit wir für Zeigervariablen nicht-triviale Ergebnisse berechnen können, nehmen wir auch für Zeigervariablen an, dass sie bei Programmstart mit *null* initialisiert werden, oder – alternativ – dass auf ihren Wert erst nach einer Initialisierung zugegriffen wird. Weil die rechten Seiten der vorkommenden Ungleichungen monotone Funktionen über Mengen von Adressen repräsentieren, besitzt das Ungleichungssystem eine kleinste Lösung $\mathcal{P}_1[R]$, $R \in \textit{Pointer}$, $\mathcal{P}_1[a]$, $a \in \textit{Addr}^\sharp$. Diese kleinste Lösung können wir etwa mit dem Round-Robin-Algorithmus berechnen.

Zur Korrektheit einer Lösung $s^\sharp \in \textit{State}^\sharp$ des Ungleichungssystems genügt es, für jede Kante k im Kontrollflussgraphen zu zeigen, dass das folgende Diagramm kommutiert:

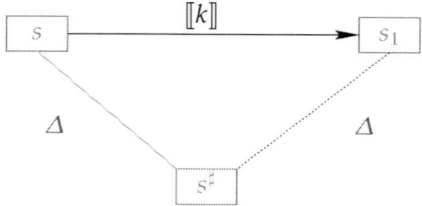

wobei Δ die Beschreibungsrelation zwischen konkreten und abstrakten Werten ist. Das Ungleichungssystem hat die Größe $\mathcal{O}(k \cdot n)$, falls k die Anzahl der benötigten abstrakten Adressen und n die Anzahl der Kanten im Kontrollflussgraphen ist. Weil die Werte, mit denen der Fixpunktalgorithmus rechnet, Mengen der Kardinalität maximal k sind, können sich die Werte für jede der Unbekannten $\mathcal{P}_1[R], \mathcal{P}_1[u]$ maximal k-mal ändern. Im Verhältnis zur Genauigkeit der Information ist diese Verfahren damit immer noch relativ teuer. Oft sind wir auch weniger an den einzelnen Mengen $\mathcal{P}_1[R], \mathcal{P}_1[u]$ selbst interessiert, als vielmehr daran, ob sie einen gemeinsamen Durchschnitt haben!

Die letzte Idee, die wir darum hier diskutieren wollen, verzichtet darauf, für Variablen und abstrakte Adressen ihre möglichen Werte zu approximieren. Stattdessen berechnet sie auf der Menge der Variablen R und Ausdrücke $R[e]$ eine *Äquivalenzrelation*. Da es auf die genaue Form der Ausdrücke e nicht ankommt, repräsentieren wir alle Zeigerausdrücke der Form $R[e]$ durch $R[]$. Der formale Zeigerausdruck $R[]$ steht für alle Zellen der Blöcke, auf die R möglicherweise zeigt.

Sei Z die Menge $Z = \{R, R[] \mid R \in \textit{Pointer}\}$. Dann suchen wir eine Äquivalenzrelation $\equiv \,\subseteq\, Z \times Z$, so dass $r_1 \equiv r_2$ für zwei formale Zeigerausdrücke auf dann gilt, wenn r_1 und r_2 gleiche Adressen enthalten.

Beispiel 1.11.5 Betrachten wir wieder einmal unser kleines Programm aus Beispiel 1.11.1. Eine entsprechende Äquivalenzrelation zeigt Abb. 1.35. Die Äquivalenzrelation gibt direkt Auskunft, welche Zeigerausdrücke möglicherweise den gleichen Zeigerwert (verschieden von null) enthalten. □

Sei $\mathbb{EQ}$ die Menge der Äquivalenzrelationen auf Z. Eine Äquivalenzrelation $\equiv_1$ betrachten wir als kleiner oder gleich einer anderen Äquivalenzrelation $\equiv_2$, falls $\equiv_2$ mehr Gleichheiten enthält als $\equiv_1$, d.h. falls $\equiv_1\,\subseteq\,\equiv_2$. Bzgl. dieser Ordnung ist $\mathbb{EQ}$ ein vollständiger Verband. Wie die vorhergehende Analyse soll auch die neue Analyse flussunabhängig sein, d.h. es soll eine Äquivalenzrelation für das gesamte Programm berechnet werden. Jede Äquivalenzrelation $\equiv$ können wir als *Partition*

1.11 Aliasanalyse   77

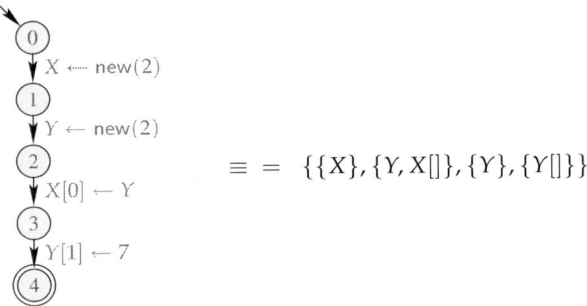

Abb. 1.35. Die Äquivalenzklassen der Relation $\equiv$ für das Programm aus Beispiel 1.11.1.

$\pi = \{P_1, \ldots, P_m\}$ von als äquivalent zu betrachtenden Zeigerausdrücken repräsentieren. Seien $\equiv_1, \equiv_2$ Äquivalenzrelationen und π_1, π_2 die zugehörigen Partitionen. Dann gilt $\equiv_1 \subseteq \equiv_2$ genau dann wenn die Partition π_1 eine *Verfeinerung* der der Partition π_2 ist, d.h. falls jede Äquivalenzklasse $P_1 \in \pi_1$ in einer Äquivalenzklasse $P_2 \in \pi_2$ enthalten ist.

Eine einzelne Äquivalenzklasse $P \subseteq Z$ einer Äquivalenzrelation π identifizieren wir durch einen *Repräsentanten* $p \in P$. Der Einfachheit halber wählen wir diesen in *Pointer*, wann immer $P \cap Pointer \neq \emptyset$. Sei $\pi = \{P_1, \ldots, P_r\}$ eine Partition und p_i der Repräsentant der Äquivalenzklasse P_i. Für unsere Analyseverfahren benötigen wir die folgenden Operationen auf π:

Pointer find (π, p) liefert den Repräsentanten der Klasse P_i mit $p \in P_i$
Partition union (π, p_{i_1}, p_{i_2}) liefert $\{P_{i_1} \cup P_{i_2}\} \cup \{P_j \mid i_1 \neq j \neq i_2\}$
     d.h. vereinigt die zwei repräsentierten Klassen

Sind $R_1, R_2 \in Pointer$ äquivalent, müssen auch $R_1[]$ und $R_2[]$ als äquivalent betrachtet werden. Deshalb werden wir die Operation union stets *rekursiv* anwenden:

Partition union* (π, q_1, q_2) {
     $p_{i_1} \leftarrow$ find (π, q_1);
     $p_{i_2} \leftarrow$ find (π, q_2);
     if $(p_{i_1} = p_{i_2})$ **return** π;
     else {
         $\pi \leftarrow$ union (π, p_{i_1}, p_{i_2});
         if $(p_{i_1}, p_{i_2} \in Pointer)$ **return** union* $(\pi, p_{i_1}[], p_{i_2}[])$;
         else return π;
     }
}

Die Operation union wie die abgeleitete Operation union* verhalten sich monoton auf Partitionen. Die Aliasanalyse, die wir mit diesen Operationen konstruieren, iteriert genau *einmal* über die Kanten des Kontrollflussgraphen. Sobald er auf eine Kante trifft, an der Zeiger verändert werden, unifiziert er linke und rechte Seite:

$$\pi \leftarrow \{\{R\}, \{R[]\} \mid R \in \textit{Pointer}\};$$
$$\textbf{forall } ((\_, lab, \_) \text{ Kante}) \; \pi \leftarrow [\![lab]\!]^\sharp \, \pi;$$

Dabei ist:

$$[\![R_1 \leftarrow R_2]\!]^\sharp \, \pi = \text{union}^*(\pi, R_1, R_2)$$
$$[\![R_1 \leftarrow R_2[e]]\!]^\sharp \, \pi = \text{union}^*(\pi, R_1, R_2[])$$
$$[\![R_1[e] \leftarrow R_2]\!]^\sharp \, \pi = \text{union}^*(\pi, R_1[], R_2)$$
$$[\![lab]\!]^\sharp \, \pi = \pi \qquad \text{sonst}$$

Beispiel 1.11.6 Wir betrachten erneut unserer Standardprogramm aus Beispiel 1.11.1. Die einzelnen Schritte unserer Analyse für dieses Programm zeigt Abb. 1.36. □

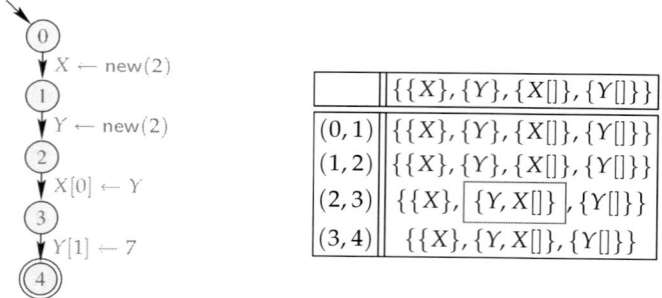

Abb. 1.36. Die flussunabhängige Aliasanalyse für das Programm aus 1.11.1.

Beispiel 1.11.7 Schauen wir uns auch noch das Verhalten unserer Aliasanalyse für das Programm aus Beispiel 1.11.2 zur Listenumkehr an (Abb. 1.37). Das Ergebnis der Analyse ist allerdings nicht sehr aussagekräftig: jeder der Zeigerausdrücke kann ein möglicher Alias jedes anderen Zeigerausdrucks sein. □

Die Aliasanalyse iteriert genau einmal über die Kanten. Das ist kein Zufall. Eine weitere Iteration würde die Partition nicht mehr verändern (siehe Aufg. 23). Das Verfahren berechnet folglich die kleinste Lösung des Ungleichungssystems über Partitionen :

$$\mathcal{P}_2 \sqsupseteq [\![lab]\!]^\sharp \, \mathcal{P}_2 , \qquad (\_, lab, \_) \quad \text{Kante des Kontrollflussgraphen}$$

Wie die zweite Points-to-Analyse ist die Aliasanalyse flussunabhängig. Für ihre Korrektheit muss wieder angenommen werden, dass alle Zugriffe stets auf Zellen erfolgen, die bereits initialisiert sind.

1.11 Aliasanalyse 79

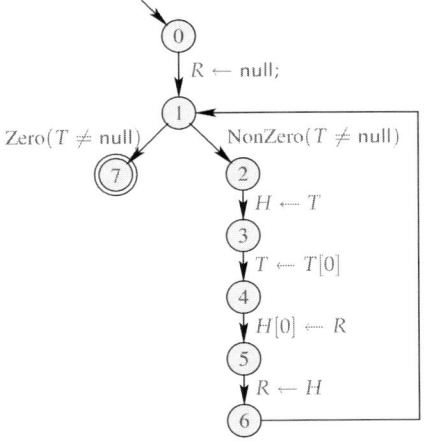

	$\{\{H\}, \{R\}, \{T\}, \{H[]\}, \{R[]\}, \{T[]\}\}$
(2,3)	$\{\{H,T\}, \{R\}, \{H[],T[]\}, \{R[]\}\}$
(3,4)	$\{\{H,T,H[],T[]\}, \{R\}, \{R[]\}\}$
(4,5)	$\{\{H,T,R,H[],R[],T[]\}\}$
(5,6)	$\{\{H,T,R,H[],R[],T[]\}\}$

Abb. 1.37. .

Wir wollen den Aufwand abschätzen, den die Aliasanalyse benötigt. Sei k die Anzahl der Zeigervariablen und n die Anzahl der Kanten im Kontrollflussgraphen. Jede Kante wird genau einmal betrachtet. Für jede Kante gibt es maximal einen Aufruf der Funktion union*. Die Funktionsaufrufe union* führen jeweils zwei Aufrufe der Funktion *find* durch. Nur, wenn diese Aufrufe Repräsentanten zweier unterschiedlicher Äquivalenzklassen liefern, wird die Operation union aufgerufen und gegebenenfalls rekursiv erneut union* aufgerufen. Am Anfang gibt es $2k$ Äquivalenzklassen. Da sich mit jedem Aufruf von union die Anzahl der Äquivalenzklassen verringert, kann es insgesamt maximal $2k - 1$ Aufrufe der Operation union geben und damit nur $\mathcal{O}(n + k)$ Aufrufe der Operation find.

Wir benötigen eine effiziente Datenstruktur, die die Operationen union und find unterstützt. Solche *Union-Find*-Datenstrukturen sind in der Literatur seit langem bekannt. Der Vollständigkeit halber präsentieren wir hier eine besonders einfache Implementierung, die auf Robert E. Tarjan zurück geht. Eine Partition einer endlichen Grundmenge U wird als gerichteter Wald repräsentiert:

- Zu jedem $u \in U$ gibt es einen Vaterverweis $F[u]$.
- Ein Element u ist eine *Wurzel* in dem gerichteten Wald, wenn der Vaterverweis von u auf u selbst zeigt, d.h. $F[u] = u$ ist.

Alle Knoten, die mittelbar durch ihre Vaterverweise die gleiche Wurzel erreichen können, bilden eine Äquivalenzklasse, deren Repräsentant die Wurzel ist.

Abb. 1.38 zeigt die Partition $\{\{0,1,2,3\}, \{4\}, \{5,6,7\}\}$ der Grundmenge $U = \{0, \ldots, 7\}$. Der untere Teil zeigt die Repräsentation durch ein Feld F mit Vaterverweisen, welche darüber graphisch visualisiert ist.

Bzgl. der gewählten Repräsentation, lassen sich die Operationen find und union sehr leicht implementieren:

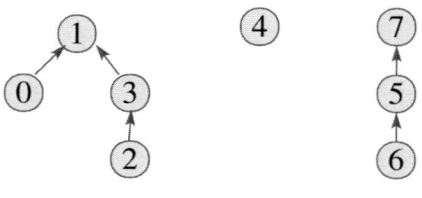

0	1	2	3	4	5	6	7
1	1	3	1	4	7	5	7

Abb. 1.38. Die Partition $\pi = \{\{0, 1, 2, 3\}, \{4\}, \{5, 6, 7\}\}$ auf der Menge $\{0, \ldots, 7\}$, repräsentiert durch Vaterverweise.

find: Um den Repräsentanten der Äquivalenzklasse eines Elements u zu finden, genügt es, von u aus den Vaterverweisen so lange zu folgen, bis ein Element u' gefunden ist, dessen Vaterverweis wieder auf u' zeigt.

union: Um die Äquivalenzklassen zu zwei Repräsentanten u_1 und u_2 zu vereinigen, muss nur der Vaterverweis einer dieser Elemente auf das andere umgesetzt werden. Das Ergebnis der union-Operation auf der Beispielpartition aus Abb. 1.38 zeigt Abb. 1.39.

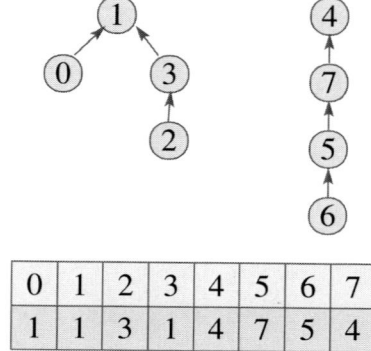

0	1	2	3	4	5	6	7
1	1	3	1	4	7	5	4

Abb. 1.39. Das Ergebnis der Operation union$(\pi, 4, 7)$ für die Partition π aus Abb. 1.38.

Die Operation union erfordert nur $\mathcal{O}(1)$ viele Schritte. Die Kosten der Operation find dagegen sind proportional zur Länge des Pfads von dem Element der Anfrage bis zur Wurzel des zugehörigen Baums. Dieser Pfad kann im schlimmsten Fall sehr lang sein. Eine Idee, um lange Pfade zu verhindern, besteht darin stets den *kleineren* Baum unter den größeren zu hängen. Mit dieser Strategie wird z.B. auf unserer Beispielpartition aus Abb. 1.38 die Operation union den Vaterverweis des Elements 4 auf 7 setzen und nicht umgekehrt (Abb. 1.40).

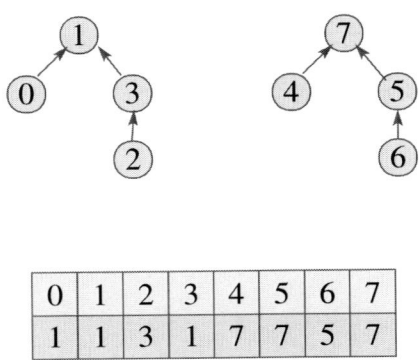

Abb. 1.40. Das Ergebnis der Operation union$(\pi, 4, 7)$ für die Partition π aus Abb. 1.38 bei Berücksichtigung der Größen der beteiligten Äquivalenzklassen.

Um bei der union-Operation jeweils den Repräsentanten der kleineren Klasse unter den Repräsentanten der größeren Klasse zu hängen, muss für jede Äquivalenzklasse die Anzahl der darin enthaltenen Elemente mitverwaltet werden. Das verteuert die Kosten der union-Operation nur unwesentlich. Sei n die Anzahl der union-Operationen, die auf der Anfangspartition $\pi_0 = \{\{u\} \mid u \in U\}$ ausgeführt wurden. Dann ist die Länge der Pfade zu einer Wurzel höchstens $\mathcal{O}(\log(n))$. Folglich hat jede find-Operation nun maximal Kosten $\mathcal{O}(\log(n))$.

Erstaunlicherweise lässt sich die Datenstruktur weiter verbessern. Dazu werden während einer find-Operation die Vaterverweise sämtlicher besuchter Elemente direkt auf die Wurzel des zugehörigen Baums umgelenkt. Das verteuert zwar jede find-Operation um einen (kleinen) konstanten Faktor, verbilligt aber spätere find-Anfragen. Ein Beispiel, wie sich durch die Umsetzung dieser Idee die Pfade zur Wurzel verkürzen, zeigt Abb. 1.41. Im linken Baum haben die Pfade eine Länge bis zu 4. Bei einer find-Anfrage für den Knoten 6 werden die Knoten 3, 7, 5 und 6 direkte Nachfolger der Wurzel 1. Dadurch verkürzen sich die Wege im Beispiel auf eine Länge maximal 2.

Für diese Implementierung einer union-find-Datenstruktur kann man nachweisen, dass n union-Operationen und m find-Operationen zusammen nur Zeit $\mathcal{O}((n +$

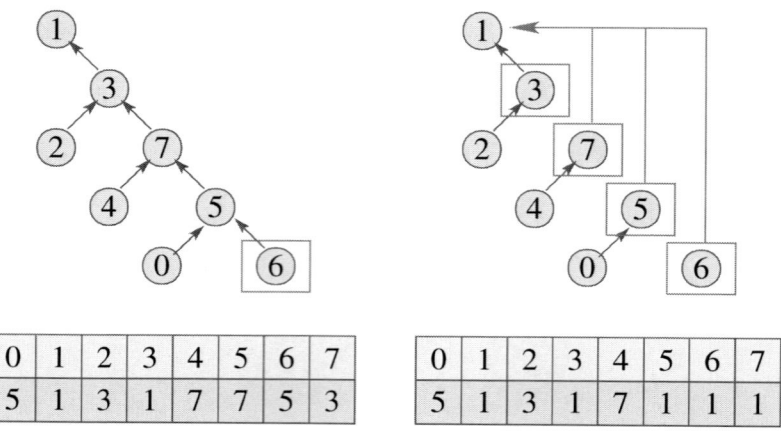

Abb. 1.41. Pfadkomprimierung durch die find-Operation für 6.

$m) \cdot \log^*(n))$ benötigen, wobei $\log^*$ die inverse Funktion der iterierten Exponentiation ist: $\log^*(n)$ ist die kleinste Zahl k, so dass $n \leq 2^{2^{\cdot^{\cdot^{\cdot^{2}}}}}$ für einen Turm von Exponentiationen der Höhe k ist. Die Funktion $\log^*$ ist damit eine unglaublich langsam wachsende Funktion, die für alle praktischen Eingaben n einen Wert ≤ 5 liefert. Für einen Beweis der oberen Komplexitätsschranke verweisen wir auf die einschlägigen Lehrbücher über Algorithmen und Datenstrukturen, etwa das Buch von Cormen, Leiserson, Rivest und Stein [CLRS09].

Fazit 1.11.1 In diesem Kapitel haben wir Analysen zur Behandlung von Zeigervariablen und dynamisch allokiertem Speicher kennengelernt. Wir begannen mit einer Points-to-Analyse, die für jeden Programmpunkt eine eigene Analyseinformation berechnet. Sie behandelt Zuweisungen an Programmvariablen destruktiv, kann aber bei Zugriffen auf dynamisch allokierte Speicherzellen nur alle dort möglicherweise eingetragenen Werte akkumulieren. Um den Preis, nun auch Programmvariablen nicht mehr destruktiv zu behandeln, haben wir eine möglicherweise effizientere flussunabhängige Variante dieser Points-to-Analyse entwickelt, die nur noch eine Analyseinformation liefert, welche *sämtliche* bei der Programmausführung vorkommenden Programmzustände beschreibt. Unter der Voraussetzung, dass wir nur an Aliasinformation interessiert sind, haben wir schließlich als letztes eine flussunabhängige Analyse entwickelt, Zeigerausdrücke in Äquivalenzklassen möglicher Aliase einteilt. Diese Analyse basiert auf einer Union-Find-Datenstruktur und ist damit blitzschnell – findet aber bei Programmen mit komplexeren Zeigermanipulationen nicht sehr viel heraus. □

1.12 Fixpunktalgorithmen

Im letzten Kapitel haben wir einigen Aufwand betrieben, um ein möglichst effizientes Verfahren zur Aliasanalyse zu entwickeln. Das legt die Frage nahe, wie man im Allgemeinen effizient (nach Möglichkeit kleinste) Lösungen von Ungleichungssystemen über vollständigen Verbänden berechnet. Das einzige praktische Verfahren, das wir bisher kennengelernt haben, um Lösungen von Ungleichungssystemen

$$x_i \sqsupseteq f_i(x_1, \ldots, x_n) \quad , \quad i = 1, \ldots, n$$

zu bestimmen, ist die Round-Robin-Iteration. Sie lässt sich leicht implementieren und manuell nachvollziehen. Dieser Algorithmus hat aber Defizite. Zum einen benötigt er eine ganze Runde, um die Terminierung der Iteration festzustellen. Zum andern wertet er sämtliche rechten Seiten f_i der Unbekannten x_i neu aus, obwohl sich vielleicht in der letzten Runde nur der Wert einer einzigen Variablen geändert hat. Auch hängt die Laufzeit wesentlich von der Anordnung der Variablen ab.

Effizienter ist der *Worklist*-Algorithmus. Dieses Verfahren verwaltet die Menge der Variablen x_i, deren Werte möglicherweise nicht ihre Ungleichung erfüllen, in einer Datenstruktur W, der *Worklist*. Die Variablen werden der Reihe nach aus W entnommen. Für eine entnommene Variable x_i wird der Wert der rechten Seite bzgl. der aktuellen Werte für die Unbekannten berechnet. Wird dieser Wert nicht von dem vorherigen Wert für x_i subsumiert, wird der Wert von x_i durch einen Wert ersetzt, der sowohl den alten wie den neuen Wert für x_i subsumiert. Durch die Entnahme der Variablen x_i ist die Worklist kürzer geworden. Falls sich für x_i aber ein größerer Wert ergibt, sind möglicherweise die Ungleichungen nicht mehr erfüllt, deren rechte Seiten vom Wert der Variablen x_i direkt abhängen. Diese möglicherweise nicht mehr erfüllten Ungleichungen bzw. ihre linke Seiten müssen deshalb für eine erneute Berechnung vorgemerkt, d.h. in die Worklist W eingefügt werden.

Zur Implementierung dieses Verfahrens benötigen wir für jede Unbekannte x_i eine Menge $I[x_i]$ aller Variablen, deren rechte Seite *möglicherweise* unmittelbar von x_i abhängt. In unseren bisherigen Anwendungen der Programmanalyse ist eine solche unmittelbare Variablenabhängigkeit leicht zu identifizieren: bei einer Vorwärtsanalyse beeinflusst der Wert für den Programmpunkt u den Wert für einen Programmpunkt v unmittelbar, wenn es im Kontrollflussgraphen eine Kante von u nach v gibt. Entsprechend beeinflusst bei einer Rückwärtsanalyse der Wert für den Programmpunkt v den Wert für einen Programmpunkt u unmittelbar, wenn es im Kontrollflussgraphen eine Kante von u nach v gibt. Sind die rechten Seiten f_i durch Funktionen gegeben, über deren Implementierung man nichts weiß, kann eine genaue Bestimmung der Abhängigkeiten schwierig sein.

In der Beschreibung des Algorithmus müssen wir deutlich zwischen den Unbekannten x_i und ihren Werten unterscheiden. In der Worklist W werden Unbekannte verwaltet. Dazu führen wir ein Feld D ein, das der Einfachheit halber mit den Unbekannten selbst indiziert wird. Der Eintrag $D[x_i]$ soll jeweils den aktuellen Wert der Unbekannten x_i enthalten. In unserer Formulierung allgemeiner Ungleichungssysteme hatten wir bisher angenommen, die rechten Seiten f_i seien Funktionen des Typs $\mathbb{D}^n \to \mathbb{D}$. Um ausnutzen zu können, dass eine rechte Seite eventuell nur von sehr wenigen Variablen abhängt, ist es sinnvoll, für die rechten Seiten f_i die Funktionalität:

$$f_i : (X \to \mathbb{D}) \to \mathbb{D}$$

anzunehmen, wobei $X = \{x_1, \ldots, x_n\}$ die Menge der Unbekannten des Ungleichungssystems ist. Eine solche Funktion f_i erwartet eine *Belegung* der Unbekannten x_i mit Werten und liefert für diese einen Wert zurück. Greift die Funktion auf den Wert einer Variablen x_j zu, wird die Belegung für die Variable x_j aufgerufen. Die aktuelle Belegung der Unbekannten mit Werten liefert die Funktion eval:

$$\mathbb{D} \; \text{eval}(x_j) \; \{ \; \textbf{return} \; D[x_j]; \; \}$$

Damit sieht die Implementierung des Worklist-Verfahrens so aus:

```
W ← ∅;
forall (xᵢ ∈ X) {
    D[xᵢ] ← ⊥; W ← W ∪ {xᵢ};
}
while (exists xᵢ ∈ W) {
    W ← W\{xᵢ};
    t ← fᵢ eval;
    t ← D[xᵢ] ⊔ t;
    if (t ≠ D[xᵢ]) {
        D[xᵢ] ← t;
        W ← W ∪ I[xᵢ];
    }
}
```

Zur Verwaltung der Menge W von Variablen, deren rechte Seiten erneut ausgewertet werden sollen, können wir eine einfache Listendatenstruktur verwenden. Beachten Sie, dass gemäß der letzten Zeile des Rumpfs der *while*-Schleife die Elemente aus $I[x_i]$ nur dann in die Datenstruktur W eingefügt werden müssen, wenn sie nicht bereits in W enthalten sind. Für diese Überprüfung kann ein weiteres Feld benutzt werden, das für jede Variable anzeigt, ob sie bereits in W enthalten ist oder nicht.

Beispiel 1.12.1 Zur Illustration des Worklist-Verfahrens betrachten wir erneut das Ungleichungssystem aus Beispiel 1.5.2:

$$\begin{aligned} x_1 &\supseteq \{a\} \cup x_3 \\ x_2 &\supseteq x_3 \cap \{a, b\} \\ x_3 &\supseteq x_1 \cup \{c\} \end{aligned}$$

Die rechten Seiten dieses Systems sind durch Ausdrücke gegeben, aus denen wir die Variablenabhängigkeiten direkt ablesen können. Wir finden:

	I
x_1	x_3
x_2	
x_3	x_1, x_2

Die Berechnungsschritte des Worklist-Verfahrens für dieses Ungleichungssystem zeigt Abb. 1.42. Dabei ist die nächste zu entnehmende Variable x_i der in der aktuellen Worklist jeweils hervorgehoben. Insgesamt benötigen wir sechs Auswertungen rechter Seiten – darunter könnte es keine Round-Robin-Auswertung tun. □

$D[x_1]$	$D[x_2]$	$D[x_3]$	W	
$\emptyset$	$\emptyset$	$\emptyset$	x_1	$, x_2, x_3$
$\{a\}$	$\emptyset$	$\emptyset$	x_2	$, x_3$
$\{a\}$	$\emptyset$	$\emptyset$		x_3
$\{a\}$	$\emptyset$	$\{a,c\}$	x_1	$, x_2$
$\{a,c\}$	$\emptyset$	$\{a,c\}$	x_3	$, x_2$
$\{a,c\}$	$\emptyset$	$\{a,c\}$		x_2
$\{a,c\}$	$\{a\}$	$\{a,c\}$		

Abb. 1.42. Die Worklist-basierte Fixpunktiteration für Beispiel 1.5.2.

Der nächste Satz fasst unsere Beobachtungen zu dem Worklist-Verfahren zusammen. Um die Laufzeit genauer spezifizieren zu können, erinnern wir uns, dass die *Höhe* h eines vollständigen Verbands $\mathbb{D}$ die maximale Länge einer echt aufsteigenden Kette von Elementen in $\mathbb{D}$ ist. Die *Größe* $|f_i|$ einer rechten Seite f_i definieren wir als die Anzahl der Variablen, auf die bei der Auswertung von f_i möglicherweise zugegriffen wird. Beachten Sie, dass damit die *Summe* der Größen der rechten Seiten gerade gegeben ist als:

$$\sum_{x_i \in X} |f_i| = \sum_{x_j \in X} \#I[x_j]$$

Das liegt daran, dass jede Variablenabhängigkeit $x_j \to x_i$ genau einmal in der Summe links und genau einmal in der Summe rechts gezählt wird. Die *Größe* eines Ungleichungssystems mit der Menge von Unbekannten X definieren wir damit als die Summe: $\sum_{x_i \in X}(1 + \#I[x_i])$. Mit diesen Definitionen finden wir:

Satz 1.12.1 *Sei S ein Ungleichungssystem der Größe N über dem vollständigen Verband $\mathbb{D}$ der Höhe $h > 0$. Dann gilt:*

1. *Der Worklist-Algorithmus terminiert nach maximal $h \cdot N$ Auswertungen rechter Seiten;*

86   1 Grundlagen und intraprozedurale Optimierung

2. *Der Worklist-Algorithmus liefert eine Lösung. Sind alle f_i monoton, liefert er die kleinste Lösung.*

Beweis. Zum Beweis der ersten Behauptung überlegen wir uns, dass jede Variable x_i höchstens h-mal ihren Wert ändern kann. Damit wird auch die Liste $I[x_i]$ der Variablen, die von x_i abhängen, höchstens h-mal zu der Worklist W hinzugefügt. Folglich ist die Anzahl an Auswertungen beschränkt durch:

$$\begin{aligned}
& n + \sum_{i=1}^{n} h \cdot \#I[x_i] \\
= & n + h \cdot \sum_{i=1}^{n} \#I[x_i] \\
\leq & h \cdot \sum_{i=1}^{n} (1 + \#I[x_i]) \\
= & h \cdot N
\end{aligned}$$

Von der zweiten Behauptung betrachten wir nur die Aussage für monotone rechte Seiten. Bezeichne D_0 die kleinste Lösung des Ungleichungssystems. Zunächst zeigt man, dass zu jedem Zeitpunkt gilt:

$$D_0[x_i] \sqsupseteq D[x_i] \qquad \text{für alle Unbekannten } x_i.$$

Anschließend überzeugt man sich, dass am Ende der Ausführung des Rumpfs der *while*-Schleife alle Variablen x_i, die ihre Ungleichung möglicherweise nicht erfüllen, stets in der Worklist enthalten sind. Da bei der Terminierung des Algorithmus die Worklist leer ist, schließen wir, dass dann alle Ungleichungen erfüllt sind und das Feld D folglich eine Lösung repräsentiert. Da die kleinste Lösung des Ungleichungssystems eine obere Schranke dieser Lösung ist, haben wir die kleinste Lösung gefunden. □

Genauso wie die Round-Robin-Iteration funktioniert das Worklist-Verfahren gemäß Aussage von Satz 1.12.1 auch für Ungleichungssysteme, bei denen die rechten Seiten nicht monoton sind. In diesem Fall wird bei Terminierung allerdings nicht die kleinste, sondern irgendeine Lösung des Ungleichungssystems berechnet.

Sind dagegen sämtliche rechten Seiten f_i monoton, kann der Algorithmus vereinfacht werden, indem die Akkumulation bei der Neuberechnung der Werte für die Unbekannten durch Überschreiben ersetzt wird:

$$\boxed{t \leftarrow D[x_i] \sqcup t;} \quad \Longrightarrow \quad \boxed{;}$$

Soll stattdessen eine Iteration mit Widening realisiert werden, wird bei der Akkumulation die kleinste obere Schranke zwischen altem und neuem Wert durch eine Anwendung des Widening-Operators "$\sqcup$" ersetzt:

$$\boxed{t \leftarrow D[x_i] \sqcup t;} \quad \Longrightarrow \quad \boxed{t \leftarrow D[x_i] \sqcup t;}$$

Im Falle einer Narrowing-Iteration ersetzt man entsprechend:

$$\boxed{t \leftarrow D[x_i] \sqcup t;} \quad \Longrightarrow \quad \boxed{t \leftarrow D[x_i] \sqcap t;}$$

wobei hier die Iteration in der *while*-Schleife nicht mit den Werten $\bot$ für jede Variable startet, sondern für eine bereits berechnete Lösung des Ungleichungssystems durchgeführt wird.

In der Praxis hat sich das Worklist-Verfahren als sehr effizient erwiesen. Das Worklist-Verfahren hat nichtsdestoweniger zwei Nachteile:

- Der Algorithmus benötigt die unmittelbaren Abhängigkeiten zwischen den Unbekannten, d.h. die Mengen $I[x_i]$.
  In unseren bisherigen Anwendungen waren diese Abhängigkeiten offensichtlich. Dies ist jedoch nicht in allen Anwendungen der Fall.
- Wird die rechte Seite für eine Unbekannte ausgewertet, werden die aktuellen Werte der dazu benötigten Unbekannten verwendet – egal, ob für diese Unbekannten bereits ein nicht-trivialer Wert vorliegt oder nicht. Besser wäre eine Strategie, die erst versucht, einen möglichst guten Wert für eine Unbekannte x_j zu berechnen, bevor ihr Wert verwendet wird.

Zur Verbesserung erweitern wir die Funktion **eval** um *Selbstbeobachtung*: bevor die Funktion **eval** den Wert einer Variablen x_j zurückliefert, protokolliert sie die Variable x_i, für deren rechte Seite der Wert von x_j benötigt wird, d.h. die Funktion **eval** fügt x_i zu der Menge $I[x_j]$ hinzu. Dazu wird der Funktion **eval** als erstes zusätzliches Argument die Variable x_i übergeben. Die Funktion **eval** soll aber nicht einfach den aktuellen Wert von x_j zurückliefern, sondern einen möglichst guten Wert. Deshalb wird als erstes rekursiv die Berechnung eines möglichst guten Werts für x_j angestoßen – sogar noch bevor die Variablenabhängigkeit zwischen x_j und x_i protokolliert wird. Insgesamt erhalten wir damit für die Funktion **eval**:

$$\mathbb{D} \text{ eval } (x_i) \ (x_j) \ \{ \ \mathsf{solve}(x_j); \\
\qquad\qquad I[x_j] \leftarrow \{x_i\} \cup I[x_j]; \\
\qquad\qquad \textbf{return } D[x_j]; \\
\}$$

Zusammen mit der Funktion **solve** ergibt sich eine *rekursive* Berechnung einer Lösung. Damit die Rekursion jedoch nicht unendlich absteigt, verwaltet die Funktion **solve** die Mengen *called* und *stable*. Die Menge *called* enthält jeweils die Menge aller Variablen, deren rechte Seite in Auswertung begriffen, aber noch nicht beendet ist. Die Menge *stable* ist eine Obermenge der Menge *called*. Zusätzlich enthält sie alle Variablen, für die (relativ zu den aktuellen Werten der Variablen aus *called*) der Fixpunkt bereits erreicht ist. Für die Variablen aus der Menge *stable* wird die Funktion **solve** deshalb nichts tun.

Zu Beginn der Fixpunktiteration werden die Mengen *called* und *stable* jeweils mit der leeren Menge initialisiert. Das Programm, das die Fixpunktiteration durchführt, sieht so aus:

$$\textit{stable} \leftarrow \emptyset;$$
forall $(x_i \in X) \ D[x_i] \leftarrow \bot;$
forall $(x_i \in X) \ \mathsf{solve}(x_i);$

wobei die Prozedur **solve** wie folgt definiert ist:

```
void solve (x_i) {
    if (x_i ∉ stable) {
        stable ← stable ∪ {x_i};
        t ← f_i (eval (x_i));
        t ← D[x_i] ⊔ t;
        if (t ≠ D[x_i]) {
            D[x_i] ← t;
            W ← I[x_i];    I[x_i] ← ∅;
            stable ← stable\W;
            forall (x_i ∈ W) solve(x_i);
        }
    }
}
```

Falls die Variable x_i bereits stabil ist, terminiert der Aufruf solve(x_i) sofort. Andernfalls wird die Variable x_i zu der Menge *stable* hinzugefügt. Dann wird die rechte Seite f_i der Variablen ausgewertet. Anstelle der aktuellen Variablenbelegung verwendet **solve** die partiell auf x_i angewendete Funktion eval, die vor jedem Variablenzugriff den aktuell bestmöglichen Wert für diese Variable berechnet und anschließend die Variable x_i zu der betreffenden *I*-Menge hinzu gefügt.

Sei t die kleinste obere Schranke des Werts für x_i und dem Wert, den die Auswertung der rechten Seite für x_i liefert. Wird der Wert t von dem vorherigen Wert für x_i subsumiert, wird der Aufruf von **solve** sofort verlassen. Andernfalls wird er mit der kleinsten oberen Schranke des alten Werts und des neuen Werts t überschrieben. Die Änderung des Werts der Variablen x_i muss nun zu allen Variablen *propagiert* werden, deren letzte Auswertung auf einen (kleineren) Wert von x_i zugriff. Das heißt, dass deren rechte Seite erneut ausgewertet werden muss. Die Menge W dieser Variablen ist gegeben durch die Menge $I[x_i]$.

Der alte Wert der Menge $I[x_i]$ wird nicht mehr benötigt und darum auf die leere Menge zurück gesetzt: die angestoßene Auswertung der Variablen dieser Menge wird die betreffenden Variablenabhängigkeiten ja gegebenenfalls rekonstruieren! Die Variablen der Menge W können nicht mehr als stabil betrachtet werden. Deshalb werden sie aus der Menge *stable* entfernt. Anschließend wird die Prozedur **solve** für alle Variablen der Menge W aufgerufen.

Beispiel 1.12.2 Wir betrachten erneut das Ungleichungssystem aus Bsp. 1.5.2 und Bsp. 1.12.1:

$$x_1 \supseteq \{a\} \cup x_3$$
$$x_2 \supseteq x_3 \cap \{a,b\}$$
$$x_3 \supseteq x_1 \cup \{c\}$$

Eine Ausführung des rekursiven Fixpunktalgorithmus ist in Abb. 1.43 gezeigt. Nach

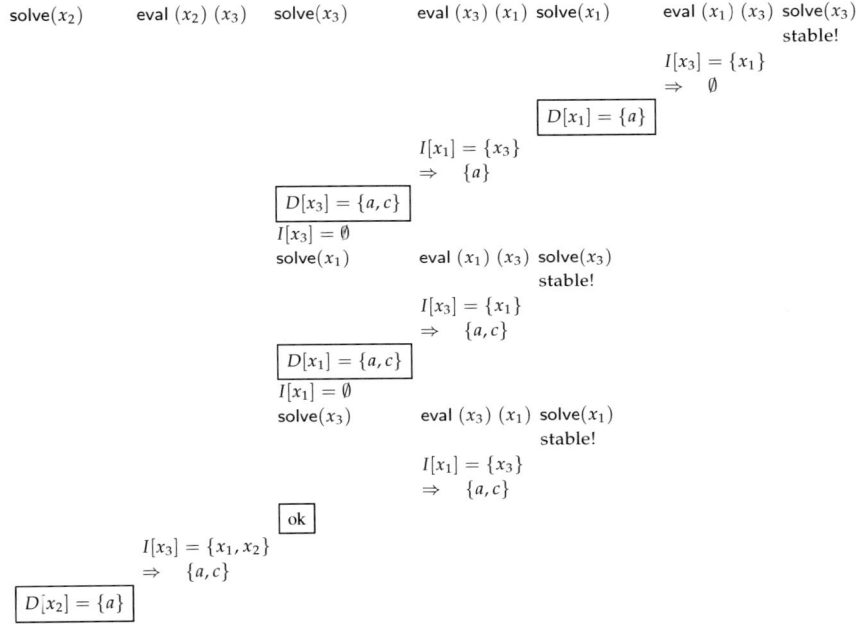

Abb. 1.43. Eine Ausführung des rekursiven Fixpunktalgorithmus.

rechts ist jeweils der Abstieg in einen rekursiven Aufruf dargestellt. In der Spalte eines Aufrufs der Prozedur **solve** finden sich die ermittelten neuen Einträge $D[x_i]$ und $I[x_i]$ sowie die Aufrufe der Prozedur solve zur Behandlung der Variablen in W. Ein ok in der Spalte signalisiert, dass die erneute Auswertung der rechten Seite keine Änderung des aktuellen Werts der Variablen erfordert. Ein stable! dagegen zeigt an, dass die Variable, für die das letzte **solve** aufgerufen wurde, stabil ist und der Aufruf damit sofort terminiert. In der Spalte eines Aufrufs der Funktion **eval** werden ebenfalls die vorgenommenen Änderungen der Mengen $I[x_j]$ angezeigt sowie der zurück gelieferte Wert.

Obwohl das Beispiel sehr klein ist, wertet dieser Algorithmus noch weniger rechte Seiten aus als der Worklist-Algorithmus. ⊓⊔

Der rekursive Fixpunktalgorithmus lässt sich elegant mit einer Programmiersprache wie z.B. OCAML implementieren, die einerseits Zuweisungen, andererseits aber auch partielle Anwendungen höherer Funktionen unterstützt.

Der rekursive Fixpunktalgorithmus ist komplizierter als der Worklist-Algorithmus, führt i.A. aber zu weniger Auswertungen rechter Seiten und benötigt keine Vorberechnung der Variablenabhängigkeiten, viel besser; er funktioniert sogar, wenn die Variablenabhängigkeiten sich während der Fixpunktiteration ändern! Darüber hinaus hat der rekursive Fixpunktalgorithmus eine weitere Besonderheit, die wir später bei der interprozeduralen Analyse in Kapitel 2.3 ausnutzen werden:

Das Verfahren kann leicht so modifiziert werden, dass nicht die Werte für sämtliche Unbekannte berechnet werden. Vielmehr können wir die Auswertung mit einer *interessierenden* Unbekannten x_i starten. Dann werden nur solche Unbekannten ausgewertet, deren Wert zur Berechnung des Werts der Unbekannten x_i beiträgt. Fixpunktiterierer mit dieser Eigenschaft heißen *lokal*.

1.13 Beseitigung teilweiser Redundanzen

Wir wenden uns wieder der Frage zu, wie der Übersetzer die Programmausführung durch die Beseitigung überflüssiger Zuweisungen beschleunigen kann. In Kapitel 1.2 haben wir beschrieben, wie die erneute Auswertung eines Ausdrucks e entlang einer Kante $u \rightarrow v$ eingespart werden kann, wenn der Wert des Ausdrucks e an dem Programmpunkt u in einer Variable x *verfügbar* ist. Dies ist dann der Fall, wenn die Zuweisung $x \leftarrow e$ auf allen Pfaden vom Startpunkt des Programms nach u ausgewertet wurde und keine Variable, die in der Zuweisung vorkommt, später verändert wurde. Diese Optimierung *ersetzt* ein redundantes Vorkommen von e durch die Variable x auf der linken Seite der Zuweisung. Bisher konnten wir ein redundantes Vorkommen eines Ausdrucks e an einer Kante von u nach v nur ersetzen. wenn es Vorkommen von $x \leftarrow e$ auf *allen* Pfaden vom Startpunkt des Programms zu u gab. Nun wollen wir überlegen, ob wir eine Mehrfachberechnung auch dann vermeiden können, wenn $x \leftarrow e$ nur auf *manchen* Pfaden auftritt.

Beispiel 1.13.1 Betrachten Sie das Programm aus Abb. 1.44 links. Die Zuweisung $T \leftarrow x + 1$ wird auf jedem Pfad ausgewertet, auf dem rechten Pfad sogar zweimal und mit identischem Effekt. Auch wenn der Wert von $x + 1$, der an der Kante von 2 nach 3 berechnet wird, in der Variablen T abgespeichert wird, kann das Vorkommen von $x + 1$ an der Kante zwischen den Programmpunkten 3 und 4 nicht einfach durch den Zugriff auf den Wert von T ersetzt werden. Der Übersetzer kann die zweite Zuweisung $T \leftarrow x + 1$ aber so verschieben, dass die doppelte Ausführung vermieden wird. Diese Programmtransformation führt zu dem Programm in Abb. 1.44 rechts. □

Gesucht ist eine Transformation, welche Zuweisungen $x \leftarrow e$ mit $x \notin \mathsf{Vars}(e)$ so in das Programm einfügt, dass einerseits die Variable x immer dann, wenn wir erneut eine Zuweisung $x \leftarrow e$ ausführen, bereits den richtigen Wert enthält, andererseits

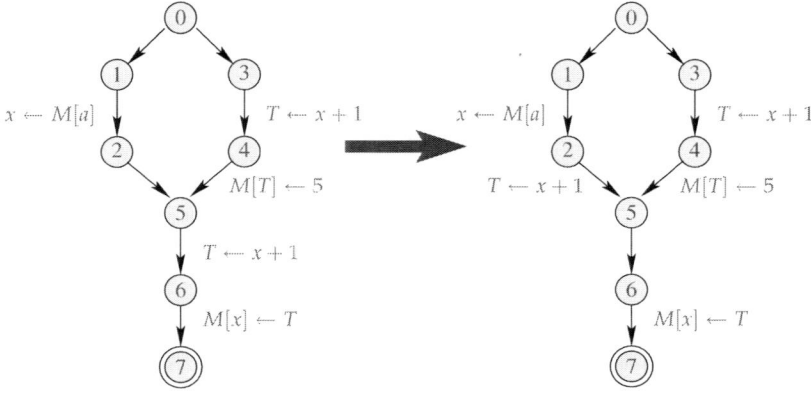

Abb. 1.44. Eine Beseitigung teilweiser Redundanz

aber überflüssige Mehrfachauswertungen vermieden werden. Das ist das Ziel der ersten Phase der Transformation **PRE** (*Einfügen von Abspeicherungen*). In der zweiten Phase werden dann alle nun in vollständig redundanten Vorkommen von $x \leftarrow e$ durch die leere Anweisung ersetzt.

Unsere Transformation fügt Zuweisungen $x \leftarrow e$ (an möglichst wenig Stellen) *vor* Programmpunkten u ein, an denen die Zuweisung $x \leftarrow e$ auf allen ausgehenden Pfaden berechnet wird, bevor die linke Seite der Zuweisung benutzt wird oder eine der in ihr vorkommenden Variablen einen neuen Wert erhält. Eine solche Zuweisung $x \leftarrow e$ nennen wir an dem Programmpunkt u *sehr beschäftigt* (very busy). Zur Identifizierung dieser Zuweisungen benötigen wir eine neue Programmanalyse.

Wir nennen die Zuweisung $x \leftarrow e$ *beschäftigt* entlang eines Pfades π zum Programmende, falls π die Form $\pi = \pi_1 k \pi_2$ hat, wobei k eine Zuweisung $x \leftarrow e$ ist und π_1 keine Benutzung der linken Seite x sowie keine Überschreibung einer der Variablen der Zuweisung, d.h. aus $\{x\} \cup \mathsf{Vars}(e)$ enthält.

Am Programmpunkt v ist die Zuweisung $x \leftarrow e$ *sehr beschäftigt*, falls sie entlang jedes Pfades von v zum Programmende beschäftigt ist. Damit ist die Bestimmung der sehr beschäftigten Zuweisungen eine *Rückwärtsanalyse*. Wie bei der Analyse der verfügbaren Zuweisungen benutzen wir als abstrakte Werte für die Programmpunkte Mengen von Zuweisungen, d.h.:

$$\mathbb{B} = 2^{Ass}$$

Am Programmende ist keine Zuweisung sehr beschäftigt. Für eine Kante $k = (u, lab, v)$ ist der abstrakte Kanteneffekt $[\![k]\!]^\sharp = [\![lab]\!]^\sharp$ in Abhängigkeit von der Kantenbeschriftung gegeben durch:

92   1 Grundlagen und intraprozedurale Optimierung

$$[\![;]\!]^\sharp B = B$$
$$[\![\text{NonZero}(e)]\!]^\sharp B = [\![\text{Zero}(e)]\!]^\sharp B = B\backslash\text{Ass}(e)$$
$$[\![x \leftarrow e]\!]^\sharp B = \begin{cases} B\backslash(\text{Occ}(x) \cup \text{Ass}(e)) \cup \{x \leftarrow e\} & \text{falls } x \notin \text{Vars}(e) \\ B\backslash(\text{Occ}(x) \cup \text{Ass}(e)) & \text{falls } x \in \text{Vars}(e) \end{cases}$$
$$[\![x \leftarrow M[e]]\!]^\sharp B = B\backslash(\text{Occ}(x) \cup \text{Ass}(e))$$
$$[\![M[e_1] \leftarrow e_2]\!]^\sharp B = B\backslash(\text{Ass}(e_1) \cup \text{Ass}(e_2))$$

Hier bezeichnet $\text{Occ}(x)$ die Menge aller Zuweisungen, in denen x vorkommt. Die Abkürzung $\text{Ass}(e)$ für einen Ausdruck e bezeichnet die Menge aller Zuweisungen, deren linke Seiten in e vorkommen. Wir wollen die *sicher* sehr beschäftigten Zuweisungen ermitteln, d.h. wir müssen für jeden Programmpunkt u den Durchschnitt der Beiträge berechnen, den die einzelnen Pfade von u zum Programmende liefern. Folglich wählen wir auf der Menge 2^{Ass} als Ordnungsrelation die *Obermengenbeziehung* $\supseteq$. Die MOP-Lösung für den Programmpunkt v ergibt sich damit zu:

$$\mathcal{B}^*[u] = \bigcap\{[\![\pi]\!]^\sharp \emptyset \mid \pi : u \rightarrow^* stop\}$$

wobei wie bei den anderen Analysen $[\![\pi]\!]^\sharp$ den Effekt des Pfades π bezeichnet. Für $\pi = k_1 \ldots k_m$ ist dabei wie bei jeder Rückwärtsanalyse:

$$[\![\pi]\!]^\sharp = [\![k_1]\!]^\sharp \circ \ldots \circ [\![k_m]\!]^\sharp$$

Die abstrakten Kanteneffekte $[\![k_i]\!]^\sharp$ sind sämtlich distributiv. Deshalb liefert die kleinste Lösung $\mathcal{B}$ bzgl. der gewählten Anordnung der abstrakten Werte exakt die MOP-Lösung – sofern von jedem Programmpunkt aus der Endpunkt des Programms im Kontrollflussgraph erreichbar ist.

Beispiel 1.13.2 Abb. 1.45 zeigt die Mengen der sehr beschäftigten Zuweisungen für das Programm aus Beispiel 1.13.1. Da der Kontrollflussgraph azyklisch ist, kann man diese Mengen z.B. mit Round-Robin-Iteration in einer Runde berechnen. □

Es sei hier darauf hingewiesen, dass die (zumindest formale) Erreichbarkeit des Programmendes von großer Wichtigkeit für die beabsichtigte Optimierung ist. Ist von einem Programmpunkt u aus der Endpunkt des Programms nämlich *nicht* erreichbar, würde die Analyse sehr beschäftigter Zuweisungen auch jede Zuweisung $x \leftarrow e$ an u als sehr beschäftigt ausweisen, für den von u aus keine Neu-Definition einer Variable in $\text{Vars}(e) \cup \{x\}$ erreichbar ist.

Beispiel 1.13.3 Betrachten Sie das Programm aus Abb. 1.46. Das Programm gestattet nur eine unendliche Berechnung. Von dem Programmpunkt 1 aus ist folglich auch kein Endpunkt erreichbar. Damit ist an diesem Programmpunkt jede Zuweisung sehr beschäftigt, die nicht die Variable x enthält — im Extremfall also auch Zuweisungen, die gar nicht im Programm selbst vorkommen. □

Das Einfügen einer verschiebbaren Zuweisung $y \leftarrow e$ soll so erfolgen, dass diese Zuweisung an allen Programmpunkten, an denen $y \leftarrow e$ sehr beschäftigt ist, auch

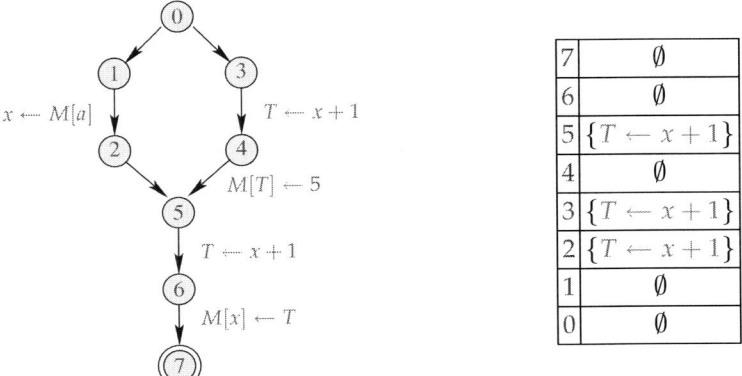

Abb. 1.45. Die sehr beschäftigten Zuweisungen für Beispiel 1.13.1.

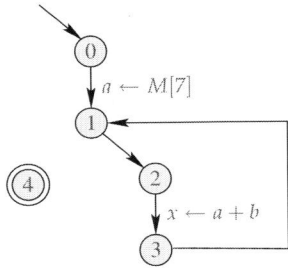

Abb. 1.46. Ein Programm, bei dem der Endpunkt nicht erreichbar ist.

verfügbar ist. Da unsere Kontrollflussgraphen keine nicht-deterministische Verzweigungen enthalten, ist am Programmpunkt vor einer Kante, die mit $y \leftarrow e$ beschriftet ist, diese Zuweisung stets sehr beschäftigt. Unsere Strategie für die Einfügung besteht darin, die Einfügungen so weit wie möglich nach vorne zu verschieben; möglicherweise sogar vor den ursprünglichen Startpunkt unseres Programms hinaus.

Die Vorverlegung wird jedoch sowohl durch Korrektheits- als auch durch Effizienzüberlegungen eingeschränkt: Aus Korrektheitsgründen dürfen wir die Zuweisung $y \leftarrow e$ nicht über eine Kante hinweg schieben, an der y oder eine Variable aus e einen neuen Wert erhält: nach einer solchen Verschiebung würde die Auswertung von $y \leftarrow e$ ja möglicherweise einen falschen Wert ergeben oder vor der Benutzung überschrieben werden! Aus Effizienzgründen dürfen wir die Zuweisung $y \leftarrow e$ nicht in einen Pfad schieben, auf dem $y \leftarrow e$ vorher nicht ausgewertet würde: eine solche Verschiebung führt entlang dieses Pfads zu einer Laufzeitverschlechterung. Hierbei ist zu beachten, dass nicht jede beliebige Zuweisung auf einen Pfad geschoben werden kann, der sie vorher nicht enthielt. Je nach Semantik der Programmiersprache kann die Zuweisung Seiteneffekte haben. Zum Beispiel die Auslösung einer Ausnahme bei einer Division durch Null. Wenn die Semantik der Programmiersprache solche Seiteneffekte zu den beobachtbaren Zuständen zählt, darf eine solche Anweisung nicht nur aus Effizien- sonderen auch aus Korrektheitsgründen nicht in einen Pfad verschoben werden, in dem sie so bisher nicht vorkam.

Für die Umsetzung unserer Einfügestrategie betrachten wir zuerst einmal den Startpunkt *start* des Programms. Damit alle Zuweisungen aus $\mathcal{B}[start]$ nach der Transformation an *start* verfügbar werden, führen wir einen neuen Startpunkt ein und berechnen die Zuweisungen aus $\mathcal{B}[start]$ vor Erreichen von *start*. Das bewirkt die erste Teilregel.

Transformation PRE für den Startknoten:

Wir haben uns hier die Freiheit genommen, an eine Kante evt. mehrere von einander *unabhängige* Zuweisungen zu schreiben, d.h. in beliebiger Reihenfolge ausgeführt werden dürfen. Dazu vergewissert man sich, dass für zwei Zuweisungen $y_1 \leftarrow e_1$, $y_2 \leftarrow e_2$, die gemeinsam in einer Menge $\mathcal{B}[u]$ vorkommen, $y_1 \neq y_2$ ist, und weder y_1 in e_2, noch y_2 in e_1 vorkommt.

Betrachten wir als nächstes einen Programmpunkt u mit genau einer ausgehenden Kante nach v mit Beschriftung s. An der Kante müssen wir alle Zuweisungen aus $\mathcal{B}[v]$ platzieren, die einerseits nicht über s hinweg vorgezogen werden dürfen, aber andererseits hinter s nicht verfügbar sind. Diese Menge ist gegeben durch

$$ss = \mathcal{B}[v] \backslash ([\![s]\!]^\sharp_\mathcal{B}(\mathcal{B}[v]) \cup [\![s]\!]^\sharp_\mathcal{A}(\mathcal{A}[u]))$$

Wie in Kapitel 1.2, bezeichnet $\mathcal{A}[u]$ die Menge der am Programmpunkt u verfügbaren Zuweisungen. Zur Unterscheidung der abstrakten Kanteneffekte für verfügbare Zuweisungen bzw. sehr beschäftigte Zuweisungen haben wir die zugehörigen Kanteneffekte durch die Indizes $\mathcal{A}$ bzw. $\mathcal{B}$ gekennzeichnet.

Transformation PRE für leere Anweisungen und verschiebbare Zuweisungen:

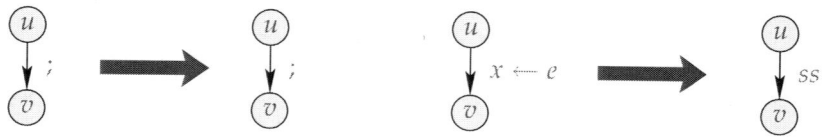

Ist die Kante mit der leeren Anweisung beschriftet, ist die Menge ss der zu platzierenden Zuweisungen gegeben durch $\mathcal{B}[v] \backslash (\mathcal{B}[v] \cup \mathcal{A}[u]) = \emptyset$. Es muss deshalb keine zusätzliche Zuweisung an der Kante platziert werden.

Bei einer *verschiebbaren* Anweisung d.h. einer Zuweisung $x \leftarrow e$ mit $x \notin \text{Vars}(e)$ wird ausschließlich die Folge ss platziert, da die Zuweisung $x \leftarrow e$ an einen anderen Ort verschoben wird. Für die Menge ss der zu platzierenden Zuweisungen erhalten wir in diesem Fall:

$$ss = \mathcal{B}[v]\setminus(\mathcal{B}[v]\setminus(\mathsf{Occ}(x) \cup \mathsf{Ass}(e)) \cup \mathcal{A}[u]\setminus\mathsf{Occ}(x) \cup \{x \leftarrow e\})$$
$$= (\mathcal{B}[v] \cap \mathsf{Occ}(x)\setminus\{x \leftarrow e\}) \cup (\mathcal{B}[v] \cap \mathsf{Ass}(e)\setminus\mathcal{A}[u])$$

Ist die Kante mit einer *nicht verschiebbaren* Anweisung s beschriftet, ersetzen wir die Beschriftung s durch s, gefolgt mit den Zuweisungen ss.

Transformation PRE für nichtverschiebbare Anweisungen:

Ist die Kante von u nach v mit der nicht verschiebbaren Zuweisung $x \leftarrow e$ beschriftet mit $x \in \mathsf{Vars}(e)$, erhalten wir für ss:

$$ss = \mathcal{B}[v] \cap (\mathsf{Occ}(x) \cup \mathsf{Ass}(e))\setminus(\mathcal{A}[u]\setminus\mathsf{Occ}(x))$$
$$= (\mathcal{B}[v] \cap (\mathsf{Occ}(x))) \cup (\mathcal{B}[v] \cap \mathsf{Ass}(e)\setminus\mathcal{A}[u])$$

Die zu erzeugenden Zuweisungen ss für Leseoperationen $x \leftarrow M[e]$ ergeben sich analog. Für eine Schreiboperation $M[e_1] \leftarrow e_2$ erhalten wir:

$$ss = \mathcal{B}[v] \cap (\mathsf{Ass}(e_1) \cup \mathsf{Ass}(e_2))\setminus\mathcal{A}[u]$$

Als letztes betrachten wir den Fall, dass u eine bedingte Verzweigung mit Bedingung b ist. Seien v_1 bzw. v_2 die Nachfolgeknoten, falls die Bedingung einen Wert 0 bzw. verschieden von 0 liefert. Zuweisungen aus $\mathcal{A}[u]$ brauchen an keiner der von u ausgehenden Kanten platziert werden, da sie an deren Enden bereits vor der Transformation verfügbar sind. Von den übrigen Zuweisungen in $\mathcal{B}[v_1]$ müssen alle Zuweisungen platziert werden, die nicht über u hinaus verschoben werden dürfen. Das sind diejenigen, die Variablen der Bedingung modifizieren oder die nicht auch in $\mathcal{B}[v_2]$ enthalten sind. Analog behandeln wir die Kante zu v_2.

Transformation PRE für Verzweigungen:

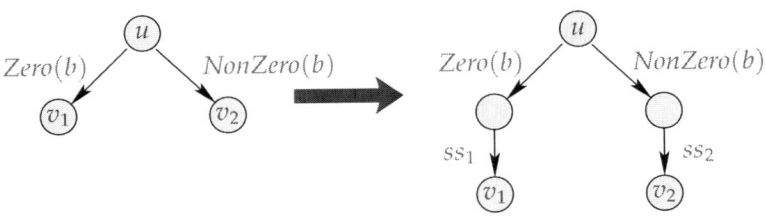

96   1 Grundlagen und intraprozedurale Optimierung

wobei
$$ss_1 = (\mathcal{B}[v_1] \cap \mathsf{Ass}(b) \backslash \mathcal{A}[u]) \cup (\mathcal{B}[v_1] \backslash (\mathcal{B}[v_2] \cup \mathcal{A}[u]))$$
$$ss_2 = (\mathcal{B}[v_2] \cap \mathsf{Ass}(b) \backslash \mathcal{A}[u]) \cup (\mathcal{B}[v_2] \backslash (\mathcal{B}[v_1] \cup \mathcal{A}[u]))$$

Der Effekt der angegebenen Transformationsregeln für PRE ist, dass jede Zuweisung $x \leftarrow e$ nach der Transformation PRE an allen Programmpunkten verfügbar ist, an denen $x \leftarrow e$ vor der Anwendung der Regeln sehr beschäftigt war. Damit ist eine Zuweisung $x \leftarrow e$ insbesondere an sämtlichen Stellen verfügbar, wo sie im ursprünglichen Programm berechnet wurde.

Beispiel 1.13.4 Abb. 1.47 zeigt die Analyseinformation für unser Programm aus Bsp. 1.13.1 zusammen mit dem Ergebnis der Transformation. Tatsächlich wurde die

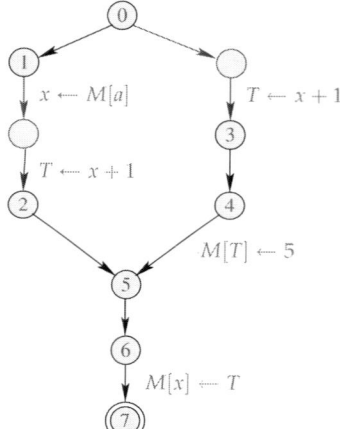

	$\mathcal{A}$	$\mathcal{B}$
0	$\emptyset$	$\emptyset$
1	$\emptyset$	$\emptyset$
2	$\emptyset$	$\{T \leftarrow x+1\}$
3	$\emptyset$	$\{T \leftarrow x+1\}$
4	$\{T \leftarrow x+1\}$	$\emptyset$
5	$\{\emptyset\}$	$T \leftarrow x+1$
6	$\{T \leftarrow x+1\}$	$\emptyset$
7	$\{T \leftarrow x+1\}$	$\emptyset$

Abb. 1.47. Das Ergebnis der Transformation PRE für unser Beispiel 1.13.1 zusammen mit den dafür erforderlichen Analysen.

teilweise Mehrfachberechnung beseitigt.   □

Sei ss die Folge der am Programmpunkt v sehr beschäftigten Zuweisungen. Zur Korrektheit zeigt man für alle Ausführungspfade π des Programms vom ursprünglichen Startpunkt zu einem Programmpunkt v und alle Programmzustände σ vor der Programmausführung, dass gilt:

$$[\![ss]\!] ([\![\pi]\!] \sigma) = [\![k_0 \pi]\!]' \sigma$$

wobei k_0 die neue Kante zum Startpunkt des ursprünglichen Programms ist und $[\![\pi]\!]$ bzw. $[\![\pi]\!]'$ die Semantik des Programmpfads π vor bzw. nach der Anwendung der Transformation ist. Die Gültigkeit der Aussage kann mit vollständiger Induktion bewiesen werden. Für den leeren Programmausführungspfad $\pi = \epsilon$ ist sie sicherlich richtig. Für einen nicht-leeren Pfad $\pi = \pi' k$ folgt sie aus der Induktionsvoraussetzung mit einer Fallunterscheidung nach den möglichen Beschriftungen der letzten Kante k des Pfads.

Im Beispiel haben wir gesehen, dass sich die Anzahl der Auswertungen der Zuweisung $x \leftarrow e$ auf keinem Pfad erhöhte, auf einigen sich dagegen möglicherweise verringert. Diese Eigenschaft der garantierten *Nicht-Verschlechterung* möchte man gerne für sämtliche Programme nachweisen. Wir werden diesen Beweis hier nicht führen. Intuitiv basiert er jedoch darauf, dass im transformierten Programm die Zuweisung $x \leftarrow e$ an allen Programmpunkten, an denen $x \leftarrow e$ vorher sehr beschäftigt war, nun verfügbar ist und deshalb gestrichen wird. Jeder in eine Programmausführung neu eingefügten Zuweisung lässt sich so mindestens eine darauffolgende Zuweisung zuordnen, die vermieden wird.

Die Beseitigung teilweise redundanter Zuweisungen beseitigt als Nebeneffekt auch einige ganz redundante d.h. verfügbare Zuweisungen. Durch die Anwendung von **PRE** können zusätzlich weitere Zuweisungen teilweise redundant werden! Es kann sich also lohnen, die Transformation **PRE** *mehrmals* auszuführen. Ähnliche Methoden können auch eingesetzt werden, um Speicherzugriffe einzusparen. Damit sich nicht sämtliche Lese- und Schreibanweisungen gegenseitig blockieren, kann eine Alias-Analyse eingesetzt werden, welche garantiert, dass zwei Adressausdrücke sich auf unterschiedliche Speicherzellen beziehen. Techniken dafür haben wir in Kapitel 1.11 entwickelt.

Die Transformation **PRE** erlaubt uns ebenfalls, *schleifeninvarianten* Code aus einer Schleife heraus zu verlagern. Dies wollen wir im nächsten Kapitel näher betrachten.

1.14 Anwendung: Schleifeninvarianter Code

Eine überflüssige Mehrfachberechnung liegt vor, wenn eine Schleife eine Zuweisung enthält, die bei allen Schleifenausführungen denselben Wert berechnet.

Beispiel 1.14.1 Betrachten wir das folgende Programm:

$$\textbf{for } (i \leftarrow 0; i < n; i++) \{$$
$$T \leftarrow b + 3;$$
$$a[i] \leftarrow T;$$
$$\}$$

Den Kontrollflussgraphen für dieses Programm zeigt Abb. 1.48. Die Schleife enthält die Zuweisung $T \leftarrow b + 3$, welche bei jeder Iteration der Schleife denselben Wert in der Variablen T ablegt. Die Zuweisung $T \leftarrow b + 3$ darf jedoch nicht *vor* die Schleife gezogen werden, wie rechts in Abb. 1.48 angedeutet. Dort würde diese Zuweisung auch in Berechnungen ausgeführt, welche die Schleife gar nicht betreten! □

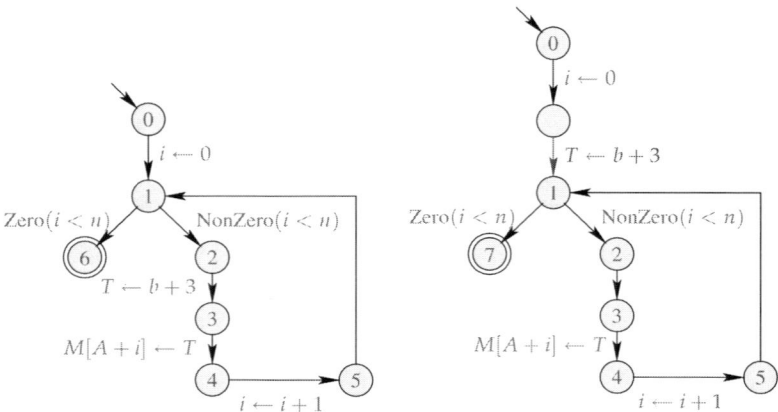

Abb. 1.48. Eine Schleife mit invariantem Code und eine ungeeignete Transformation.

Das Problem, keinen angemessenen Platz für den schleifeninvarianten Code zu finden, stellt sich bei *do-while*-Schleifen dagegen nicht. Darum erscheint es sinnvoll, vor dem Versuch, schleifeninvarianten Code zu entdecken, zuerst *while*-Schleifen in *do-while*-Schleifen umzuwandeln. Die entsprechende Transformation heißt *Schleifenumkehr* (loop inversion).

Beispiel 1.14.2 Betrachten Sie erneut die *while*-Schleife aus Beispiel 1.14.1. Die umgekehrte Schleife zeigt Abb. 1.49 links. In der umgekehrten Schleife gibt es eine separate Abfrage vor dem ersten Betreten des Rumpfs. Am Ende des Rumpfs erscheint dieselbe Abfrage ein weiteres Mal.

Die für die Transformation berechnete Analyseinformation zeigt Abb. 1.50. Die Anwendung der Transformation **PRE** zur Beseitigung der teilweisen Überflüssigkeit zeigt Abb. 1.49 rechts. Der schleifeninvariante Code wurde vor die *do-while*-Schleife geschoben. □

Wir halten fest, dass die Transformation **PRE** schleifeninvariante Berechnungen aus *do-while*-Schleifen herausziehen kann. Um auch *while*-Schleifen optimieren zu können, wandeln wir sie zuerst in *do-while*-Schleifen um. Haben wir den Quellcode für die Schleife zur Verfügung, ist das in den meisten imperativen und objektorientierten Programmiersprachen sehr einfach. In C oder JAVA zum Beispiel können wir die *while*-Schleife:

while (b) *stmt*

ersetzen durch:

if (b) **do** *stmt* **while** (b);

In unserer Programmdarstellung haben wir Kontrollstrukturen wie **while** aber zugunsten von Kontrollflussgraphen aufgegeben. Darüberhinaus können Optimierungen im Übersetzer den Kontrollflussgraphen so verändern, dass er nicht mehr eindeutig

1.14 Anwendung: Schleifeninvarianter Code

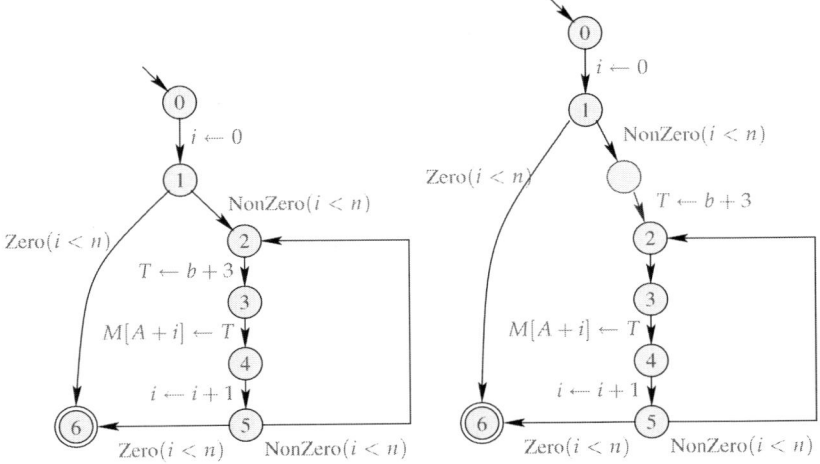

Abb. 1.49. Die umgekehrte Schleife des Programms aus Beispiel 1.14.1 mit Ergebnis der Transformation.

	$\mathcal{A}$	$\mathcal{B}$
0	$\emptyset$	$\emptyset$
1	$\emptyset$	$\emptyset$
2	$\emptyset$	$\{T \leftarrow b+3\}$
3	$\{T \leftarrow b+3\}$	$\emptyset$
4	$\{T \leftarrow b+3\}$	$\emptyset$
5	$\{T \leftarrow b+3\}$	$\emptyset$
6	$\emptyset$	$\emptyset$

Abb. 1.50. Die Analyseinformation für die umgekehrte Schleife aus Abb. 1.49.

in Kontrollstrukturen abgebildet werden kann. Gerade durch Verschieben von Code oder die Eliminierung toten Codes können leicht Kanten entstehen, die keine Berechnungen mehr durchführen und entfernt werden können. Daher müssen wir die Schleifen durch Grapheigenschaften beschreiben. Wir betrachten hier nur den Fall, in dem die Schleife einen eindeutigen Kopf aufweist. Hierzu verwenden wir die *Prädominator*-Relation auf Programmpunkten.

Wir sagen, ein Programmpunkt u *prädominiert* einen Programmpunkt v, falls jeder Pfad π vom Startpunkt des Programms, der v erreicht, über u führt. Wir schreiben: $u \Rightarrow v$. Die Relation $\Rightarrow$ ist reflexiv, transitiv und anti-symmetrisch und definiert damit eine Halbordnung auf den Programmpunkten. Diese Relation erlaubt es uns, *Rücksprungkanten* im Kontrollflussgraphen zu entdecken. Eine Kante $k = (u, \_, v)$

nennen wir dabei eine Rücksprungkante, wenn der Zielknoten v den Startknoten u der Kante prädominiert.

Beispiel 1.14.3 Betrachten Sie das Beispiel der *while*-Schleife links in Abb. 1.48. Jeder Programmpunkt des Rumpfs der Schleife wird vom Programmpunkt 1 vor der Eintrittsbedingung prädominiert. Deshalb ist die Kante $(6, ; , 1)$ eine Rücksprungkante. □

Zur Berechnung der Mengen der Prädominatoren für die einzelnen Programmpunkte entwerfen wir eine einfache Analyse. Sie sammelt entlang jedes Pfades die jeweils durchlaufenen Programmpunkte auf. Die Menge der Prädominatoren für einen Programmpunkt v ergibt sich dann als der *Durchschnitt* all dieser Mengen. Als vollständigen Verband wählen wir deshalb:

$$\mathbb{P} = 2^{Nodes}, \text{ mit der Ordnungsrelation } \supseteq$$

Als abstrakten Kanteneffekt definieren wir:

$$[\![(u, lab, v)]\!]^\sharp \, P \;=\; P \cup \{v\}$$

für alle Kanten (u, lab, v). Beachten Sie, dass hier die Beschriftungen der Kanten keine Rolle spielen; anstatt dessen werden jeweils die Endpunkte der Kanten aufgesammelt. Mit den so definierten Kanteneffekten definieren wir die Menge $\mathcal{P}^*[v]$ der Prädominatoren des Programmpunkts v als:

$$\mathcal{P}[v] = \bigcap \{[\![\pi]\!]^\sharp \, \{start\} \mid \pi : start \to^* v\}$$

Da sämtliche Kanteneffekte distributiv sind, lassen sich diese Mengen als kleinste Lösung des zugehörigen Ungleichungssystems ermitteln.

Beispiel 1.14.4 Betrachten wir den Kontrollflussgraphen, etwa zu dem Beispielprogramm aus Bsp. 1.14.1. Die zugehörigen Prädominator-Mengen zeigt Abb. 1.51. Die zugehörige Halbordnung $\Rightarrow$ zeigt Abbildung 1.52. Wie bei unseren Darstellungen von Halbordnungen üblich, zeichnen wir dabei nur die *direkten* Beziehungen und lassen die transitiven Beziehungen implizit. Offenbar ist das Ergebnis ein *Baum*! Wie der nächste Satz zeigt, ist das kein Zufall. □

Satz 1.14.1 *Jeder Programmpunkt v hat maximal einen unmittelbaren Prädominator.*

Beweis. Nehmen wir an, ein Programmpunkt v habe zwei verschiedene unmittelbare Prädominatoren u_1, u_2. Dann kann weder $u_1 \Rightarrow u_2$ gelten noch $u_2 \Rightarrow u_1$. Folglich kann nicht jeder Weg vom Startpunkt nach u_1 noch jeder Weg von u_1 nach v den Programmpunkt u_2 enthalten. Damit gibt es einen Weg vom Startpunkt nach v, der nicht u_2 enthält. Dann kann u_2 aber nicht v prädominieren — entgegen unserer Annahme. Folglich besitzt v maximal einen unmittelbaren Prädominator, und der Satz ist bewiesen. □

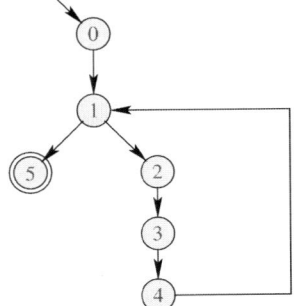

	$\mathcal{P}$
0	$\{0\}$
1	$\{0,1\}$
2	$\{0,1,2\}$
3	$\{0,1,2,3\}$
4	$\{0,1,2,3,4\}$
5	$\{0,1,5\}$

Abb. 1.51. Die Prädominator-Mengen für einen einfachen Kontrollflussgraphen.

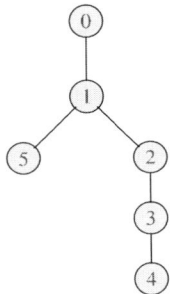

	$\mathcal{P}$
0	$\{0\}$
1	$\{0,1\}$
2	$\{0,1,2\}$
3	$\{0,1,2,3\}$
4	$\{0,1,2,3,4\}$
5	$\{0,1,5\}$

Abb. 1.52. Die Prädominator-Relation für den Kontrollflussgraphen aus Abb. 1.51. Die Richtung geht von oben nach unten.

Die Eintrittsbedingung einer *while*-Schleife charakterisieren wir als einen Programmpunkt v mit zwei ausgehenden Bedingungskanten, wobei v alle Knoten des Rumpfs, also insbesondere den Anfangspunkt u der Rücksprungkante nach v dominiert. In diesem Fall wollen wir die Bedingung an den Programmpunkt u kopieren. Dies führt zu der nächsten Transformation.

Transformation LR:

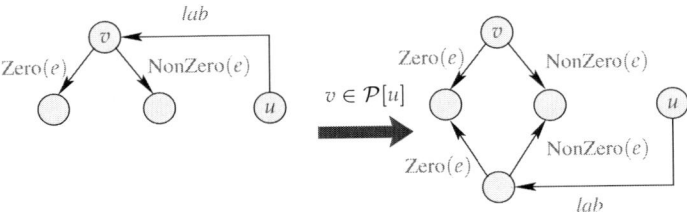

Unsere Transformation zur Schleifenumkehr funktioniert bei allen *while*-Schleifen. Es gibt jedoch ungewöhnliche Schleifen, die so nicht umgekehrt werden können. Eine solche zeigt Abb. 1.53. Leider gibt es auch sehr gewöhnliche Schleifen, die

Abb. 1.53. Eine ungewöhnliche Schleife.

unsere Transformation LR nicht umkehrt. Eine solche zeigt Abb. 1.54. Hier müsste

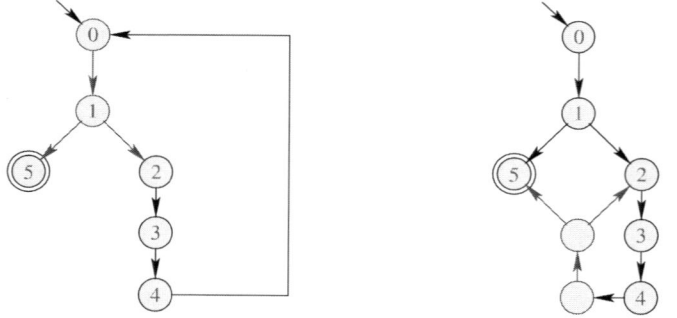

Abb. 1.54. Eine gewöhnliche Schleife, die nicht leicht zu umzukehren ist.

man zusammen mit den Bedingungskanten den ganzen Pfad zwischen Rücksprung und Bedingung duplizieren. Diese Art von Schleifen kann z.B. entstehen, wenn eine komplexe Bedingung in mehreren Schritten ausgewertet wird.

1.15 Beseitigung teilweise toter Zuweisungen

Die Beseitigung teilweiser Redundanz kann als Erweiterung unserer Optimierung zur Vermeidung von Mehrfachberechnungen aufgefasst werden. Wir fragen uns deshalb, ob nicht auch die Beseitigung von Zuweisungen an tote Variablen verschärft werden kann zu einer Beseitigung von Zuweisungen an *teilweise* tote Variablen.

Beispiel 1.15.1 Betrachten Sie das Programm aus Abb. 1.55. Die Zuweisung $T \leftarrow$

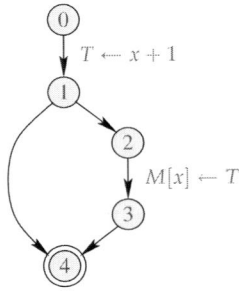

Abb. 1.55. Eine Zuweisung an eine teilweise tote Variable.

$x + 1$ muss nur auf einem der beiden Pfade berechnet werden, da die Variable x entlang des anderen Pfads tot ist. Eine solche Zuweisung nennen wir *teilweise* tot.

Ziel der geplanten Transformation ist es, die Zuweisung $T \leftarrow x + 1$ so lange wie möglich zu *verzögern*, d.h. entlang den Kontrollflusskanten nach hinten zu verschieben, bis die Zuweisung entweder gänzlich überflüssig oder sicher benötigt wird. Gänzlich überflüssig ist sie an einem Programmpunkt, wenn die Variable auf der linken Seite an dem Programmpunkt tot ist. Das gewünschte Ergebnis dieser Transformation zeigt Abb. 1.56. □

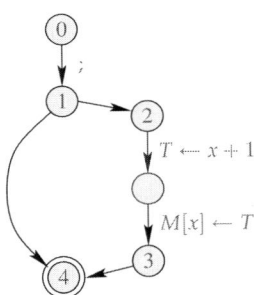

Abb. 1.56. Die angestrebte Optimierung für das Programm aus Abb. 1.55.

Die Verzögerung einer Zuweisung $x \leftarrow e$ darf die Semantik des Programms nicht ändern. Deshalb müssen wir darauf achten, dass eine übersprungene Kante keine der Variablen der Zuweisung modifiziert, und zwar weder x noch eine Variable in Vars(e), und dass die Beschriftung der Kante selbst nicht von der Variablen x abhängt (Korrektheit). Weiterhin dürfen wir die Zuweisung nur dann an einen Zusammenlaufpunkt des Kontrollflusses schieben, wenn wir sie aus jeder Richtung zu diesem Punkt schieben dürfen (Effizienz). Um diese Intuition zu formalisieren, definieren wir eine Analyse der *verzögerbaren* Zuweisungen (delayable assignments). Wie bei der Berechnung der sehr beschäftigten Zuweisungen betrachten wir den Verband 2^{Ass} aller Teilmengen von Zuweisungen $x \leftarrow e$, wobei x nicht in e vorkommt. Der abstrakte Effekt einer Kante entfernt diejenigen Zuweisungen, die nicht weiter verzögert werden dürfen, und fügt die Zuweisung hinzu, die an dieser Kante berechnet wird und damit neu zur Verzögerung zur Verfügung steht. wir definieren:

$$[\![x \leftarrow e]\!]^\sharp D = \begin{cases} D\backslash(\mathsf{Ass}(e) \cup \mathsf{Occ}(x)) \cup \{x \leftarrow e\} & \text{falls } x \notin \mathsf{Vars}(e) \\ D\backslash(\mathsf{Ass}(e) \cup \mathsf{Occ}(x)) & \text{falls } x \in \mathsf{Vars}(e) \end{cases}$$

wobei wieder $\mathsf{Ass}(e)$ die Menge aller Zuweisungen an Variablen ist, die in e vorkommen und $\mathsf{Occ}(x)$ die Menge aller Zuweisungen bezeichnet, in denen x vorkommt. Mit diesen Konventionen definieren wir für die übrigen Kantenbeschriftungen des Kontrollflussgraphen:

$$[\![x \leftarrow M[e]]\!]^\sharp D = D\backslash(\mathsf{Ass}(e) \cup \mathsf{Occ}(x))$$
$$[\![M[e_1] \leftarrow e_2]\!]^\sharp D = D\backslash(\mathsf{Ass}(e_1) \cup \mathsf{Ass}(e_2))$$
$$[\![\mathsf{Zero}(e)]\!]^\sharp D = [\![\mathsf{NonZero}(e)]\!]^\sharp D = D\backslash\mathsf{Ass}(e)$$

Am Startpunkt des Programms liegen noch keine Zuweisungen vor, die verzögert werden könnten. Dort nehmen wir darum als Startwert die Menge $D_0 = \emptyset$ an. Da an einem Programmpunkt eine Zuweisung nur verzögert werden kann, wenn sie entlang jeder eingehenden Kante verzögert wurde, wählen wir als Halbordnung die Obermengenrelation $\supseteq$.

Für die folgenden Transformationsregeln nehmen wir an, $\mathcal{D}[\,.\,]$ und $\mathcal{L}[\,.\,]$ seien die kleinsten Lösungen der Ungleichungssysteme für die Verzögerbarkeit von Zuweisungen und die (gegebenenfalls echte) Lebendigkeit von Variablen relativ zu einer Menge X von Variablen, die am Programmende lebendig sind. Da wir zur Formulierung der Voraussetzungen die Kanteneffekte für beide Analysen benötigen, identifizieren wir sie durch Angabe der entsprechenden Indizes $\mathcal{D}$ bzw. $\mathcal{L}$.

Transformation PDE für die leere Anweisung:

An diese Kante werden alle Zuweisungen verschoben, die nicht über den Endpunkt v hinaus verschoben werden können, deren linke Seite aber an v lebendig ist, d.h. ss besteht aus allen $x \leftarrow e' \in \mathcal{D}[u]\backslash\mathcal{D}[v]$ mit $x \in \mathcal{L}[v]$.

Transformation PDE für Zuweisungen:
Falls $y \in \mathsf{Vars}(e)$, dann ist die Zuweisung $y \leftarrow e$ nicht verschiebbar, und wir transformieren:

1.15 Beseitigung teilweise toter Zuweisungen   105

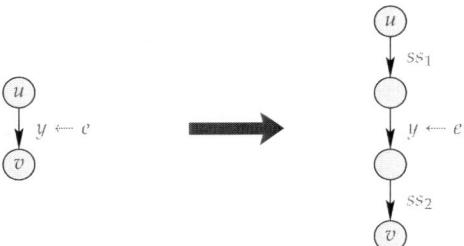

Die Folge ss_1 sammelt diejenigen nützlichen Zuweisungen, die nicht über die Zuweisung $y \leftarrow e$ hinweg verzögert werden können. Die Folge ss_2 dagegen sammelt die nützlichen Zuweisungen, die zwar entlang der Kante verzögerbar sind, jedoch nicht über ihren Endpunkt hinaus. Das heißt, dass ss_1 eine Anordnung der Zuweisungen $x \leftarrow e' \in \mathcal{D}[u] \cap (\mathsf{Ass}(e) \cup \mathsf{Occ}(y))$ ist mit x in $\mathcal{L}[v]\backslash\{y\} \cup \mathsf{Vars}(e)$. Weiterhin ist ss_2 eine Anordnung der Zuweisungen $x \leftarrow e' \in \mathcal{D}[u]\backslash(\mathsf{Ass}(e) \cup \mathsf{Occ}(y) \cup \mathcal{D}[v])$ mit $x \in \mathcal{L}[v]$.

Falls $y \notin \mathsf{Vars}(e)$, ist die Zuweisung $y \leftarrow e$ verschiebbar, und wir haben:

Die Folge ss_1 ist hier genauso definiert wie bei nichtverschiebbaren Zuweisungen oben. Auch die Folge ss_2 ist analog definiert: sie sammelt die nützlichen Zuweisungen, die zwar entlang der Kante verzögerbar sind, jedoch nicht über ihren Endpunkt hinaus. Gegebenenfalls kann nun ss_2 auch die Zuweisung $y \leftarrow e$ selbst enthalten.

Das heißt, ss_1 ist eine Anordnung der Zuweisungen $x \leftarrow e' \in \mathcal{D}[u] \cap (\mathsf{Ass}(e) \cup \mathsf{Occ}(y))$ mit x in $\mathcal{L}[v]\backslash\{y\} \cup \mathsf{Vars}(e)$. Weiterhin ist ss_2 eine Anordnung der Zuweisungen $x \leftarrow e' \in (\mathcal{D}[u]\backslash(\mathsf{Ass}(e) \cup \mathsf{Occ}(y)) \cup \{y \leftarrow e\})\backslash\mathcal{D}[v]$ mit $x \in \mathcal{L}[v]$.

Transformation PDE für Verzweigungen:

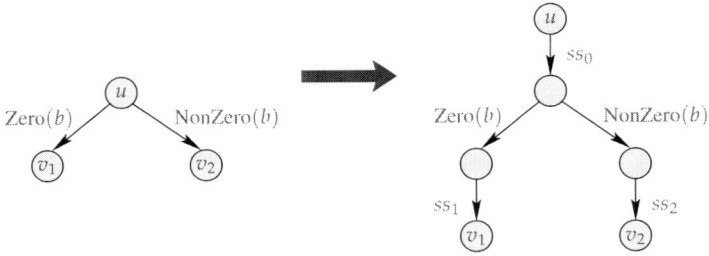

Dabei beinhaltet die Folge ss_0 alle nützlichen Zuweisungen, die zwar an u verzögerbar sind, nicht aber über die Bedingungskanten hinweg verschoben werden können. Die Folgen $ss_i, i = 1, 2$, wiederum bestehen aus allen nützlichen Zuweisungen, die zwar über die Bedingung hinaus verzögerbar sind, aber nicht über den Nachfolgeprogrammpunkt v_i hinaus.

Das heißt, dass die Folge ss_0 alle Zuweisungen $x \leftarrow e \in \mathcal{D}[u]$ enthält mit $x \in \text{Vars}(b)$, und für $i = 1, 2$, die Folge ss_i aus allen Zuweisungen besteht mit $x \leftarrow e \in \mathcal{D}[u] \backslash (\text{Ass}(b) \cup \mathcal{D}[v_i])$ und $x \in \mathcal{L}[v_i]$.

Transformation PDE für Ladeoperationen:

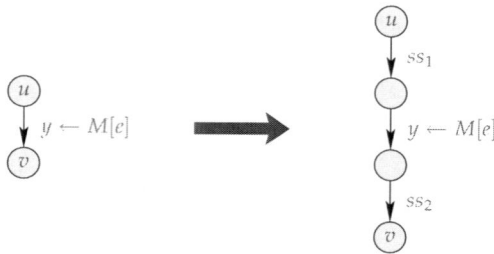

Wir verzichten hier darauf, Ladeoperationen zu verschieben. Wir behandeln sie deshalb analog zu nichtverschiebbaren Zuweisungen. Das heißt, dass die Folge ss_1 aus den Zuweisungen $x \leftarrow e' \in \mathcal{D}[u] \cap (\text{Ass}(e) \cup \text{Occ}(y))$ besteht mit $x \in \mathcal{L}[v] \backslash \{y\} \cup \text{Vars}(e)$. Weiterhin besteht die Folge ss_2 aus den Zuweisungen $x \leftarrow e' \in \mathcal{D}[u] \backslash (\text{Occ}(y) \cup \text{Ass}(e) \cup \mathcal{D}[v])$ mit $x \in \mathcal{L}[v]$.

Transformation PDE für Schreiboperationen:
Die nächste Regel behandelt Kanten, an denen in den Speicher geschrieben wird. Auch diese Operationen verschieben wir nicht.

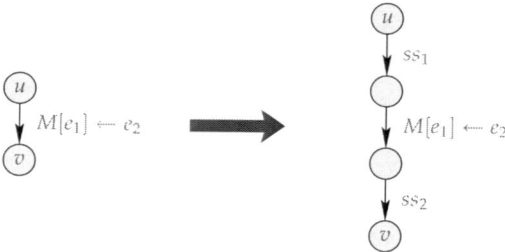

Wieder benötigen wir die Folgen ss_1 und ss_2 der Zuweissungen, die vor und nach der ursprünglichen Anweisung an der Kante eingefügt werden müssen. Die Folge ss_1 besteht aus den Zuweisungen $x \leftarrow e' \in \mathcal{D}[u] \cap (\text{Ass}(e_1) \cup \text{Ass}(e_2))$, und die Folge ss_2 ist eine Anordnung der Zuweisungen $x \leftarrow e' \in \mathcal{D}[u] \backslash (\text{Ass}(e_1) \cup \text{Ass}(e_2) \cup \mathcal{D}[v])$ mit $x \in \mathcal{L}[v]$.

Nach unserer Annahme ist X die Menge aller Variablen, die am Programmende lebendig sind. Die letzte Regel behandelt das Programmende in dem Fall, in dem X nicht die leere Menge ist. Bevor die Programmausführung des transformierten Programms beendet wird, müssen nämlich noch alle Zuweisungen an Variablen aus der

Menge X ausgeführt werden, die am Endpunkt des Programms verzögerbar sind. Dazu dient die folgende Regel:

Transformation PDE für das Programmende:

Sei u der Endpunkt des ursprünglichen Programms. Dann führen wir einen neuen Endpunkt ein:

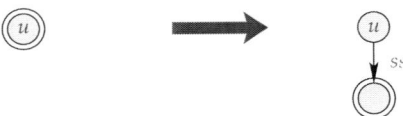

Dabei ist ss die Menge aller Zuweisungen $x \leftarrow e$ in $\mathcal{D}[u]$ mit $x \in X$.

Beispiel 1.15.2 Betrachten wir unser einführendes Beispiel und nehmen wir an, dass am Programmende keine Variable lebendig ist. In diesem Fall brauchen wir keinen neuen Endknoten für das Programm einführen. Die Analysen der lebendigen Variablen bzw. verzögerbaren Zuweisungen ergeben:

	$\mathcal{L}$	$\mathcal{D}$
0	$\{x\}$	$\emptyset$
1	$\{x, T\}$	$\{T \leftarrow x + 1\}$
2	$\{x, T\}$	$\{T \leftarrow x + 1\}$
3	$\emptyset$	$\emptyset$
4	$\emptyset$	$\emptyset$

Die Anwendung der Transformation **PDE** liefert für den Kontrollflussgraphen aus Abb. 1.55 den Kontrollflussgraphen aus Abb. 1.56. □

Bei unseren Überlegungen zur Korrektheit der transformation **PDE** müssen wir beachten, dass in der Regel für Zuweisungen möglicherweise Zuweisungen aus dem Kontrollflussgraphen entfernt werden. Die entfernten Zuweisungen gehen jedoch nur dann verloren, wenn ihre rechte Seite am nächsten Programmpunkt tot ist. Andernfalls werden sie in der jeweiligen Analyseinformation vermerkt und entlang der Kontrollflusskanten weiter propagiert. Kann eine Zuweisung entlang einer Kante nicht weiter propagiert werden, fügen wir sie wieder in den Kontrollflussgraphen ein – sofern ihre linke Seite an der Stelle lebendig ist.

Eine Anwendung der Transformation **PDE** beseitigt möglicherweise einzelne Zuweisungen. Damit kann sie weitere Chancen zur Beseitigung teilweise toten Codes eröffnen. Wie bei der Transformation **PRE** kann es sich deshalb lohnen, die Transformation wiederholt anzuwenden. Wir fragen uns, ob unsere Transformation das Programm nicht gegebenenfalls verschlechtert – etwa, indem eine Zuweisung in eine Schleife hinein geschoben wird.

Beispiel 1.15.3 Betrachten Sie die Schleife aus Abb. 1.57. Die Zuweisung $T \leftarrow x + 1$ ist jedoch an keinem Programmpunkt verzögerbar. Etwas anderes ist es, wenn die

108   1 Grundlagen und intraprozedurale Optimierung

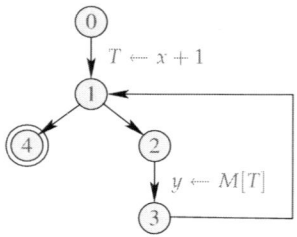

Abb. 1.57. Eine Beispielschleife.

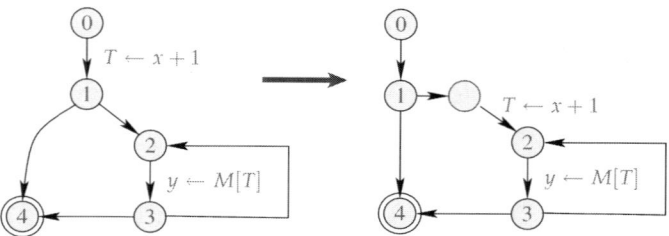

Abb. 1.58. Eine umgekehrte Schleife und ihre Optimierung.

Schleife umgekehrt ist wie in Abb. 1.58. Dann lässt sich die Zuweisung zumindest hinter die Eintrittskante schieben, und der teilweise tote Code ist beseitigt. □

Im Beispiel war die Transformation **PDE** nicht verschlechternd. Es lässt sich sogar beweisen, dass die Optimierung **PDE** nie verschlechternd ist.

Fazit 1.15.1 Wir haben eine Reihe optimierender Transformationen kennengelernt. Wir stellten fest, dass durch eine Transformation wie z.B. den ersten Teilschritt der Transformation **RE** zur Beseitigung von Redundanzen Ineffizienzen entstehen können, die durch weitere Transformationen, hier **CE** (Beseitigung von Kopien), gefolgt von **DE** (Beseitigung von Zuweisungen an tote Variablen) erst wieder beseitigt werden müssen. Es ist deshalb eine keineswegs triviale Frage, in welcher Reihenfolge unsere Optimierungen angewendet werden sollen. Hier ist eine sinnvolle Abfolge der von uns vorgestellten Transformationen:

LR	Schleifenumkehr
CF	Konstantenfaltung
	Intervallanalyse
	Alias-Analyse
RE	Beseitigung redundanter Berechnungen
CE	Propagation von Kopien
DE	Beseitigung toter Zuweisungen
PRE	Beseitigung teilweise redundanter Zuweisungen
PDE	Beseitigung teilweise toter Zuweisungen

1.16 Aufgaben

1. *Verfügbare Zuweisungen.* Betrachten Sie den Kontrollflussgraphen der Funktion swap aus der Einleitung.
   a) Bestimmen Sie für jeden Programmpunkt u die Menge $A[u]$ der an u verfügbaren Zuweisungen.
   b) Wenden Sie die Transformation RE zur Beseitigung redundanter Berechnungen an.
2. *Vollständige Verbände.* Betrachten Sie den vollständigen Verband M der monotonen booleschen Funktionen mit zwei Variablen:

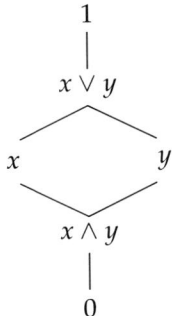

   a) Bestimmen Sie die Menge aller monotonen Funktionen, die M in den vollständigen Verband $\mathbf{2} = \{0, 1\}$ mit $0 < 1$ abbilden.
   b) Bestimmen Sie die Anordnung dieser Funktionen!
3. *Vollständige Verbände.* Zeigen Sie:
   a) Sind $\mathbb{D}_1, \mathbb{D}_2$ vollständige Verbände, dann auch
   $$\mathbb{D}_1 \times \mathbb{D}_2 = \{(x, y) \mid x \in \mathbb{D}_1, y \in \mathbb{D}_2\}$$
   wobei $(x_1, y_1) \sqsubseteq (x_2, y_2)$ genau dann wenn $x_1 \sqsubseteq x_2$ und $y_1 \sqsubseteq y_2$.

b) Eine Funktion $f : \mathbb{D}_1 \times \mathbb{D}_2 \to \mathbb{D}$ ist genau dann monoton, wenn die Funktionen:
$$f_x : \mathbb{D}_2 \to \mathbb{D} \quad f_x(y) = f(x, y) \quad (x \in \mathbb{D}_1)$$
$$f^y : \mathbb{D}_1 \to \mathbb{D} \quad f^y(x) = f(x, y) \quad (y \in \mathbb{D}_2)$$
monoton sind.

4. *Vollständige Verbände.* Für einen vollständigen Verband $\mathbb{D}$ sei $h(\mathbb{D}) = n$ die maximale Länge einer echt aufsteigenden Kette $\bot \sqsubset d_1 \sqsubset \cdots \sqsubset d_n$. Zeigen Sie, dass für vollständige Verbände $\mathbb{D}_1, \mathbb{D}_2$ gilt:
   a) $h(\mathbb{D}_1 \times \mathbb{D}_2) = h(\mathbb{D}_1) + h(\mathbb{D}_2)$
   b) $h(\mathbb{D}^k) = k \cdot h(\mathbb{D})$
   c) $h([\mathbb{D}_1 \to \mathbb{D}_2]) = \#\mathbb{D}_1 \cdot h(\mathbb{D}_2)$, wobei $[\mathbb{D}_1 \to \mathbb{D}_2]$ die Menge der monotonen Funktionen $f : \mathbb{D}_1 \to \mathbb{D}_2$ und $\#\mathbb{D}_1$ die Kardinalität von $\mathbb{D}_1$ ist.

5. *Einführung von Hilfsvariablen für Ausdrücke.* Führen Sie für ausgewählte Ausdrücke e Hilfsvariablen T_e ein, in der der Wert von e nach jeder Auswertung abgelegt wird.
   a) Definieren Sie eine Programmtransformation, die diese Hilfsvariablen einführt und argumentieren Sie, dass diese Transformation die Semantik Ihres Programms nicht ändert.
   b) Welche Auswirkung hat diese Transformation auf die Beseitigung redundanter Berechnungen **RE**?
   c) Für welche Ausdrücke lohnt sich das Einführen der Hilfsvariablen? Wie kann die Anzahl der Umspeicherungen durch Einführung der Hilfsvariablen nachträglich wieder verringert werden?
   d) Wie könnte die Transformation **PRE** durch die Hilfsvariablen profitieren?

6. *Verfügbare Speicherzugriffe.* Erweitern Sie Analyse und Transformation für verfügbare Zuweisungen so, dass die Verfügbarkeit von Speicherzugriffen $x \leftarrow M[e]$ berücksichtigt wird.

7. *Vollständige Verbände.* Sei $\mathcal{U}$ eine endliche Menge und $\mathbb{D} = 2^{\mathcal{U}}$ der Teilmengen-Verband über $\mathcal{U}$, geordnet durch $\sqsubseteq = \subseteq$. Sei $\mathcal{F}$ die Menge aller Funktionen $f : \mathbb{D} \to \mathbb{D}$ von der Form $fx = (x \cap a) \cup b$ mit $a, b \subseteq \mathbb{D}$. Zeigen Sie:
   a) $\mathcal{F}$ enthält die Identität und besitzt ein kleinstes und größtes Element;
   b) $\mathcal{F}$ ist abgeschlossen unter Komposition, $\sqcup$ und $\sqcap$;
   c) auf $\mathcal{F}$ lässt sich eine (Postfix-) Operation * definieren mit
   $$f^* x = \bigsqcup_{j \geq 0} f^j x$$

8. *Fixpunktiteration.* Betrachten Sie ein Ungleichungssystem der Form:
$$x_i \sqsupseteq f_i(x_{i+1}), \text{ wobei } f_i \text{ monoton, für } i = 1, \ldots, n$$
Zeigen Sie:
   a) Die Fixpunktiteration terminiert nach maximal n Iterationen.
   b) Bei geschickter Anordnung der Variablen genügt eine Round-Robin-Iteration.

c) Kann die obere Schranke n für die maximale Anzahl an Iterationen erreicht werden?
9. *Tote Variablen.* Definieren Sie eine Programm-Analyse, die *direkt* für jeden Programmpunkt die Menge der toten Variablen bestimmt.
   a) Definieren Sie den zugehörigen Verband!
   b) Definieren Sie die zugehörigen abstrakten Kanteneffekte!
   c) Erweitern Sie die Analyse zu einer Analyse *wahrer Totheit!*
   Wie könnte man die Korrektheit der Analyse beweisen?
10. *Distributivität I.* Seien $f_1, f_2 : \mathbb{D} \to \mathbb{D}$ zwei distributive Funktionen über einem vollständigen Verband $\mathbb{D}$. Zeigen Sie:
    a) $f_1 \circ f_2$ ist ebenfalls distributiv;
    b) $f_1 \sqcup f_2$ ist ebenfalls distributiv.
11. *Distributivität II.* Beweisen Sie Satz 1.7.1.
12. *Distributivität III.* Zeigen Sie, dass die Funktion:

$$f(X) = (a \in X)?A : B$$

$(A, B \subseteq U)$ vollständig distributiv ist, sofern $B \subseteq A$.

13. *Optimierung der Funktion* **swap**. Wenden Sie nach der Optimierung RE auch die Optimierungen CE und DE auf das Beispielprogramm swap an!
14. *Konstantenpropagation: Vorzeichen.* Vereinfachen Sie die Konstantenpropagation so, dass sie nur die Vorzeichen von Werten berücksichtigt.
    a) Definieren Sie für diese Erweiterung eine geeignete partielle Ordnung von Werten!
    b) Wie sieht die Beschreibungsrelation Δ aus?
    c) Definieren sie sinnvolle abstrakte Operatoren auf den Werten!
    d) Weisen Sie nach, dass Ihre Operatoren die Beschreibungsrelation Δ respektieren!
    e) Geben Sie die abstrakten Kanteneffekte für Bedingungen an. Argumentieren Sie, dass diese korrekt sind!
15. *Konstantenpropagation: ausgeschlossene Werte.* Erweitern Sie die Konstantenpropagation so, dass nicht nur mögliche Werte für Variablen, sondern auch *definitiv ausgeschlossene* berücksichtigt werden.
    Betrachten Sie z.B. eine Abfrage:

    if $(x = 3)\ y \leftarrow x;$
    else $z \leftarrow x;$

    Im *else*-Teil hat die Variable x offenbar definitiv *nicht* den Wert 3.
    a) Definieren Sie für diese Erweiterung eine geeignete partielle Ordnung auf den Werten!
    b) Wie sieht die Beschreibungsrelation Δ aus?
    c) Definieren Sie sinnvolle abstrakte Operatoren auf den Werten!
    d) Weisen Sie nach, dass Ihre Operatoren die Beschreibungsrelation Δ respektieren!

e) Geben Sie verbesserte abstrakte Effekte für bestimmte Bedingungen an und argumentieren Sie, dass diese korrekt sind!
16. *Konstantenpropagation: Speicherzellen.* Erweitern Sie Konstantenpropagation so, dass auch die Inhalte einiger Speicherzellen mit verwaltet werden.
   a) Wie sieht der neue abstrakte Zustand aus?
   b) Wie sehen die neuen abstrakten Kanteneffekte für Kanten mit Lade- bzw. Speicheroperationen aus?
   c) Argumentieren Sie, dass Ihre neuen Kanteneffekte korrekt sind!
17. *Intervallanalyse.* Definieren Sie eine partielle Ordnung von Intervallen, die es erlaubt, sowohl die untere wie die obere Schranke maximal jeweils r-mal zu modifizieren!
   Definieren Sie für diesen Bereich die Beschreibungsrelation Δ sowie ein neues Widening!
18. *Intervallanalyse.* Beweisen Sie, dass die abstrakte Multiplikation für Intervalle die Beschreibungsrelation Δ respektiert, d.h. dass aus $z_1 \Delta I_1$ und $z_2 \Delta I_2$ immer folgt, dass auch
$$(z_1 \cdot z_2) \Delta (I_1 \cdot^\sharp I_2)$$
19. *Intervallanalyse.* Definieren Sie die abstrakten Operationen ! (Negation) und $\neq$ (Ungleichheit).
20. *Intervallanalyse.* Geben Sie ein Beispielprogramm an, für das die Intervallanalyse ohne Widening nicht terminiert!
21. *Aliasanalyse.* Gegeben sei das folgende Programm:

$$\begin{aligned}&\textbf{for } (i \leftarrow 0; i < 3; i++) \, \{ \\ &\quad R \leftarrow \text{new}(); \\ &\quad R[1] \leftarrow i; \\ &\quad R[2] \leftarrow l; \\ &\quad l \leftarrow x; \\ &\}\end{aligned}$$

Wenden Sie die Points-to- und die Aliasanalyse aus Kapitel 1.11 auf das Programm an.
22. *Aliasanalyse: Semantik.* Weisen Sie nach, dass die instrumentierte operationelle Semantik, die wir in Kapitel 1.11 zum Nachweis der Korrektheit der Points-to-Analysen eingeführt haben, zur „natürlichen" operationellen Semantik für Programme mit dynamischer Allokation von Speicherblöcken *äquivalent* ist. Formalisieren Sie dazu einen Äquivalenzbegriff, der die unterschiedliche Mengen von Adressen, die die beiden Semantiken einsetzen, zwar nicht global, aber für jede konkrete Programmausführung in Beziehung setzen.
23. *Aliasanalyse: Anzahl der Iterationen.* Zeigen Sie, dass bei der gleichungsbasierten Aliasanalyse aus Kapitel 1.11 der kleinste Fixpunkt des Gleichungssystems über Partitionen bereits nach genau einer Iteration über alle Kanten erreicht ist.

24. *Worklistiteration.* Führen Sie die Worklistiteration für die Berechnung der verfügbaren Zuweisungen am Beispiel des Fakultätsprogramms durch. Ermitteln Sie die Anzahl der Auswertungen rechter Seiten.
25. *Schleifeninvarianter Code.* Beseitigen Sie in dem folgenden Programm den schleifeninvarianten Code:

$$\begin{aligned}
&\textbf{for } (i \leftarrow 0; i < n; i++) \; \{ \\
&\quad b \leftarrow a + 2; \\
&\quad T \leftarrow b + i; \\
&\quad M[T] \leftarrow i; \\
&\quad \textbf{if } (j > i) \; \textbf{break}; \\
&\}
\end{aligned}$$

Ließe sich die invariante Berechnung auch verschieben, wenn die Abfrage **if** $(j > i) \ldots$ am *Anfang* des Schleifenrumpfs stünde? Begründen Sie Ihre Antwort!

26. *Schleifendominierte Programme.* Ein Programm heiße *schleifen-dominiert*, falls jede Schleife genau einen Eintrittspunkt besitzt, d.h. einen Punkt u enthält, der alle Knoten der Schleife dominiert.

   a) Zeigen Sie, dass in einem schleifen-dominierten Programm die Menge der Eintrittspunkte in Schleifen ein Schleifenseparator für das Programm ist.
   b) Transformieren Sie die Schleife des Beispielprogramms zur Intervallanalyse in eine *do-while*-Schleife.
   c) Führen Sie die Intervallanalyse (ohne Narrowing) auf dem transformierten Programm durch. Vergleichen Sie das Ergebnis mit demjenigen aus Kapitel 1.10.

1.17 Literaturhinweise

Die Grundlagen der abstrakten Interpretation wurden von Patrick und Radhia Cousot gelegt in [CC77a]. Intervallanalyse wird erstmals beschrieben in [CC76]. Dort wird auch die Technik von Widening und Narrowing eingeführt. Eine Technik zur Intervallanalyse ganz ohne Widening und Narrowing präsentiert dagegen [GS07]. Monotone Analyserahmen führen Kam und Ullman in [KU77, KU76] ein. Programmanalysen mit distributiven Kanten-Effekten betrachtet Gary Kildall [Kil73]. Die beschriebene Verstärkung der Lebendigkeitsanalyse wurde von Robert Giegerich, Ulrich Möncke und Reinhard Wilhelm entwickelt [GMW81]. Die geschilderten Verfahren zur Beseitigung partieller Redundanzen und partiell toten Codes lehnen sich an die Arbeiten von Jens Knoop, Oliver Rüthing und Bernhard Steffen an [KRS94b, KRS94a, Kno98]. Eine Verallgemeinerung von Konstantenpropagation auf lineare Gleichheitsbeziehungen untersuchen bereits Michael Karr [Kar76] und Philippe Granger [Gra91], deren Ansätze in [MOS04, MOS05, MOS07] interprozedural verallgemeinert werden. Die Analyse von Ungleichungsbeziehungen zwischen

Variablen geht auf die Arbeit von Patrick Cousot und Nicolas Halbwachs [CH78] zurück. Praktische Anwendungen zur Analyse von C-Programmen diskutiert ausführlich Axel Simon [Sim08].

In unserer knappen Übersicht wurden nur sehr einfache Ansätze zur Analyse dynamischer Datenstrukturen diskutiert. Gerade für die Programmiersprache C stellt Aliasanalyse, insbesondere in Programmen mit Zeigerarithmetik eine Herausforderung dar. Die einfachen Verfahren, die wir präsentiert haben, orientieren sich an den Verfahren von Bjarne Steensgaard [Ste96] bzw. Paul Anderson, David Binkley, Genevieve Rosay und Tim Teitelbaum [ABRT02]. Interprozedurale Erweiterungen präsentieren Manuel Fähndrich, Jakob Rehof und Manuvir Das [FRD00] sowie Donglin Liang, Maikel Pennings und Mary Jean Harrold [LPH01]. Ramalingam [Ram02] behandelt die Analyse der Schleifenstruktur in Kontrollflussgraphen im Detail und gibt sowohl axiomatische als auch konstruktive Definitionen derselben.

Elaboriertere Techniken wurden von Mooly Sagiv, Thomas W. Reps und Reinhard Wilhelm entwickelt [SRW99, SRW02]. Diese Analysen sind allerdings verhältnismäßig aufwändig. Dafür erlauben sie aber sogar, Aussagen über die *Gestalt* dynamischer Datenstrukturen automatisch herzuleiten.

2
Interprozedurale Optimierungen

In diesem Abschnitt erweitern wir unsere Programmiersprache um Prozeduren, ihre Deklarationen und ihre Aufrufe. Prozeduraufrufe haben eine komplexe Semantik: die aktuelle Berechnung wird unterbrochen, bis die aufgerufene Prozedur ihre Berechnung beendet hat. Der Rumpf einer Prozedur bildet meist einen eigenen Gültigkeitsbereich für *lokale*, d.h. nur innerhalb des Rumpfs gültige Variablen. Globale Variablen werden möglicherweise von lokalen Variablen gleichen Namens *verdeckt*. Aktuelle Parameter werden bei Aufruf und Ergebnisse bei Verlassen der Prozedur übergeben. Wenn es Referenzparameter gibt, gibt es nach der Übergabe einer Variablen als aktuellem Referenzparameter zwei verschiedene Namen für diese Variable.

Unsere Programmiersprache hat globale und lokale Variablen. Die Namen der lokalen Variablen lassen wir zur Unterscheidung mit Großbuchstaben beginnen. In Programmiersprachen mit Funktionszeigern wie in C kann man bei einem Funktionsaufruf über einen Funktionszeiger zur Übersetzungszeit unter Umständen nicht entscheiden, welche Funktion tatsächlich aufgerufen wird. Das Gleiche gilt für objekt-orientierte Sprachen wie JAVA oder C#, wo bei einem Methodenaufruf die der dynamische Typ des Objekts darüber entscheidet, welche Methode ausgewählt werden soll. Der Einfachheit halber nehmen wir hier jedoch an, dass an jeder Aufrufstelle die aufgerufene Prozedur statisch bekannt ist. Call-by-Value-Parameter und Rückgabewerte lassen sich leicht durch globale und lokale Variablen simulieren (s. Aufg. 1). Deshalb betrachten wir nur Prozeduren ohne Parameter. Da unsere Prozeduren also weder Parameter besitzen noch Ergebnisse zurückliefern, reicht es, unsere Programmiersprache um Aufrufe f() als einziger neuen Form von Anweisungen erweitert.

Jede Prozedur f besitzt eine eigene Deklaration:

$$f() \ \{ \ stmt^* \ \}$$

Die Programmausführung startet mit dem Aufruf einer speziellen Prozedur main ().

Beispiel 2.0.1 Zur Einführung betrachten wir die Fakultätsfunktion f und eine Prozedur main, welche f aufruft, nachdem die globale Variable b auf 3 gesetzt wurde.

2 Interprozedurale Optimierungen

```
main() {                    f() {
    b ← 3;                      A ← b;
    f();                        if (A ≤ 1) ret ← 1;
    M[17] ← ret;                else {
}                                   b ← A − 1;
                                    f();
                                    ret ← A · ret;
                                }
                            }
```

Die globalen Variablen b und ret nehmen den aktuellen Parameter bzw. den Rückgabewert der Funktion f auf. Der formale Parameter der Funktion f wird durch die lokale Variable A simuliert, die als erste Aktion im Rumpf der Funktion f den Wert des aktuellen Parameters b erhält. □

Programme unserer erweiterten Programmiersprache lassen sich durch eine *Menge* von Kontrollflussgraphen darstellen, je einer für den Kontrollfluss einer Funktion. Für das Programm aus Beispiel 2.0.1 zeigt Abbildung 2.1 diese beiden Kontrollflussgraphen. Um über die Korrektheit von Programmen und optimierenden Trans-

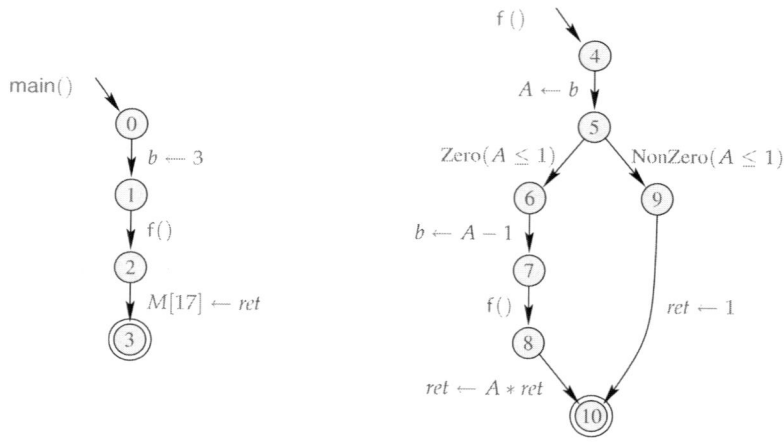

Abb. 2.1. Das Fakultätsprogramm mit Prozeduren.

formationen solcher Programme reden zu können, müssen wir die Semantik von Kontrollflussgraphen auf Kontrollflussgraphen mit Proceduraufrufen erweitern.

In Anwesenheit von Proceduraufrufen wird die Ausführungen von Programmen nicht mehr durch *Pfade* beschrieben werden, sondern durch Pfade, die entsprechend den Proceduraufrufen ineinander *geschachtelt* sind: jeder Proceduraufruf entspricht der Öffnung einer Klammer, die mit Beendigung dieses Aufrufs wieder geschlossen wird. Die Folge der geöffneten und noch nicht wieder geschlossenen Klammern können wir durch einen Keller, den *Aufrufkeller* (*Call Stack*) repräsentieren. Aufrufkeller bilden damit die Grundlage der operationellen Semantik von Programmen mit Prozeduren. Die operationelle Semantik beschreiben wir durch eine Einschritt-Berechnungsrelation ⊢ zwischen *Konfigurationen*. Eine Konfiguration ist jetzt ein Tripel, bestehend aus einem Aufrufkeller aus *stack*, einer Belegung der globalen Variablen aus *globals* und einer Belegung des Speichers aus *store*. Ein Aufrufkeller besteht aus einer Folge von *Kellerrahmen* (*Stack Frames*). Jeder Kellerrahmen wiederum besteht aus einem Programmpunkt aus der Menge in der zugehörigen Prozedur, bis zu dem die Berechnung gekommen ist, und einem lokalen Zustand, d.h. einer Belegung der lokalen Variablen der Prozedur:

$$\begin{aligned} \textit{configuration} &= \textit{stack} \times \textit{globals} \times \textit{store} \\ \textit{globals} &= \textit{Glob} \to \mathbb{Z} \\ \textit{store} &= \mathbb{N} \to \mathbb{Z} \\ \textit{stack} &= \textit{frame} \cdot \textit{frame}^* \\ \textit{frame} &= \textit{point} \times \textit{locals} \\ \textit{locals} &= \textit{Loc} \to \mathbb{Z} \end{aligned}$$

Hier bezeichnen *Glob* und *Loc* die Mengen der globalen bzw. lokalen Variablen des Programms, während die Menge *point* die Menge der Programmmpunkte ist. Bei der grafischen Darstellung von Kellern wachsen Keller von unten nach oben; der Kellerrahmen der aktuellen Prozedur ist jeweils der oberste. Folgen von Kellern werden von links nach rechts angeordnet; der Keller zu einem Aufruf steht links von dem Kellerrahmen, der sich aus dem Aufruf ergibt.

Berechnungsschritte beziehen sich auf die aktuell aufgerufene Prozedur. Zusätzlich zu den Schritten, die wir bereits bei Programmen ohne Prozeduren kennen gelernt haben, benötigen wir zwei Arten von Schritten:

Aufruf $k = (u, \text{f}(), v)$:
$(\sigma \cdot \boxed{(u, \rho_{Loc})}, \rho_{Glob}, \mu) \vdash (\sigma \cdot \boxed{(v, \rho_{Loc}) \cdot (u_\text{f}, \rho_\text{f})}, \rho_{Glob}, \mu)$

u_f Anfangspunkt von f

Rückkehr von einem Aufruf :
$(\sigma \cdot \boxed{(v, \rho_{Loc}) \cdot (r_\text{f}, \_)}, \rho_{Glob}, \mu) \vdash (\sigma \cdot \boxed{(v, \rho_{Loc})}, \rho_{Glob}, \mu)$

r_f Endpunkt von f

Die Abbildung ρ_f beschreibt die Werte der lokalen Variablen bei Betreten der Prozedur f. Wenn diese Werte beliebig sein können, ist die Programmausführung prinzipiell nichtdeterministisch. Um diese Komplikation zu vermeiden, nehmen wir der Einfachheit halber an, dass die lokalen Variablen stets mit 0 initialisiert werden, d.h. $\rho_\text{f} = \{x \mapsto 0 \mid x \in Loc\}$. Diese Variablenbelegung bezeichnen wir auch mit $\underline{0}$.

Damit die Programmausführung deterministisch ist, nehmen wir weiterhin an, dass Endpunkte von Prozeduren keine ausgehenden Kanten besitzen. Für das Fakultätsprogramm aus Beispiel 2.0.1 ergibt sich eine Folge von Aufrufkellern, von der Abb. 2.2 eine Auswahl zeigt.

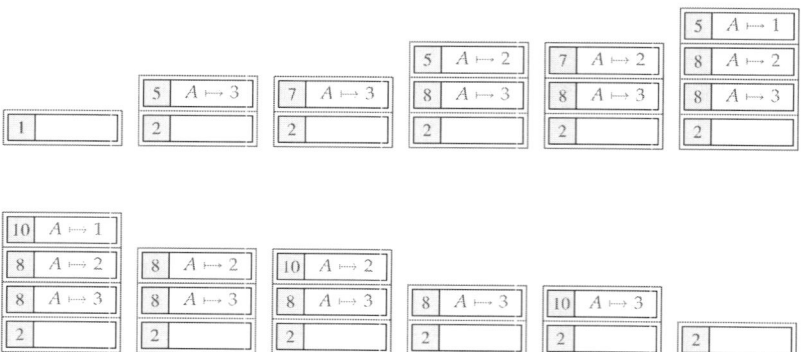

Abb. 2.2. Eine Folge von Aufrufkellern für das Programm aus Beispiel 2.0.1.

Zur Bezeichnung einer Folge von Berechnungsschritten können wir wie im intraprozeduralen Fall die Folge der Kanten verwenden, wobei wir zusätzlich bei einem Prozeduraufruf ein $\langle f \rangle$ für das Betreten der Prozedur f und ein $\langle /f \rangle$ bei Verlassen dieser Prozedur einfügen. Im Beispiel ergibt sich die Folge:

$$\langle \mathsf{main} \rangle$$
$$0, 1 \; \langle \mathsf{f} \rangle \; 5, 6, 7$$
$$\langle \mathsf{f} \rangle \; 5, 6, 7$$
$$\langle \mathsf{f} \rangle \; 5, 6, 7$$
$$\langle \mathsf{f} \rangle \; 5, 9, 10 \; \langle /\mathsf{f} \rangle$$
$$8, 10 \; \langle /\mathsf{f} \rangle$$
$$8, 10 \; \langle /\mathsf{f} \rangle$$
$$8, 10 \; \langle /\mathsf{f} \rangle$$
$$2, 3 \; \langle /\mathsf{main} \rangle$$

wobei wir der Übersichtlichkeit halber anstelle der Kanten (u, lab, v) nur die von den Kanten durchlaufenen Programmpunkte aufgelistet haben.

Eine Berechnungsfolge π, die von einer Konfiguration $((u, \rho_{Loc}), \rho_{Glob}, \mu)$ in eine Konfiguration $((v, \rho'_{Loc}), \rho'_{Glob}, \mu')$ führt, nennen wir *pegelerhaltend (same-level)*, weil in einer solchen Berechnung jede Prozedur, die betreten wird, auch wieder verlassen wird und deshalb die Höhe des Aufrufkellers am Ende der Berechnung gleich der Höhe des Aufrufkellers am Anfang der Berechnung ist.

Nehmen wir an, eine pegelerhaltende Berechnungsfolge führt von einer Konfiguration $((u, \rho_{Loc}), \rho_{Glob}, \mu)$ in eine Konfiguration $((v, \rho'_{Loc}), \rho'_{Glob}, \mu')$. Dann bedeutet das, dass die Ausführung des Programms vom Programmpunkt u aus den Programmpunkt v erreicht (eventuell mit Hilfe zwischenzeitlicher Prozeduraufrufe), wenn die Variablen die Werte entsprechend $\rho = \rho_{Loc} \oplus \rho_{Glob}$ haben und der Speicher durch μ beschrieben wird. Dabei ist der Zustand der Variablen und des Speichers nach der Ausführung durch $\rho' = \rho'_{Loc} \oplus \rho'_{Glob}$ und μ' gegeben. Die pegelerhaltende Berechnungsfolge π definiert damit eine partielle Abbildung $[\![\pi]\!]$, die $(\rho_{Loc}, \rho_{Glob}, \mu)$ in $(\rho'_{Loc}, \rho'_{Glob}, \mu')$ transformiert. Diese Transformation kann man induktiv über den Aufbau einer solchen Berechnungsfolge ermitteln:

$$[\![\pi k]\!] = [\![k]\!] \circ [\![\pi]\!] \qquad \text{für eine normale Kante } k$$
$$[\![\pi_1 \langle f \rangle \pi_2 \langle /f \rangle]\!] = H([\![\pi_2]\!]) \circ [\![\pi_1]\!] \qquad \text{für eine Prozedur f}$$

Der Operator $H(\cdots)$ liefert zu der Transformation, die eine Berechnungsfolge für einen Prozedurrumpf realisiert, die Transformation, die diese Berechnungsfolge für die aufrufende Prozedur bewirkt:

$$H(g)\,(\rho_{Loc}, \rho_{Glob}, \mu) = \textbf{let } (\rho'_{Loc}, \rho'_{Glob}, \mu') = g\,(\underline{0}, \rho_{Glob}, \mu)$$
$$\textbf{in } (\rho_{Loc}, \rho'_{Glob}, \mu')$$

Neben pegelerhaltenden Berechnungen betrachten wir auch Berechnungen, die einen Programmpunkt u *erreichen*. Diese beginnen in einem Aufruf der Prozedur main und führen zu einem Aufrufkeller, auf dem oben ein Kellerrahmen mit Programmpunkt u liegt. Auch solche Berechnungen lassen sich durch Folgen von Kanten beschreiben, in die für das Betreten und Verlassen von Prozeduren die Markierungen $\langle f \rangle$ bzw. $\langle /f \rangle$ eingestreut sind. Jede solche Folge π ist von der Form

$$\pi = \langle \text{main} \rangle\, \pi_0 \,\langle f_1 \rangle\, \pi_1 \cdots \langle f_k \rangle\, \pi_k$$

ist für Prozeduren $f_1, \ldots, f_k$ und pegelerhaltende Berechnungsfolgen $\pi_0, \pi_1, \ldots, \pi_k$. Auch eine solche Folge bewirkt eine Transformation $[\![\pi]\!]$ eines Paars $(\rho_{Loc}, \rho_{Glob}, \mu)$ von Variablenbelegung und Speicherzustand vor der Ausführung in ein Paar nach der Ausführung von π. Dabei ist:

$$[\![\pi \langle f \rangle \pi']\!]\,(\rho_{Loc}, \rho_{Glob}, \mu) = \textbf{let } (\_, \rho'_{Glob}, \mu') = [\![\pi]\!]\,(\rho_{Loc}, \rho_{Glob}, \mu)$$
$$\textbf{in } [\![\pi']\!]\,(\underline{0}, \rho'_{Glob}, \mu')$$

für eine Prozedur f und eine pegelerhaltende Berechnungsfolge π'.

Unsere operationelle Semantik lehnt sich eng an eine mögliche Implementierung von Prozeduren an. Mit Hilfe der Semantik lässt sich der *Aufwand* eines Funktionsaufrufs genauer angeben.

Aufgaben vor Betreten des Rumpfs:

- Anlegen eines Kellerrahmens;
- Retten der lokalen Variablen;

- Retten der Fortsetzungsaddresse;
- Anspringen des Rumpfs.

Aufgaben bei Beenden des Aufrufs:

- Aufgeben des Kellerrahmens;
- Restaurieren der lokalen Variablen;
- Rücksprung hinter die Aufrufstelle.

Verwendet man eine rein kellerbasierte Implementierung, ist das Retten und Restaurieren der lokalen Variablen sehr einfach. Realistische Implementierungen für reale Rechner werden nach Möglichkeit Gebrauch von Registern machen. Gerade wenn viele Register zur Verfügung stehen, kann hier – sofern keine spezielle Hardwareunterstützung für Prozeduraufrufe vorhanden ist – ein beträchtlicher Aufwand erforderlich sein.

2.1 Inlining

Die erste Idee, um die Kosten von Prozeduraufrufen zu reduzieren, besteht darin, den Rumpf der aufgerufenen Prozedur an die Aufrufstelle zu *kopieren*. Diese Technik nennt man *Inlining*.

Beispiel 2.1.1 Betrachten wir das Programm:

$$
\begin{array}{ll}
\text{abs () \{} & \text{max () \{} \\
\quad b_1 \leftarrow b; & \quad \text{if } (b_1 < b_2) \text{ ret} \leftarrow b_2; \\
\quad b_2 \leftarrow -b; & \quad \text{else ret} \leftarrow b_1; \\
\quad \text{max ();} & \text{\}} \\
\text{\}} &
\end{array}
$$

Inlining des Rumpfs der Prozedur max () liefert das Programm:

$$
\begin{array}{l}
\text{abs () \{} \\
\quad b_1 \leftarrow b; \\
\quad b_2 \leftarrow -b; \\
\quad \boxed{\begin{array}{l}\text{if } (b_1 < b_2) \text{ ret} \leftarrow b_2; \\ \text{else ret} \leftarrow b_1;\end{array}} \\
\text{\}}
\end{array}
$$

□

Die Transformation Inlining für parameterlose Prozeduren ist besonders einfach, weil die Behandlung der Parameterübergabe ja bereits durch die Simulation mithilfe globaler und lokaler Variablen erledigt ist. Nichtsdestoweniger ergeben sich auch hier noch Probleme.

Inlining kann man zuerst einmal nur an Aufrufstellen durchführen, an denen die aufzurufende Prozedur statisch bekannt ist. Dies ist in Programmiersprachen wie C nicht immer gegeben, da Funktionen auch indirekt über Zeiger aufgerufen werden können. Auch bei objektorientierten Programmiersprachen hängt die jeweils aufzurufende Methode vom Laufzeittyp der betreffenden Objekte ab. In diesen Fällen sind zusätzliche Analysen erforderlich, um die Menge der möglicherweise aufzurufenden Funktionen bzw. Methoden einzuschränken. Nur wenn sicher ist, dass sich der Aufruf an der betreffenen Stelle nur auf eine einzige Prozedur beziehen kann, kann Inlining für diese Prozedur durchgeführt werden.

Weiterhin muss sichergestellt werden, dass der einkopierte Rumpf der aufgerufenen Prozedur nicht die lokalen Variablen der aufrufenden Prozedur modifiziert. Dies kann z.B. dadurch erreicht werden, dass vor dem Einkopieren die lokalen Variablen der Prozedur umbenannt werden.

Bei Mehrfachverwendung der selben Prozedur kann Inlining jedoch zu Codeduplizierung führen. Schlimmer noch: *vollständiges* Inlining für rekursive Prozeduren terminiert nicht. Um mit rekursiven Programmen umgehen zu können, muss deshalb vorgängig Rekursion in Prozeduraufrufen identifiziert werden. Dabei hilft der *Aufrufgraph* des Programms. Die Knoten dieses Graphen sind die Prozeduren des Programms. Eine Kante führt von einer Prozedur p zu einer Prozedur q, falls der Rumpf von p einen Aufruf der Prozedur q enthält.

Beispiel 2.1.2 Die Aufrufgraphen für die Programme aus Beispiel 2.0.1 bzw. Beispiel 2.1.1 sind sehr einfach (Abb. 2.3). Im ersten Fall besteht der Aufrufgraph aus den Knoten main und f, wobei die Prozedur main die Prozedur f und die letztere Prozedur sich selbst aufruft. Im zweiten Fall besteht der Aufrufgraph aus den beiden Knoten abs und max zusammen mit einer Kante von abs nach max. □

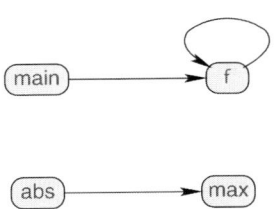

Abb. 2.3. Die Aufrufgraphen der Programme aus den Beispielen 2.0.1 und 2.1.1.

Zwei Strategien bieten sich an, um für einen Prozeduraufruf zu entscheiden, ob auf ihn Inlining angewendet werden soll.

- Kopiere nur *Blatt*-Funktionen ein, d.h. solche Prozeduren ohne weitere Aufrufe.
- Kopiere an allen *nichtrekursiven* Aufrufstellen, d.h. an allen Aufrufstellen, die nicht in starken Zusammenhangskomponenten des Aufrufgraphen liegen.

Natürlich sind andere Auswahlstrategien denkbar. Für jeden wie auch immer ausgewählten Aufruf führen wir die folgende Transformation aus.

Transformation PI:

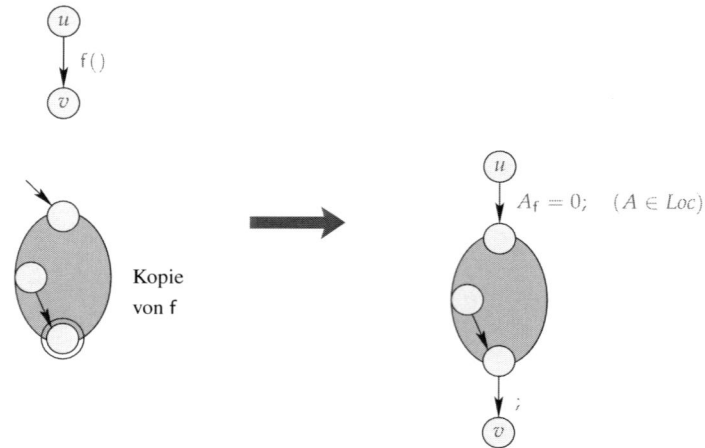

Die mit der leeren Anweisung markierte Kante können wir einsparen, wenn der *stop*-Knoten von f selbst keine ausgehenden Kanten hat. Die Initialisierungen der lokalen Variablen der einkopierten Prozedur haben wir eingefügt, weil die von uns gewählte Semantik dies so vorschreibt.

2.2 Beseitigung letzter Aufrufe

Betrachten Sie das folgende Beispiel:

$$\begin{aligned}
&\mathsf{f\,()}\ \{\\
&\qquad \textbf{if}\ (b_2 \leq 1)\ \ ret \leftarrow b_1;\\
&\qquad \textbf{else}\ \{\\
&\qquad\qquad b_1 \leftarrow b_1 \cdot b_2;\\
&\qquad\qquad b_2 \leftarrow b_2 - 1;\\
&\qquad\qquad \mathsf{f\,()};\\
&\qquad\}\\
&\}
\end{aligned}$$

Nach dem Proceduraufruf gibt es im Rumpf der aufrufenden Prozedur nichts mehr zu tun. Einen solchen Aufruf f() nennen wir einen *letzten* Aufruf. Letzte Aufrufe benötigen keinen eigenen Kellerrahmen. Stattdessen können sie im *selben* Kellerrahmen wie die aufrufende Prozedur ausgewertet werden. Einzig erforderlich ist, die alten lokalen Variablen durch die entsprechenden neuen der aufgerufenen Funktion f zu ersetzen. Technisch heißt das, dass der Aufruf der Prozedur f durch einen unbedingten Sprung an den Anfang des Rumpfs von f ersetzt wird. War der letzte Aufruf rekursiv, wird so Endrekursion in eine Schleife transformiert, d.h. in *Iteration*. In unserem Beispiel finden wir:

$$
\begin{aligned}
&\mathsf{f}\,()\ \{\\
&\quad \_\mathsf{f}:\ \textbf{if}\ (b_2 \leq 1)\ ret \leftarrow b_1;\\
&\quad \textbf{else}\ \{\\
&\quad\quad b_1 \leftarrow b_1 \cdot b_2;\\
&\quad\quad b_2 \leftarrow b_2 - 1;\\
&\quad\quad \textbf{goto}\ \_\mathsf{f};\\
&\quad \}\\
&\}
\end{aligned}
$$

Transformation LC:

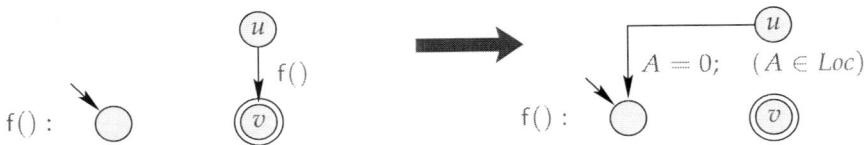

Wieder haben wir dabei angenommen, dass vor Betreten des Rumpfs der angesprungenen Prozedur die lokalen Variablen mit 0 initialisiert werden müssen.

Die Optimierung letzter Aufrufe ist besonders wichtig bei deklarativen Programmiersprachen, die nicht über Schleifen verfügen. Ein entscheidender Vorteil gegenüber Inlining besteht darin, dass keine Duplizierung von Code erforderlich ist. Auch bei nichtrekursiven Endaufrufen kann die Optimierung nützlich sein. Merkwürdig an der Optimierung ist, dass sie Sprünge aus einer Prozedur in andere Prozeduren einführt, die in dieser Form von modernen höheren Programmiersprachen nicht unterstützt werden.

Den aktuellen Kellerrahmen für die in einem letzten Aufruf aufgerufene Prozedur wiederzuverwenden, ist nur dann möglich, wenn wie bei unserer Beispielprogrammiersprache die lokalen Variablen der aufrufenden Prozedur nach dem Aufruf nicht mehr zugänglich sind. Die Programmiersprache C z.B. erlaubt es jedoch, über Zeiger auf lokale Variablen an beliebiger Stelle im Aufrufkeller zuzugreifen. Ähnliche Effekte sind möglich, wenn die Programmiersprache Parameterübergabe *by-reference* unterstützt. Vor Anwendung dieser Transformation muss dann sichergestellt werden, dass die lokalen Variablen der aufrufenden Funktion tatsächlich nicht mehr zugreifbar sind. Eine einfache Analyse, die eine Obermenge möglicherweise zugreifbarer Variablen ermittelt, entwickelt Aufg. 2.

2.3 Interprozedurale Analyse

Mit unseren bisherigen Methoden sind wir nur in der Lage, jede Prozedur einzeln zu analysieren. Solche Analysen haben auf der einen Seite Vorteile. Da Prozeduren typischerweise nicht sehr groß sind, halten sich die Kosten für die Analyse, die pro Prozedur aufzuwenden sind, in Grenzen. Damit steigen die Gesamtkosten der Analyse eines Programms im wesentlichen linear mit der Anzahl der Prozeduren. Die Techniken funktionieren ebenfalls bei getrennter Übersetzung. Der Preis, der dafür zu zahlen ist, ist dass die Analyse an jedem Prozeduraufruf jeweils das Schlimmste annehmen muss. Das bedeutet, dass jegliche Information über alle Variablen und Datenstrukturen verloren geht, die der Prozedur möglicherweise zugänglich sind. Für Konstantenpropagation heißt das, dass im wesentlichen nur die Werte lokaler Variablen propagiert werden können, die garantiert von außen nicht zugänglich sind.

Selbst bei getrennter Übersetzung liegen jedoch oft die Implementierungen mehrerer zusammengehöriger Prozeduren vor — etwa, weil sie in der selben Datei abgelegt wurden oder zur selben Programmeinheit (Modul, Klasse) gehören. Aus diesem Grund wollen wir der Frage nachgehen, wie Programme, die aus mehreren Prozeduren bestehen, analysiert werden können. Als Beispiel soll eine intraprozedurale Analyse zu einer interprozeduralen Analyse verallgemeinert werden. Dazu betrachten wir Kopienpropagation aus Kapitel 1.8. Diese Analyse ermittelt für eine gegebene Variable x zu jedem Programmpunkt eine Menge von Variablen, die mit Sicherheit den zuletzt der Variablen x zugewiesenen Wert enthalten. Eine solche Analyse ist auch über Prozedurgrenzen hinaus sinnvoll.

Beispiel 2.3.1 Betrachten Sie das folgende Beispielprogramm:

```
main () {                      work () {
    A ← M[0];                      A ← b;
    if (A) print();                if (A) work ();
    b ← A;                         ret ← A;
    work ();                   }
    ret ← 1 − ret;
}
```

Die Kontrollflussgraphen zu diesem Programm zeigt Abb. 2.4. Innerhalb der Prozedur **work** lässt sich die Umspeicherung des Werts der globalen Variablen b in die lokale Variable A vermeiden. □

Das Problem bei der Verallgemeinerung unseres bisherigen *intraprozeduralen* Ansatzes zur Propagation von Kopien besteht darin, dass wir nun nicht mehr mit *einem* Kontrollfussgraphen arbeiten können, sondern zusätzlich die Effekte sich möglicherweise rekursiv aufrufender Prozeduren berücksichtigen müssen.

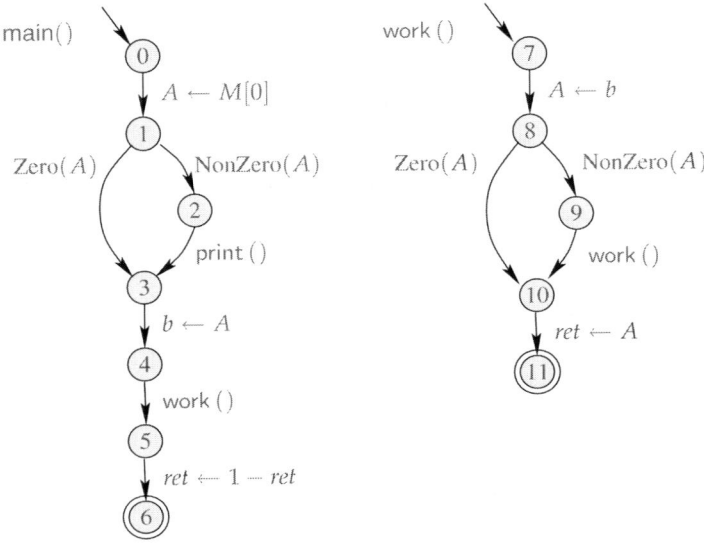

Abb. 2.4. Die Kontrollflussgraphen für Beispiel 2.3.1.

2.4 Der funktionale Ansatz

Nehmen wir an, wir hätten einen vollständigen Verband $\mathbb{D}$ von abstrakten Zuständen als mögliche Analyseinformation bei Erreichen eines Programmpunkts. Bei einem Ausführungsschritt gemäß einer normalen Berechnungskante k wird diese Information durch den abstrakten Kanteneffekt $[\![k]\!]^\sharp : \mathbb{D} \to \mathbb{D}$ transformiert, der zu der Kantenmarkierung in der betreffenden Analyse gehört. Zusätzlich müssen wir auch mit Kanten k umgehen können, an denen eine Prozedur f aufgerufen wird.

Die grundlegende Idee des funktionalen Ansatzes besteht darin, sich auch den abstrakten Effekt eines Aufrufs als eine solche Transformation vorzustellen und den abstrakten Effekt einer Aufrufskante k durch eine Funktion $[\![k]\!]^\sharp : \mathbb{D} \to \mathbb{D}$ zu beschreiben. Im Gegensatz zu den abstrakten Effekten anderer Anweisungen ist der abstrakte Effekt einer Aufrufkante aber nicht bereits vor Durchführung der Analyse bekannt, sondern ergibt sich während der Analyse des Rumpfs der Prozedur.

Zur Realisierung der Analyse benötigen wir Abstraktionen der Operationen enter und combine der operationellen Semantik. Die abstrakte Operation enter$^\sharp$ initialisiert den abstrakten Wert für den Startpunkt der Prozedur aus der am Programmpunkt vor dem Aufruf vorliegenden Information. Die Operation combine$^\sharp$ kombiniert die Information, die sich am Ende des Rumpfs der aufgerufenen Prozedur ergeben hat, mit der Information, die vor dem Betreten der Prozedur vorlag. Diese Operationen haben deshalb die Funktionalität:

$$\begin{aligned} \text{enter}^\sharp &: \mathbb{D} \to \mathbb{D} \\ \text{combine}^\sharp &: \mathbb{D}^2 \to \mathbb{D} \end{aligned}$$

2 Interprozedurale Optimierungen

Der Gesamteffekt der Aufrufkante k ergibt sich dann als:

$$[\![k]\!]^\sharp\, D \;=\; \text{combine}^\sharp\,(D, [\![f]\!]^\sharp\,(\text{enter}^\sharp\, D))$$

sofern $[\![f]\!]^\sharp$ die Transformation ist, die der Rumpf der Prozedur f bewirkt.

Schauen wir uns an, wie die Funktionen enter$^\sharp$ und combine$^\sharp$ für die Propagation von Kopien aussehen. Der Fall, dass alle Variablen global sind, ist hier besonders einfach: die Funktion enter$^\sharp$ ist die Identitätsfunktion, d.h. liefert ihr Argument zurück, und die Funktion combine$^\sharp$ liefert ihr zweites Argument:

$$\text{enter}^\sharp\, V = V \qquad \text{combine}^\sharp\,(V_1, V_2) = V_2$$

Betrachten wir nun eine Analyse von Programmen mit lokalen Variablen. Unser Ziel ist, für jeden Programmpunkt die Menge der Variablen zu ermitteln, die den letzten Wert enthalten, der in der globalen Variable x abgelegt wurde. Im Verlauf der Programmausführung kann dieser Wert auch in einer lokalen Variable des Aufrufers einer Prozedur abgelegt sein. Diese lokale Variable ist innerhalb der aufgerufenen Prozedur nicht sichtbar. Wird während des Aufrufs der Prozedur der Wert von x neu berechnet, können wir für keine lokale Variable des Aufrufers mehr mit Sicherheit annehmen, dass sie den richtigen Wert enthält. Um zu erkennen, dass während des Prozeduraufrufs eine solche Neuberechnung stattgefunden hat, fügen wir eine neue lokale Hilfsvariable • ein, die bei Aufruf jeweils den Wert von x *vor* dem Aufruf enthalten soll und *während* des Aufrufs nicht modifiziert wird. Unsere Analyse bestimmt, ob die Variable • nach Beendigung des Aufrufs mit Sicherheit immer noch den korrekten Wert enthält. Technisch bedeutet das, dass die Funktion enter$^\sharp$ als Ergebnis die lokale Hilfsvariable • zusammen mit der die Menge der globalen Variablen zurückliefert, die vor dem Aufruf den Wert von x enthalten, zusammen mit •. Die lokalen Variablen des Aufrufers enthalten nach der Rückkehr aus dem Aufruf dann immer noch den zuletzt berechneten Wert von x, wenn • in der Menge enthalten ist, welche die aufgerufene Prozedur zurückliefert. Damit definieren wir:

$$\begin{aligned}\text{enter}^\sharp\, V &= V \cap \textit{Glob} \cup \{\bullet\}\\ \text{combine}^\sharp\,(V_1, V_2) &= (V_2 \cap \textit{Glob}) \;\cup\; ((\bullet \in V_2)\,?\, V_1 \cap \textit{Loc}_\bullet : \emptyset)\end{aligned}$$

wobei $\textit{Loc}_\bullet = \textit{Loc} \cup \{\bullet\}$. Insgesamt ist der vollständige Verband, den wir für interprozedurale Propagation von Kopien einer globalen Variablen x benötigen, gegeben durch:

$$\mathbb{V} = \{V \subseteq \textit{Vars}_\bullet \mid x \in V\}$$

geordnet durch die Obermengenrelation $\supseteq$, wobei $\textit{Vars}_\bullet = \textit{Vars} \cup \{\bullet\}$.

Für jeden vollständigen Verband $\mathbb{D}$, für monotone Kanteneffekte $[\![k]\!]^\sharp$ sowie monotone Funktionen enter$^\sharp$ und combine$^\sharp$ definieren wir analog zur konkreten Semantik in einem ersten Schritt die abstrakte Transformation, die eine *pegelerhaltende* Berechnungsfolge bewirkt. Wir definieren:

$$\begin{aligned}[\![\pi\, k]\!]^\sharp &= [\![k]\!]^\sharp \circ [\![\pi]\!]^\sharp && \text{für eine normale Kante } k\\ [\![\pi_1\,\langle\text{f}\rangle\, \pi_2\, \langle/\text{f}\rangle]\!]^\sharp &= H^\sharp([\![\pi_2]\!]^\sharp) \circ [\![\pi_1]\!]^\sharp && \text{für eine Prozedur f}\end{aligned}$$

Dabei ist die Transformation

$$H^\sharp : (\mathbb{D} \to \mathbb{D}) \to \mathbb{D} \to \mathbb{D}$$

definiert durch:

$$H^\sharp\, g\, d = \mathsf{combine}^\sharp(d, g(\mathsf{enter}^\sharp(d)))$$

Der abstrakte Effekt $[\![f]\!]^\sharp$ für eine Prozedur f soll eine obere Schranke für den abstrakten Effekt $[\![\pi]\!]^\sharp$ jeder pegelerhaltenden Berechnung π für f, d.h. jeder pegelerhaltenden Berechnung vom Startpunkt zum Endpunkt von f zu sein. Um die Effekte $[\![f]\!]^\sharp$ zu ermitteln bzw. zu approximieren, stellen wir erneut ein Ungleichungssystem auf, nun über dem vollständigen Verband aller monotonen Funktionen in $\mathbb{D} \to \mathbb{D}$:

$[\![\mathit{start}_f]\!]^\sharp \sqsupseteq \mathsf{Id}$		start_f Startpunkt von Prozedur f
$[\![v]\!]^\sharp \sqsupseteq H^\sharp([\![f]\!]^\sharp) \circ [\![u]\!]^\sharp$		$k = (u, \mathsf{f}(), v)$ Aufrufkante
$[\![v]\!]^\sharp \sqsupseteq [\![k]\!]^\sharp \circ [\![u]\!]^\sharp$		$k = (u, \mathit{lab}, v)$ normale Kante
$[\![f]\!]^\sharp \sqsupseteq [\![\mathit{stop}_f]\!]^\sharp$		stop_f Endpunkt von f

Für einen Programmpunkt v einer Prozedur f beschreibt die Funktion $[\![v]\!]^\sharp : \mathbb{D} \to \mathbb{D}$ die Effekte aller pegelerhaltenden Berechnungsfolgen π, die vom Startpunkt von f nach v führen. Weil die Ausdrücke auf den rechten Seiten der Ungleichungen monotone Funktionen beschreiben, hat das Ungleichungssystem eine kleinste Lösung. Zur Korrektheit des Ansatzes beweist man die folgende Verallgemeinerung des Satzes 1.6.1:

Satz 2.4.1 *Sei $[\![\,.\,]\!]^\sharp$ die kleinste Lösung des interprozeduralen Ungleichungssystems. Dann gilt:*

1. *$[\![v]\!]^\sharp \sqsupseteq [\![\pi]\!]^\sharp$ für jede pegelerhaltende Berechnungsfolge π von start_f nach v, sofern v ein Programmpunkt der Prozedur f ist;*
2. *$[\![f]\!]^\sharp \sqsupseteq [\![\pi]\!]^\sharp$ für jede pegelerhaltende Berechnungsfolge π der Prozedur f.* □

Satz 2.4.1 lässt sich mit Induktion über die Struktur von pegelerhaltenden Berechnungsfolgen π beweisen. Der Satz gewährleistet, dass jede Lösung des Ungleichungssystems verwendet werden kann, um die abstrakten Effekte von Prozeduraufrufen zu approximieren.

Zwei grundlegende Probleme ergeben sich mit diesem Ansatz. Zum einen müssen die einzelnen monotonen Funktionen aus $\mathbb{D} \to \mathbb{D}$ effektiv repräsentiert werden. Nicht immer besitzen die auftretenden Funktionen eine einfache Darstellung. Ist der vollständige Verband $\mathbb{D}$ endlich, können wir sämtliche vorkommenden Funktionen zumindest im Prinzip durch ihre jeweiligen Wertetabellen repräsentieren. Dies ist nicht mehr möglich, wenn der vollständige Verband $\mathbb{D}$ nicht endlich ist wie z.B. bei der Konstantenpropagation. Im Falle unendlicher vollständiger Verbände kommt erschwerend hinzu, dass aufsteigende Ketten auftreten können, die niemals stabil werden.

Für unsere Beispielanwendung der Propagation von Kopien hilft uns die Beobachtung, dass der vollständige Verband $\mathbb{V}$ *atomar* ist. Die Menge der atomaren Elemente in $\mathbb{V}$ ist dabei gegeben durch:

$$\{Vars_\bullet \setminus \{z\} \mid z \in Vars_\bullet \setminus \{x\}\}$$

Weiterhin sind alle auftretenden Kanteneffekte nicht nur monoton, sondern sogar *distributiv* (bzgl. $\supseteq$). Statt darum alle monotonen Funktionen in $\mathbb{V} \to \mathbb{V}$ zu betrachten, genügt es, innerhalb des Teilverbands der distributiven Funktionen zu rechnen.

Distibutive Funktionen über einem atomaren Verband $\mathbb{D}$ besitzen eine kompakte Darstellung. Sei $A \subseteq \mathbb{D}$ die Menge der atomaren Elemente in $\mathbb{D}$. Gemäß Satz 1.7.1 aus Kapitel 1.7 lässt sich jede distributive Funktion $g : \mathbb{D} \to \mathbb{D}$ darstellen als

$$g(V) = b \sqcup \bigsqcup \{h(a) \mid a \in A \wedge a \sqsubseteq V\}$$

für eine Funktion $h : A \to \mathbb{D}$ und ein Element $b \in \mathbb{D}$.

Jede distributive Funktion g zur Propagation von Kopien lässt sich deshalb durch maximal k Mengen darstellen, falls k die Anzahl der Variablen des Programms ist. Damit ist auch die Höhe des vollständigen Verbands distributiver Funktionen beschränkt durch k^2.

Beispiel 2.4.1 Betrachten wir das Programm aus Beispiel 2.3.1. Die Menge $Vars_\bullet$ ist hier gegeben durch $\{A, b, ret, \bullet\}$. Nehmen wir an, wir wollen die globale Variable b verfolgen. Den Zuweisungen $A \leftarrow b$ und $ret \leftarrow A$ entsprechen die Funktionen

$$[\![A \leftarrow b]\!]^\sharp C = C \cup \{A\} \qquad =: g_1(C)$$
$$[\![ret \leftarrow A]\!]^\sharp C = (A \in C) ? (C \cup \{ret\}) : (C \setminus \{ret\}) =: g_2(C)$$

Die beiden Kanteneffekte g_1, g_2 können wir durch die Paare $(h_1, Vars_\bullet)$ bzw. $(h_2, Vars_\bullet)$ repräsentieren mit

	h_1	h_2
$\{b, ret, \bullet\}$	$Vars_\bullet$	$\{b, \bullet\}$
$\{b, A, \bullet\}$	$\{b, A, \bullet\}$	$Vars_\bullet$
$\{b, A, ret\}$	$\{b, A, ret\}$	$\{b, A, ret\}$

In einer ersten Runde Round-Robin-Iteration ergibt sich die Identität für Programmpunkt 7, die Funktion g_1 für die Programmpunkte 8, 9 und 10 und für den Programmpunkt 11 die Komposition $g_2 \circ g_1$. Diese Funktion ist gegeben durch:

$$g_2(g_1(C)) = C \cup \{A, ret\} =: g_3(C)$$

Diese Funktion liefert uns die erste Approximation für den Rumpf der Funktion work. Damit erhalten wir für einen Aufruf der Funktion work:

$$\text{combine}^\sharp(C, g_3(\text{enter}^\sharp(C))) = C \cup \{ret\} =: g_4(C)$$

2.4 Der funktionale Ansatz

In der zweiten Runde der Round-Robin-Iteration ist der neue Wert für den Programmpunkt 10 gegeben durch die Funktion $g_1 \cap g_4 \circ g_1$. Dabei ist:

$$g_4(g_1(C)) = C \cup \{A, ret\} \quad \text{und folglich:}$$
$$g_1(C) \cap g_4(g_1(C)) = C \cup \{A\} \quad = g_1(C)$$

wie in der letzten Iteration. In diesem Beispiel wird der Fixpunkt damit bereits nach der ersten Iteration erreicht. □

Für Analysen mit distributiven Kanteneffekten kann ein Koinzidenztheorem ähnlich Satz 1.6.3 für intraprozedurale Analysen bewiesen werden. Zusätzlich benötigen wir bei dieser Verallgemeinerung, dass sich auch der Effekt $[\![k]\!]^\sharp$ einer Aufrufkante $k = (u, \mathsf{f}(), v)$ distributiv verhält. Wir finden:

Satz 2.4.2 *Nehmen wir an, zu jeder Prozedur* f *und jedem Programmpunkt v von* f *gebe es mindestens eine pegelerhaltende Berechnungsfolge vom Startpunkt* $\mathrm{start}_\mathsf{f}$ *der Prozedur* f *nach v. Nehmen wir weiterhin an, alle Effekte* $[\![k]\!]^\sharp$ *der normalen Kanten wie auch die Transformation* $H^\sharp$ *seien distributiv, d.h. insbesondere:*

$$H^\sharp(\bigsqcup \mathcal{F}) = \bigsqcup \{H^\sharp(g) \mid g \in \mathcal{F}\}$$

für jede nichtleere Menge $\mathcal{F}$ *distributiver Funktionen. Dann gilt für jede Prozedur* f *und jeden Programmpunkt v von* f,

$$[\![v]\!]^\sharp = \bigsqcup \{[\![\pi]\!]^\sharp \mid \pi \in \mathcal{T}_v\}$$

Dabei ist $\mathcal{T}_v$ *die Menge aller pegelerhaltenden Berechnungsfolgen vom Startpunkt* $\mathrm{start}_\mathsf{f}$ *der Prozedur* f *nach v.*

Der Beweis dieses Satzes ist eine Verallgemeinerung des entsprechenden Satzes für intraprozedurale Analysen. Um Satz 2.4.2 leicht anwenden zu können, benötigen wir eine möglichst große Klasse von Funktionen $\mathsf{enter}^\sharp$ und $\mathsf{combine}^\sharp$, so dass die entsprechende Transformation $H^\sharp$ distributiv ist. Dazu beobachten wir:

Satz 2.4.3 *Sei* $\mathsf{enter}^\sharp : \mathbb{D} \to \mathbb{D}$ *distributiv und* $\mathsf{combine}^\sharp : \mathbb{D}^2 \to \mathbb{D}$ *von der Form:*

$$\mathsf{combine}^\sharp(x_1, x_2) = h_1(x_1) \sqcup h_2(x_2)$$

für zwei distributive Funktionen $h_1, h_2 : \mathbb{D} \to \mathbb{D}$. *Dann ist* $H^\sharp$ *distributiv, d.h. es gilt:*

$$H^\sharp(\bigsqcup \mathcal{F}) = \bigsqcup \{H^\sharp(g) \mid g \in \mathcal{F}\}$$

für jede nichtleere Menge $\mathcal{F}$ *distributiver Funktionen.*

Beweis. Sei $\mathcal{F}$ eine nichtleere Menge distributiver Funktionen. Dann haben wir:

$$\begin{aligned}
H^\sharp(\bigsqcup \mathcal{F}) &= h_1 \sqcup h_2 \circ (\bigsqcup \mathcal{F}) \circ \mathsf{enter}^\sharp \\
&= h_1 \sqcup h_2 \circ (\bigsqcup \{g \circ \mathsf{enter}^\sharp \mid g \in \mathcal{F}\}) \\
&= h_1 \sqcup (\bigsqcup \{h_2 \circ g \circ \mathsf{enter}^\sharp \mid g \in \mathcal{F}\}) \\
&= \bigsqcup \{h_1 \sqcup h_2 \circ g \circ \mathsf{enter}^\sharp \mid g \in \mathcal{F}\} \\
&= \bigsqcup \{H^\sharp(g) \mid g \in \mathcal{F}\}
\end{aligned}$$

Dabei gilt die zweite Gleichung, weil die Komposition ∘ im ersten Argument distributiv ist. Die dritte Gleichung gilt dann, weil bei distributivem ersten Argument die Komposition auch distributiv im zweiten Argument ist. □

Erinnern wir uns an die Definitionen der beiden Funktionen enter$^\sharp$ und combine$^\sharp$ für die Propagation von Kopien. Wir hatten:

$$\begin{aligned}\text{enter}^\sharp\, V &= V \cap \textit{Glob} \cup \{\bullet\} \\ \text{combine}^\sharp\,(V_1, V_2) &= (V_2 \cap \textit{Glob}) \cup (\bullet \in V_2)\,?\,V_1 \cap \textit{Loc} : \emptyset \\ &= ((V_1 \cap \textit{Loc}_\bullet) \cup \textit{Glob}) \cap \\ &\quad ((V_2 \cap \textit{Glob}) \cup \textit{Loc}_\bullet) \cap (\textit{Glob} \cup (\bullet \in V_2)\,?\,\textit{Vars}_\bullet : \textit{Glob})\end{aligned}$$

Die Funktion enter$^\sharp$ ist damit distributiv, und die Funktion combine$^\sharp$ lässt sich als Durchschnitt einer distributiven Funktion des ersten Arguments und einer distributiven Funktion des zweiten Arguments darstellen. Deshalb lässt sich Satz 2.4.3 anwenden (für die Ordnung ⊇). Wir folgern, dass die Transformation $H^\sharp$ distributiv für distributive Funktionen ist. Deshalb gilt für unsere Analyse das interprozedurale Koinzidenztheorem aus Satz 2.4.2.

2.5 Interprozedurale Erreichbarkeit

Nehmen wir an, wir hätten in einem ersten Schritt die abstrakten Effekte $[\![f]\!]^\sharp$ der Rümpfe der Prozeduren f ermittelt oder zumindest sicher approximiert. Im zweiten Schritt wollen wir dann für jeden Programmpunkt u eine Eigenschaft $\mathcal{D}[u] \in \mathbb{D}$ berechnen, die mit Sicherheit bei Erreichen des Programmpunkts u angenommen wird. Dazu stellen wir erneut ein Ungleichungssystem auf:

$\mathcal{D}[\textit{start}_{\text{main}}]$	$\sqsupseteq \text{enter}^\sharp(d_0)$	
$\mathcal{D}[\textit{start}_f]$	$\sqsupseteq \text{enter}^\sharp(\mathcal{D}[u])$	$(u, \text{f}(), v)$ Aufrufkante
$\mathcal{D}[v]$	$\sqsupseteq \text{combine}^\sharp(\mathcal{D}[u], [\![\text{f}]\!]^\sharp(\text{enter}^\sharp(\mathcal{D}[u])))$	$(u, \text{f}(), v)$ Aufrufkante
$\mathcal{D}[v]$	$\sqsupseteq [\![k]\!]^\sharp(\mathcal{D}[u])$	$k = (u, \textit{lab}, v)$ normale Kante

wobei $d_0 \in \mathbb{D}$ die Information vor der Programmausführung beschreibt.

Weil alle rechten Seiten monoton sind, besitzt dieses Ungleichungssystem eine kleinste Lösung. Zum Nachweis der Korrektheit unseres Vorgehens definieren wir in Analogie zur konkreten Semantik für jede Berechnungsfolge π, die v erreicht, den abstrakten Effekt $[\![\pi]\!]^\sharp : \mathbb{D} \to \mathbb{D}$. Der folgende Satz setzt die abstrakten Effekte der den Programmpunkt v erreichenden Berechnungsfolgen, zu den abstrakten Werten $\mathcal{D}[v]$ in Beziehung, die das Lösen des Ungleichungssystems liefert.

Satz 2.5.1 *Sei* $\mathcal{D}[.]$ *die kleinste Lösung des zweiten interprozeduralen Ungleichungssystems. Dann gilt:*

$$\mathcal{D}[v] \sqsupseteq [\![\pi]\!]^\sharp\, d_0$$

für jede Berechnungsfolge, die v erreicht. □

Beispiel 2.5.1 Betrachten wir erneut das Programm aus Beispiel 2.3.1. Dann erhalten wir für die Programmpunkte 0 bis 11:

0	$\{b\}$
1	$\{b\}$
2	$\{b\}$
3	$\{b\}$
4	$\{b\}$
5	$\{b, ret\}$
6	$\{b\}$

7	$\{b, \bullet\}$
8	$\{b, A, \bullet\}$
9	$\{b, A, \bullet\}$
10	$\{b, A, \bullet\}$
11	$\{b, A, \bullet, ret\}$

Wir schließen, dass innerhalb der Prozedur **work** anstelle der lokalen Variablen A stets auch direkt die globale Variable b verwendet werden kann. □

Sind alle Programmpunkte erreichbar, dann gilt auch für den zweiten Teil der interprozeduralen Analyse ein entsprechendes Koinzidenztheorem.

Satz 2.5.2 *Nehmen wir an, zu jedem Programmpunkt v gebe es mindestens eine Berechnungsfolge, die v erreicht. Nehmen wir weiterhin an, alle Effekte $[\![k]\!]^\sharp : \mathbb{D} \to \mathbb{D}$ der normalen Kanten wie auch die Transformation $H^\sharp$ seien distributiv. Dann gilt für jeden Programmpunkt v,*

$$\mathcal{D}[v] = \bigsqcup \{[\![\pi]\!]^\sharp d_0 \mid \pi \in \mathcal{P}_v\}$$

Dabei ist $\mathcal{P}_v$ die Menge aller Berechnungsfolgen, die v erreichen. □

2.6 Bedarfsgetriebene interprozedurale Analyse

Die Annahme, dass der vollständige Verband $\mathbb{D}$ endlich und die benötigten monotonen Funktionen aus $\mathbb{D} \to \mathbb{D}$ kompakt repräsentierbar sind, ist in vielen praktischen Fällen gewährleistet. Dies gilt insbesondere für eine interprozedurale Analyse der verfügbaren Zuweisungen. Es gibt jedoch interessante Analysen, die man interprozedural durchführen möchte, für die entweder der Verband nicht endlich oder für die Funktionen keine kompakten Repräsentationen zur Verfügung stehen. In diesem Fall können wir auf eine Beobachtung zurückgreifen, die bereits in einer sehr frühen Arbeit von Patrick Cousot wie in der Arbeit von Sharir/Pnueli über interprozedurale Analyse zu finden ist. Oft werden Prozeduren nur in *wenigen* verschiedenen abstrakten Situationen aufgerufen. In diesem Fall reicht es aus, nur die abstrakten Aufrufe der Prozeduren zu analysieren, deren Werte wirklich benötigt werden.

Diese Idee wollen wir nun umsetzen. Dazu stellen wir (zumindest konzeptuell) das folgende Ungleichungssystem auf:

$$\mathcal{D}[v,a] \sqsupseteq a \qquad\qquad v \text{ Eintrittspunkt}$$
$$\mathcal{D}[v,a] \sqsupseteq \mathsf{combine}^\sharp\,(\mathcal{D}[u,a], \mathcal{D}[f, \mathsf{enter}^\sharp(\mathcal{D}[u,a])])$$
$$\qquad\qquad\qquad\qquad\qquad\qquad (u, \mathsf{f}(), v) \text{ Aufrufkante}$$
$$\mathcal{D}[v,a] \sqsupseteq [\![lab]\!]^\sharp\,(\mathcal{D}[u,a]) \qquad k = (u, lab, v) \text{ normale Kante}$$
$$\mathcal{D}[f,a] \sqsupseteq \mathcal{D}[stop_f, a] \qquad\quad stop_f \text{ Endpunkt von f}$$

Dabei bezeichnet die Unbekannte $\mathcal{D}[v,a]$ den abstrakten Zustand bei Erreichen des Programmpunkts v einer Prozedur, die im abstrakten Zustand a aufgerufen wurde. Sie entspricht dem Wert $[\![v]\!]^\sharp(a)$, den unsere Analyse der abstrakten Effekte von Prozeduren für den Programmpunkt v berechnen würde.

Beachten Sie, dass in diesem Ungleichungssystem bei der Modellierung von Prozeduraufrufen *geschachtelte* Unbekannte auftreten: der Wert der inneren Unbekannten beeinflusst, für welche zweite Komponente b wir den Wert einer Variablen $\mathcal{D}[f,b]$ benötigen. Diese indirekte Adressierung hat zur Folge, dass die Variablenabhängigkeiten während der Fixpunktiteration nicht mehr statisch bekannt sind, sondern sich während der Iteration ändern können!

Dieses Ungleichungssystem wird im Allgemeinen sehr groß sein: jeder Programmpunkt wird ja so oft kopiert wie es Elemente in $\mathbb{D}$ gibt! Andererseits wollen wir es auch nicht komplett lösen. Uns reicht es, die korrekten Werte für jene Aufrufe zu ermitteln, die *vorkommen*, d.h. deren Werte während der Analyse tatsächlich angefragt werden. Technisch heißt das, dass wir uns auf diejenigen Unbekannten beschränken, die bei der Fixpunktiteration zur Berechnung des Werts $\mathcal{D}[\mathsf{main}, \mathsf{enter}^\sharp(d_0)]$ erforderlich sind.

Die bedarfsgetriebene Auswertung eines Ungleichungssystems erfordert einen geeigneten Fixpunktalgorithmus. Hier bietet sich der *lokale* Fixpunktalgorithmus aus Kapitel 1.12 an. Dieser Fixpunktalgorithmus exploriert den Variablenraum entsprechend den (eventuell dynamischen) Variablenabhängigkeiten. Als Ergebnis der Fixpunktiteration erhalten wir für jede Prozedur f die *Menge* der abstrakten Zustände, in denen f betreten wird sowie die Werte an allen ihren Programmpunkten für jeden dieser Aufrufe.

Die bedarfsgetriebene Variante des funktionalen Ansatzes wollen wir an einer Beispielanalyse praktisch erproben. Dazu wählen wir interprozedurale Konstantenpropagation. Der vollständige Verband ist hier gegeben durch:

$$\mathbb{D} = (\mathit{Vars} \to \mathbb{Z}^\top)_\bot$$

Dieser vollständige Verband hat zwar endliche Höhe, ist aber nicht endlich. Die interprozedurale Konstantenpropagation wird darum im schlimmsten Fall nicht terminieren! Bei Konstantenpropagation sind die Funktionen $\mathsf{enter}^\sharp$ und $\mathsf{combine}^\sharp$ gegeben durch:

$$\mathsf{enter}^\sharp\,D = \begin{cases} \bot & \text{falls } D = \bot \\ D \oplus \{A \mapsto \top \mid A \text{ lokal}\} & \text{sonst} \end{cases}$$

$$\mathsf{combine}^\sharp(D_1, D_2) = \begin{cases} \bot & \text{falls } D_1 = \bot \vee D_2 = \bot \\ D_1 \oplus \{b \mapsto D_2(b) \mid b \text{ global}\} & \text{sonst} \end{cases}$$

Zusammen mit den intraprozeduralen abstrakten Kanteneffekten zur Konstantenpropagation liefert uns das Ungleichungssystem ein Analyseverfahren, dass für Verbände $\mathbb{D}$ endlicher Höhe genau dann terminiert, wenn der Fixpunktalgorithmus nur endlich viele Unbekannte $\mathcal{D}[v, a]$ betrachten muss.

Beispiel 2.6.1 Betrachten wir eine leichte Modifikation des Programms aus Beispiel 2.3.1 mit den Kontrollflussgraphen aus Abb. 2.5. Sei d_0 die Variablenbelegung:

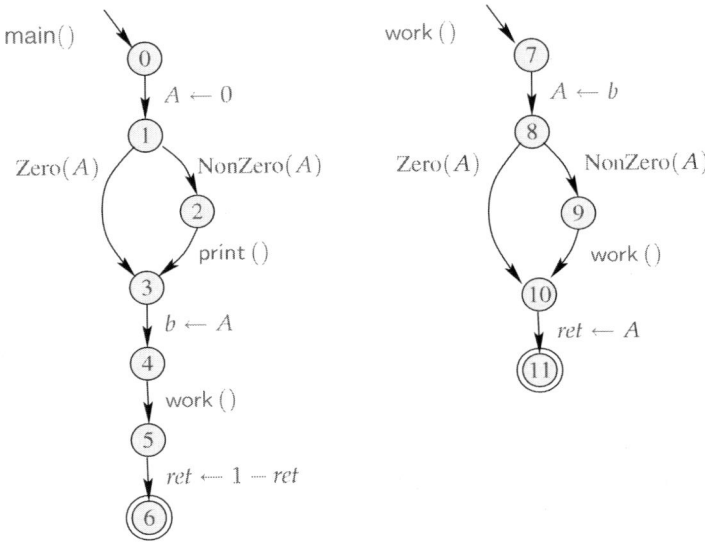

Abb. 2.5. Die Kontrollflussgraphen für Beispiel 2.6.1.

$$d_0 = \{A \mapsto \top, b \mapsto \top, ret \mapsto \top\}$$

Dann ergibt sich die folgende Reihenfolge von Auswertungen:

	A	b	ret
$0, d_0$	$\top$	$\top$	$\top$
$1, d_0$	0	$\top$	$\top$
$2, d_0$	$\bot$		
$3, d_0$	0	$\top$	$\top$
$4, d_0$	0	0	$\top$
$7, d_1$	$\top$	0	$\top$
$8, d_1$	0	0	$\top$
$9, d_1$	$\bot$		
$10, d_1$	0	0	$\top$
$11, d_1$	0	0	0
$5, d_0$	0	0	0
$6, d_0$	0	0	1
main, d_0	0	0	1

für $d_1 = \{A \mapsto \top, b \mapsto 0, ret \mapsto \top\}$. Die rechte Seite jeder Unbekannten wird im Beispiel höchstens einmal ausgewertet. □

Im Beispiel terminiert die Analyse bereits nach der ersten Iteration. Für jeden Programmpunkt u musste nur eine einzige Kopie in Betracht gezogen werden. Im Allgemeinen wird man allerdings mit mehreren Kopien zu rechnen haben. Weil der vollständige Verband für Konstantenpropagation keine unendlichen echt aufsteigenden Ketten besitzt, terminiert das Verfahren, sofern jede Prozedur während der Iteration nur mit endlich vielen verschiedenen Argumenten aufgerufen wird.

2.7 Der Call-String-Ansatz

Ein alternativer Ansatz zur Analyse von Programmen mit Prozeduren basiert auf einer Abstraktion der kellerbasierten operationellen Semantik. Das Ziel besteht darin, die Menge aller erreichbaren Aufrufkeller zu berechnen. Im allgemeinen wird diese Menge jedoch unendlich sein. Alternativ könnte man nur Keller bis zu einer festen Tiefe d exakt behandeln und sich bei tieferen Kellern z.B. nur den oberen Abschnitt der Länge d berücksichtigen. Diese Idee wurde bereits in der grundlegenden Arbeit von Sharir und Pnueli vorgestellt.

Die Komplexität steigt jedoch drastisch mit der Tiefe der berücksichtigten Kellerabschnitte an. In praktischen Anwendungen wird man sich deshalb meistens mit Kellertiefen 1 oder gar 0 begnügen.

Kellertiefe 0 bedeutet, dass wir das Betreten einer Prozedur f als *unbedingten* Sprung an den Anfang der Prozedur f und das Verlassen der Prozedur f als möglichen Rücksprung hinter die Aufrufkante approximieren. Bei diesen Rücksprüngen müssen die Werte der lokalen Variablen vor dem Aufruf rekonstruiert werden.

2.7 Der Call-String-Ansatz

Beispiel 2.7.1 Betrachten wir erneut unser Programm aus Beispiel 2.6.1. Durch Einfügen der entsprechenden Einsprung- und Rücksprungkanten erhält man den Graphen aus Abb. 2.6. Den so konstruierten Graph nennt man auch *interprozeduralen*

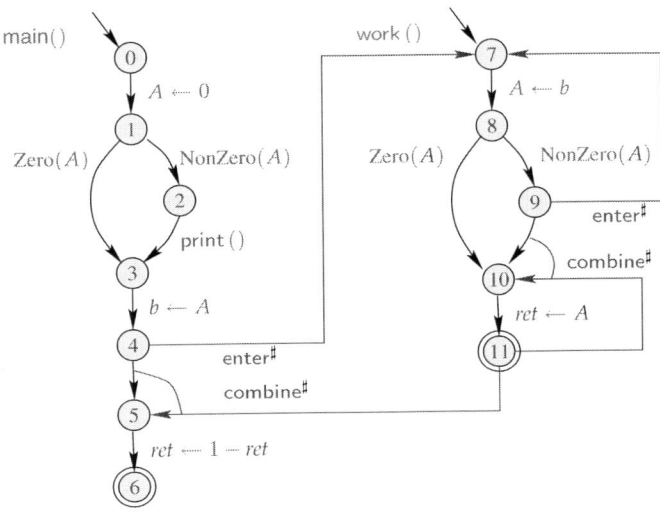

Abb. 2.6. Der interprozedurale Supergraph zu dem Beispiel aus Abb. 2.4.

Supergraph. □

Sei $\mathbb{D}$ der vollständige Verband für unsere Analyse mit den Kanteneffekten $[\![lab]\!]^\sharp$ und den Funktionen $\mathsf{enter}^\sharp : \mathbb{D} \to \mathbb{D}$ und $\mathsf{combine}^\sharp : \mathbb{D}^2 \to \mathbb{D}$ zur Behandlung von Prozeduren. Zur Berechnung von Invarianten $\mathcal{D}[v]$ für jeden Programmpunkt v stellen wir das folgende Ungleichungssystem auf:

$\mathcal{D}[start_{\mathsf{main}}] \sqsupseteq \mathsf{enter}^\sharp(d_0)$

$\mathcal{D}[start_{\mathsf{f}}] \sqsupseteq \mathsf{enter}^\sharp(\mathcal{D}[u])$ $(u, \mathsf{f}(), v)$ Aufrufkante

$\mathcal{D}[v] \sqsupseteq \mathsf{combine}^\sharp(\mathcal{D}[u], \mathcal{D}[\mathsf{f}])$ $(u, \mathsf{f}(), v)$ Aufrufkante

$\mathcal{D}[v] \sqsupseteq [\![lab]\!]^\sharp(\mathcal{D}[u])$ $k = (u, lab, v)$ normale Kante

$\mathcal{D}[\mathsf{f}] \sqsupseteq \mathcal{D}[stop_{\mathsf{f}}]$ $stop_{\mathsf{f}}$ Endpunkt von f

Beispiel 2.7.2 Betrachten wir erneut das Programm aus Beispiel 2.6.1. Die Ungleichungen für die Programmpunkte 5, 7, 10 sind dann:

$\mathcal{D}[5] \sqsupseteq \mathsf{combine}^\sharp(\mathcal{D}[4], \mathcal{D}[\mathsf{work}])$

$\mathcal{D}[7] \sqsupseteq \mathsf{enter}^\sharp(\mathcal{D}[4])$

$\mathcal{D}[7] \sqsupseteq \mathsf{enter}^\sharp(\mathcal{D}[9])$

$\mathcal{D}[10] \sqsupseteq \mathsf{combine}^\sharp(\mathcal{D}[9], \mathcal{D}[\mathsf{work}])$

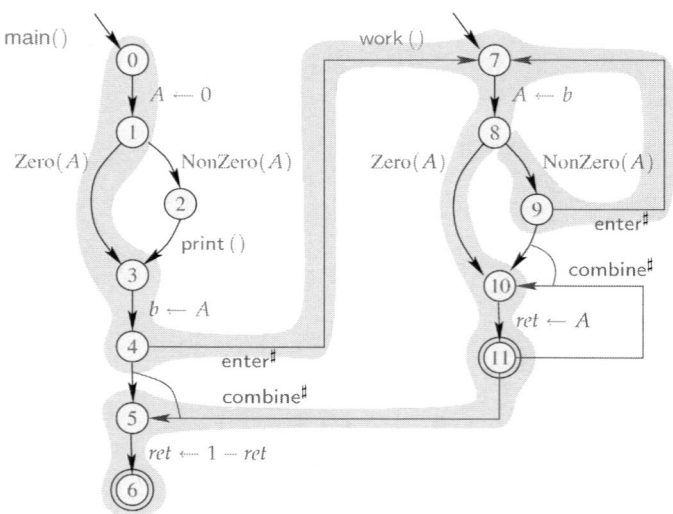

Abb. 2.7. Ein unmöglicher Pfad im interprozeduralen Supergraphen aus Abb. 2.6.

Die Korrektheit dieser Analyse zeigt man relativ zu unserer operationellen Semantik. Im Beispiel findet die Konstantenpropagation zwar die gleichen Ergebnisse wie die volle Konstantenpropagation. Im interprozeduralen Supergraphen gibt es jedoch zusätzliche (tatsächlich unmögliche) Pfade, die die berechneten Ergebnisse möglicherweise verschlechtern. Einen solchen unmöglichen Pfad für unser Beispielprogramm zeigt Abb. 2.7.

Da für jeden Programmpunkt aber nur genau *ein* abstrakter Wert berechnet wird, terminiert die Analyse – sofern in dem verwendeten vollständigen Verband alle aufsteigenden Ketten irgendwann stabil werden.

2.8 Aufgaben

1. *Parameterübergabe.* Geben Sie ein allgemeines Verfahren an, wie globale Variablen zur Call-by-Value-Parameterübergabe eingesetzt werden können.
   Zeigen Sie, dass globale Variablen auch zur Rückgabe der Ergebnisse eines Prozeduraufrufs taugen.
2. *Referenzparameter.* Erweitern Sie unsere Beispielprogrammiersprache um die Möglichkeit, die Adresse &A einer lokalen Variablen A als Wert in einer anderen Variablen oder im Speicher abzulegen.

a) Entwerfen Sie eine einfache Analyse, die eine Obermenge der lokalen Variablen ermittelt, deren Adresse ermittelt und in einer anderen Variablen oder im Speicher abgelegt wird.
b) Verbessern Sie die Genauigkeit Ihrer Analyse, indem Sie zusätzlich die lokalen Variablen A ermitteln, deren Adresse $\&A$ zwar ermittelt wird, dann aber selbst nur lokalen Variablen zugewiesen wird.
c) Erläutern Sie, wie Ihre Analysen bei der Beseitigung letzter Aufrufe eingesetzt werden können.
3. *Beseitigung von Rekursion, Inlining.* Betrachten Sie das Programm:

```
f₁() {                      f() {              main() {
    if (n ≤ 1) z ← y;           x ← 1;             n ← M[17];
    else {                      y ← 1;             f();
        n ← n - 1;              f₁();              M[42] ← z;
        z ← x + y;          }                  }
        x ← y;
        y ← z;
        f₁();
    }
}
```

Beseitigen Sie die Rekursion in der Funktion f_1. Führen Sie dann Inlining durch!

2.9 Literaturhinweise

Ein Ansatz zur Analyse von Programmen mit rekursiven Prozeduren findet sich bereits in der Arbeit von Patrick und Radhia Cousot [CC77b]. Unabhängig davon diskutieren Micha Sharir und Amir Pnueli den funktionalen wie den Call-String-Ansatz in [SP81]. Diese Arbeit bietet auch ein interprozedurales Koinzidenztheorem für den Fall von Prozeduren ohne lokale Variablen. Die Verallgemeinerung dieses Theorems auf Prozeduren mit lokalen Variablen bietet [KS92]. Eine Diskussion verschiedener lokaler Fixpunktalgorithmen mit Anwendungen bei der Analyse von Prolog-Programmen findet sich in [FS99]. Die Anwendung interprozeduraler Analysemethoden zur genauen Analyse von Schleifen schlagen Florian Martin, Martin Alt, Reinhard Wilhelm und Christian Ferdinand vor [MAWF98].

Eine wichtige Optimierung für objektorientierte Programmiersprachen versucht, Datenobjekte fester Größe zu erkennen, die nicht aus einem gegebenen Methoden- (bzw. Prozedur-) Aufruf entkommen: diese brauchen nicht auf der Halde, sondern können direkt auf dem Keller allokiert werden [CGS$^+$99].

Für objektorientierte Programme spielt Inlining eine herausragende Rolle. Dies liegt daran, dass in vielen objektorientierten Systemen viele kleine Funktionen (Methoden) existieren (Setter und Getter). Diese bestehen nur aus wenigen Anweisungen, so dass der Aufwand des Rufens der Methode stärker zu Buche schlägt als die eigentlich ausgeführte Berechnung. Allerdings steht aggressivem Inlining in objektorientierten Systemen der dynamische Funktionsaufruf im Wege. Weil der statische Typ eines Objekts von dem Laufzeittyp des Objektes abweichen kann, ist im allgemeinen die aufzurufende Methode nicht genau bekannt. Um diese genau zu ermitteln, benötigt man eine interprozedurale Analyse, die den dynamischen Typen des Objektes an der Aufrufstelle ermittelt. Spielt die Effizienz der Übersetzung eine Rolle (was bei *just-in-time*-Übersetzern der Fall ist), greift man hier zu einfachen, kontext-insensitiven Ansätzen wie z.b. der *Rapid Type Analysis* [Bac97]. Diese betrachtet nur die Aufrufstellen des Programms und ignoriert alle Variablen und deren Zuweisungen. Auf Kosten der Effizienz der Übersetzung kann die Präzision der Analyse durch Betrachtung von Zuweisungen an Variablen und deren Typen gesteigert werden [SHR+00].

Unsere Liste von Programmoptimierungen ist keineswegs vollständig. Nicht diskutiert wurden z.B. Methoden zur Reduktion der Stärke von Operatoren [PS77, Pai90, SLGA03] sowie ausgefeilte Techniken zum Umgang mit Feldern oder dynamischen Datenstrukturen oder Nebenläufigkeit.

3

Optimierung funktionaler Programme

Oberflächlich betrachtet, sind funktionale Programme imperative Programme, in denen es keine Zuweisungen gibt.

Beispiel 3.0.1 Betrachten Sie das folgende Programm der Programmiersprache OCAML.

$$\begin{array}{rl}\text{let rec } \mathsf{fac2}\ x\ y\ =\ & \text{if }\ y \leq 1\ \text{ then }\ x \\ & \text{else } \mathsf{fac2}\ (x \cdot y)\ (x-1) \\ \text{in let } \mathsf{fac}\ x\ =\ & \mathsf{fac2}\ 1\ x \end{array}$$

Bestimmte Konzepte, die uns von imperativen Programmen vertraut sind, fehlen. Es gibt z.B. keinen sequentiellen Kontrollfluss und keine Schleifen. Andererseits sind so gut wie alle Funktionen rekursiv. □

Außer Rekursion kommen in funktionalen Sprachen wie OCAML, SCALA und HASKELL weitere Konzepte hinzu, die bei imperativen Programmiersprachen selten angeboten werden. Dazu gehören Fallunterscheidungen durch Pattern Matching auf zusammengesetzten Werten, *partielle Anwendung* höherer Funktionen und, gegebenenfalls, *verzögerte Auswertung* von Abschlüssen. Die für diese Programmiersprachen bereitgestellte automatische Typinferenz führt dazu, dass viele Funktionen *polymorph* getypt werden und darum sämtliche Werte (zunächst einmal) auf der Halde angelegt werden.

Um die Portabilität des Übersetzers zu erhöhen, übersetzen einige Übersetzer für funktionale Programmiersprachen zuerst einmal in eine imperative Zielsprache. Der *Glasgow Haskell Übersetzer* **ghc** etwa bietet eine Option an, nach C zu übersetzen. Ein gängiger Übersetzer für die imperative Zielsprache kann dann verwendet werden, um lauffähigen Objekt-Code zu erzeugen. Andere Übersetzer übersetzen direkt in die Sprache einer geeigneten *virtuellen Maschine*. Der Übersetzer für SCALA erzeugt Code der *Java Virtual Machine*, während der Übersetzer für F# .NET-Instruktionen erzeugt.

Eine Möglichkeit zur Optimierung funktionaler Programme in Übersetzern mit imperativer Zwischensprache besteht darin, die Optimierungen eines Übersetzers dieser Sprache auszunutzen. Diese Strategie ist keineswegs abwegig, wenn man bedenkt, dass Übersetzer für funktionale Sprachen typischerweise einen „künstlichen" intraprozeduralen Kontrollfluss generieren, indem sie Folgen von *let*-Definitionen in Folgen von Zuweisungen und letzte Aufrufe in Sprünge übersetzen. Beide Aufrufe von fac2 etwa in unserem Beispielprogramm sind *letzte Aufrufe*. Sieht man einmal vom Anlegen sämtlicher Werte – und das heißt in diesem Fall auch von *int*-Werten – in der Halde ab, könnte ein für die Funktion fac erzeugtes imperatives Programm so aussehen:

$$\begin{aligned}
&\textbf{int } \mathsf{fac}(\textbf{int } x) \ \{ \\
&\quad \textbf{int } a, a_1, b, b_1 \\
&\quad a \leftarrow 1; \ b \leftarrow x; \\
&\mathsf{fac2}: \textbf{if } (b \leq 1) \ \textbf{return } a; \\
&\quad \textbf{else } \{ \\
&\quad\quad a_1 \leftarrow a \cdot b; \ b_1 \leftarrow b - 1; \\
&\quad\quad a \leftarrow a_1; \ b \leftarrow b_1; \\
&\quad\quad \textbf{goto } \mathsf{fac2}; \\
&\quad \} \\
&\}
\end{aligned}$$

Die bisher beschriebenen intraprozeduralen Optimierungen für imperative Programme können deshalb auch benutzt werden, um in funktionalen Programmen einfache Optimierungen wie die Beseitigung von Zuweisungen an tote Variablen oder die Propagation von Konstanten bzw. Kopien vorzunehmen. Im Beispiel könnten so die Hilfsvariablen a_1, b_1 beseitigt werden, die für die Berechnung der aktuellen Parameter des rekursiven Aufrufs von fac2 eingeführt wurden.

Im Allgemeinen jedoch ist der Kontrollfluss, der sich bei der Übersetzung eines funktionalen Programms ergibt, ziemlich unübersichtlich. Bessere Ergebnisse bei der Analyse und damit bei der Optimierung lassen sich erzielen, wenn die speziellen Eigenschaften und Ineffizienzen funktionaler Programme berücksichtigt werden.

3.1 Eine einfache funktionale Programmiersprache

Wie im Buch *Wilhelm/Seidl: Virtuelle Maschinen* beschränken wir uns auf ein einfaches Fragment der funktionalen Programmiersprache OCAML. Wir betrachten Ausdrücke e und Muster p gemäß der folgenden Grammatik:

$$
\begin{aligned}
e ::= &\; b \mid (e_1,\ldots,e_k) \mid c\, e_1 \ldots e_k \mid \textbf{fun}\, x \to e \\
&\mid (e_1\, e_2) \mid (\Box_1\, e) \mid (e_1\, \Box_2\, e_2) \mid \\
&\textbf{let}\, x_1 = e_1\, \textbf{in}\, e_0 \mid \\
&\textbf{let rec}\, x_1 = e_1\, \textbf{and}\ldots \textbf{and}\, x_k = e_k\, \textbf{in}\, e \\
&\textbf{match}\, e_0\, \textbf{with}\, p_1 \to e_1 \mid \ldots \mid p_k \to e_k \\
&\textbf{if}\, e_0\, \textbf{then}\, e_1\, \textbf{else}\, e_2 \\
p ::= &\; b \mid x \mid c\, x_1 \ldots x_k \mid (x_1,\ldots,x_k)
\end{aligned}
$$

wobei b einen Wert eines Basistyps, x eine Variable, c einen Datenkonstruktor und $\Box_i$ einen i-stelligen Operator bezeichnen. Die Operatoren liefern Basiswerte zurück. Beachten Sie, dass Funktionen grundsätzlich einstellig sind. Andererseits stellt OCAML *Tupel* $(e_1,\ldots,e_k)$ beliebiger Stelligkeit $k \geq 0$ zur Verfügung, welche als Ersatz für Mehrstelligkeit verwendet werden können. Auch verzichten wir auf das Auflisten formaler Parameter $x_1,\ldots,x_k$ auf der linken Seite von Funktionsdefinitionen und verwenden stattdessen konsequent Funktionsabstraktionen $\textbf{fun}\, x_1 \to \textbf{fun}\, x_2 \to \ldots \textbf{fun}\, x_k \to \ldots$. In unserer Kernsprache haben wir weiterhin auf Funktionsdefinitionen mit Fallunterscheidung verzichtet, da sich diese durch Fallunterscheidung mit Hilfe von *match*-Ausdrücken ausdrücken lassen. Weiterhin nehmen wir implizit an, dass unsere Programme stets *wohlgetypt* sind.

Die Definition einer Funktion max, die das Maximum zweier Zahlen berechnet, sieht dann etwa so aus:

$$
\textbf{let}\; \mathsf{max}\; =\; \textbf{fun}\; x \to \textbf{fun}\; y \to \textbf{if}\; x_1 < x_2\; \textbf{then}\; x_2 \\
\textbf{else}\; x_1
$$

3.2 Einige einfache Optimierungen

In diesem Abschnitt stellen wir einige einfache Optimierungen für funktionale Programme vor. Die wesentliche Idee dieser Optimierungen besteht darin, Auswertungsschritte aus der Laufzeit in die Übersetzungszeit vorzuverlegen.

Eine *Funktionsanwendung* ($\textbf{fun}\; x \to e_0$) e_1 lässt sich in den *let*-Ausdruck: $\textbf{let}\, x = e_1\, \textbf{in}\, e_0$ umschreiben.

Eine *Fallunterscheidung* lässt sich optimieren, wenn über den Ausdruck, mit dessen Wert eine Liste von Mustern verglichen wird, bereits zur Übersetzungszeit etwas bekannt ist. Betrachten Sie einen Ausdruck:

$$
\textbf{match}\, c\, e_1 \ldots e_k\, \textbf{with}\, \ldots\, c\, x_1 \ldots x_k \to e \ldots
$$

wobei alle Muster, die links von $c\, x_1 \ldots x_k$ stehen, mit einem Konstruktor beginnen, der verschieden von c ist. Dann wissen wir, dass nur die Alternative für $c\, x_1 \ldots x_k$ ausgewählt werden kann. Wir transformieren deshalb diesen Ausdruck in:

$$
\textbf{let}\, x_1 = e_1\, \ldots\, \textbf{in let}\, x_k = e_k\, \textbf{in}\, e
$$

In beiden Fällen ist die Transformation semantikerhaltend und ersetzt kompliziertere Programmkonstrukte durch *let*-Ausdrücke.

Einen *let*-Ausdruck **let** $x = e_1$ **in** e_0 kann man umschreiben in $e_0[e_1/x]$, d.h. in den Hauptausdruck e_0, in dem jedes freie Vorkommen von x durch den Ausdruck e_1 ersetzt ist. Diese Transformation entspricht der β-Reduktion im λ-Kalkül. Sie ist jedoch nur dann anwendbar, wenn keine der in e_1 freien Variablen durch die Substitution in e_0 gebunden wird.

Beispiel 3.2.1 Betrachten Sie den Ausdruck:

$$\begin{aligned}&\textbf{let } x = 17\\&\textbf{in let } f = \textbf{fun } y \to x + y\\&\textbf{in let } x = 4\\&\textbf{in } f\ x\end{aligned}$$

Die Variable x, die in der Definition von f sichtbar ist, repräsentiert den Wert 17, während die Variable x, die in der Anwendung f x sichtbar ist, den Wert 4 repräsentiert. Der Ausdruck liefert deshalb den Wert 21.

Die Anwendung der *let*-Optimierung auf das zweite **let** liefert dagegen den Ausdruck:

$$\begin{aligned}&\textbf{let } x = 17\\&\textbf{in let } x = 4\\&\textbf{in } (\textbf{fun } y \to x + y)\ x\end{aligned}$$

Die Variable x, die nun sowohl in der Funktion wie ihrem Argument sichtbar ist, repräsentiert den Wert 4. Der Ausdruck liefert darum den Wert 8. □

Es gibt verschiedene Möglichkeiten, dieses Problem zu lösen. Die einfachste Möglichkeit, die wir verwenden werden, besteht darin, die in e_0 gebundenen Variablen so *umzubenennen*, dass sie verschieden von den in e_1 freien Variablen sind. Umbenennungen dieser Art nennt man α-Konversion.

Beispiel 3.2.2 Betrachten Sie erneut den Ausdruck aus Beispiel 3.2.1. Die freie Variable x der Funktion **fun** $y \to x + y$ tritt als gebundene Variable in dem Ausdruck auf, in den wir die Funktion substituieren wollen. Umbenennen dieses Vorkommens von x liefert den Ausdruck:

$$\begin{aligned}&\textbf{let } x = 17\\&\textbf{in let } f = \textbf{fun } y \to x + y\\&\textbf{in let } x' = 4\\&\textbf{in } f\ x'\end{aligned}$$

Die Substitution von **fun** $y \to x + y$ für f liefert dann:

$$\begin{aligned}&\textbf{let } x = 17\\&\textbf{in let } x' = 4\\&\textbf{in } (\textbf{fun } y \to x + y)\ x'\end{aligned}$$

Die Auswertung dieses Ausdrucks liefert das richtige Ergebnis 21. □

Keine Umbenennung von Variablen ist erforderlich, wenn die freien Variablen des Ausdrucks e_1 nicht gebunden in e_0 vorkommen. Dies ist insbesondere der Fall, wenn e_1 gar keine freien Variablen besitzt.

Die eben beschriebene Transformation von *let*-Ausdrücken ist jedoch nur dann eine *Verbesserung*, wenn durch ihre Anwendung keine Berechnung zusätzlich ausgeführt werden muss. Das ist sicherlich in den drei folgenden Spezialfällen der Fall:

- Die Variable x kommt in e_0 gar nicht vor. Dann wird die Auswertung von e_1 durch die Transformation vollständig eingespart.
- Die Variable x kommt genau einmal in e_0 vor. Dann wird die Auswertung von e_1 durch die Transformation nur an eine andere Stelle verschoben.
- Der Ausdruck e_1 ist selbst eine Variable z. Dann werden in e_0 nur sämtliche Zugriffe auf die Variable x durch Zugriffe auf die Variable z ersetzt.

Aber Vorsicht! Auch bei α-Konversion erhält die Anwendung der *let*-Transformation die Semantik nur, sofern unsere funktionalen Sprache für den *let*-Ausdruck wie in HASKELL *verzögerte Auswertung* (lazy evaluation) vorsieht. Bei verzögerter Auswertung wird das Argument e_1 in der Funktionsanwendung (**fun** $x \to e_0$) e_1 erst ausgewertet, wenn bei der Auswertung von e_0 auf den Wert der Variablen x zugegriffen wird.

Gierige Auswertung (eager evaluation) des *let*-Ausdrucks wie in OCAML wird den Ausdruck e_1 dagegen auf jeden Fall auswerten. Falls die Auswertung von e_1 nicht terminiert, terminiert die Auswertung des gesamten *let*-Ausdrucks nicht. Kommt dagegen x nicht im Hauptausdruck e_0 vor oder nur in einem Teilausdruck, der nicht ausgewertet wird, könnte die Auswertung des transformierten Ausdrucks terminieren, obwohl die Auswertung des ursprünglichen Ausdrucks nicht terminierte.

Beispiel 3.2.3 Betrachten Sie etwa das Programm:

$$\textbf{let rec } f = \textbf{fun } x \to 1 + f\ x$$
$$\textbf{in let } y = f\ 0$$
$$\textbf{in} \quad 42$$

Bei verzögerter Auswertung liefert das Programm den Wert 42 zurück. Bei gieriger Auswertung dagegen terminiert das Programm nicht, weil vor der Rückgabe des Werts 42 erst die Auswertung von f 0 angestoßen wird. Da die Variable y jedoch nicht im Hauptausdruck vorkommt, wäre nach Anwendung der *let*-Optimierung die Berechnung von f 0 beseitigt.Folglich würde die Auswertung terminieren und 42 zurück liefern. □

Möglicherweise wird man sich an einem *verbesserten* Terminierungsverhalten nicht stören. Anders sieht es aus, wenn die Auswertung von e_1 erwünschte *Seiteneffekte* produziert. Das ist zwar in unserer kleinen Kernsprache nicht vorgesehen. OCAML-Ausdrücke können aber sehr wohl Ausnahmen auslösen oder mit ihrer Umgebung wechselwirken – unabhängig davon, ob auf ihren Rückgabewert zugegriffen wird oder nicht. In diesem Fall müssen wir die Anwendbarkeit der Transformation auf Ausdrücke e_1 einschränken, die selbst mittel- oder unmittelbar keine Seiteneffekte hervorrufen. Das ist sicherlich bei Variablen oder Ausdrücken der Fall, die direkt Werte wie z.B. Funktionen darstellen.

Weitere Optimierungsschritte werden ermöglicht, wenn *let*-Definitionen vor die Berechnung eines Ausdrucks gezogen werden:

$((\textbf{let } x = e \textbf{ in } e_0)\ e_1)\ \ \ \ \ = (\textbf{let } x = e \textbf{ in } e_0\ e_1),$
   falls x nicht frei in e_1 ist.
$(\textbf{let } y = e_1 \textbf{ in let } x = e \textbf{ in } e_0) = (\textbf{let } x = e \textbf{ in let } y = e_1 \textbf{ in } e_0),$
   falls x nicht frei in e_1 ist und y nicht frei in e.
$(\textbf{let } y = \textbf{let } x = e \textbf{ in } e_1 \textbf{ in } e_0) = (\textbf{let } x = e \textbf{ in let } y = e_1 \textbf{ in } e_0),$
   falls x nicht frei in e_0 ist.

Falls es keine Seiteneffekte gibt, ist die Anwendung dieser Regeln uneingeschränkt möglich. Selbst das Terminierungsverhalten ändert sich nicht. Durch Anwendung dieser Regeln können *let*-Definitionen weiter nach außen geschoben werden, welches die Anwendbarkeit der Transformation *Inlining* des nächsten Abschnitts unterstützt. Weitere Verschiebungen von *let*-Definitionen diskutieren die Aufgaben 1, 2 und 3.

3.3 Inlining

Inlining für funktionale Sprachen soll die mit einem Funktionsaufruf verbundenen Kosten einsparen, indem der Rumpf der Funktion an die Aufrufstelle kopiert wird. Dieses ist ganz analog zum Inlining für imperative Sprachen, welches wir in Kapitel 2.1 behandelt haben. Bei der imperativen Kernsprache stellten wir uns allerdings vor, dass die Parameterübergabe mit Hilfe von (globalen) Variablen bzw. dem Speicher realisiert wird. Prozeduren konnten wir deshalb als parameterlos annehmen. Unter dieser Voraussetzung bedeutete Inlining einer Prozedur f, den Aufruf von f durch eine Kopie ihres Rumpfs zu ersetzen.

Bei funktionalen Sprachen können wir es uns nicht ganz so leicht machen. Nehmen wir an, die Funktion f sei definiert durch $\textbf{let } f = \textbf{fun } x \to e_0$. Dann wollen wir die Anwendung f e_1 ersetzen durch:

$$\textbf{let } x = e_1 \textbf{ in } e_0$$

Beispiel 3.3.1 Betrachten wir das Programmfragment:

$\textbf{let } \text{fmax} = \textbf{fun } f \to \textbf{fun } x \to \textbf{fun } y \to$
$\ \ \ \ \ \ \ \ \ \ \ \ \ \textbf{if } x > y \textbf{ then } f\ x$
$\ \ \ \ \ \ \ \ \ \ \ \ \ \textbf{else } f\ y$
$\textbf{in let } \text{max}\ \ = \text{fmax}\ (\textbf{fun } z \to z)$

3.3 Inlining

Dann können wir die Definition von max vereinfachen zu:

$$\begin{aligned}\textbf{let } \text{max} = \ &\textbf{let } \text{f} = \textbf{fun } z \to z \\ &\textbf{in fun } x \to \textbf{fun } y \to \textbf{if } x > y \textbf{ then } \text{f } x \\ &\hspace{7.5em} \textbf{else } \text{f } y \end{aligned}$$

Inlining von f liefert:

$$\begin{aligned}\textbf{let } \text{max} = \ &\textbf{let } \text{f} = \textbf{fun } z \to z \\ &\textbf{in fun } x \to \textbf{fun } y \to \textbf{if } x > y \textbf{ then } \textbf{let } z = x \\ &\hspace{14em} \textbf{in } z \\ &\hspace{10.5em} \textbf{else } \textbf{ let } z = y \\ &\hspace{14em} \textbf{in } z \end{aligned}$$

Die Umbenennung von Variablen und das Beseitigen nicht benötigter Definitionen ergibt:

$$\begin{aligned}\textbf{let } \text{max} = \ &\textbf{fun } x \to \textbf{fun } y \to \textbf{if } x > y \textbf{ then } x \\ &\hspace{7em} \textbf{else } y \end{aligned}$$

Die Transformation Inlining ergibt sich durch die Kombination eines eingeschränkten Falls der *let*-Optimierung aus dem letzten Abschnitt mit der Optimierung von Funktionsanwendungen. Die *let*-Optimierung wird nur auf *let*-Ausdrücke der Form: **let** f = **fun** $x \to e_0$ **in** e angewendet. Der funktionale Wert **fun** $x \to e_0$ wird nur an solche Vorkommen in e kopiert, an denen f auf ein Argument angewendet wird. Anschließend wird an diesen Stellen die Optimierung für Funktionsanwendungen durchgeführt. Wie bei den bisherigen Optimierungen müssen wir auch beim Inlining bezüglich der *Korrektheit* und der *Terminierung* aufpassen!

Eine α-Konversion des Ausdrucks e vor Anwendung von Inlining stellt sicher, dass keine freie Variable in e_0 durch die Transformation gebunden wird.

Wie bei imperativen Programmen beschränken wir uns bei der Anwendung von Inlining auf *nichtrekursive* Funktionen, d.h. für unsere Kernsprache auf *let*-definierte Funktionen. Bei funktionalen Programmiersprachen reicht dies jedoch nicht aus, um die Terminierung der Transformation zu garantieren.

Beispiel 3.3.2 Betrachten Sie das Programmfragment:

$$\begin{aligned}\textbf{let } \text{w} \ = \ &\textbf{fun } \text{f} \to \textbf{fun } \text{y} \to \text{f}(\text{y f y}) \\ \textbf{in let } \text{fix} = \ &\textbf{fun } \text{f} \to \text{w f w} \end{aligned}$$

Sowohl w wie fix sind nicht rekursiv, und wir können Inlining auf den Rumpf w f w der Funktion fix anwenden. Mit der Definition von w liefert das für fix die Funktion:

$$\textbf{fun } \text{f} \to \textbf{let } \text{f} = \text{f } \textbf{in let } y = \text{w } \textbf{in } \text{f}(\text{y f y}) \, ,$$

was sich vereinfachen lässt zu:

$$\textbf{fun } f \to f(w\ f\ w)\ .$$

Darauf kann erneut Inlining angewendet werden. Nach k Wiederholungen ergibt sich:

$$\textbf{fun } f \to f^k(w\ f\ w)\ ,$$

und Inlining kann erneut angewendet werden. □

Nichtterminierung wie in unserem Beispiel kann in ungetypten Programmiersprachen wie LISP vorkommen. In *getypten* Programmiersprachen wie OCAML oder HASKELL wird die Funktion w als nicht typisierbar zurück gewiesen. In diesen Sprachen terminiert Inlining, so wie wir es definiert haben, immer und liefert (bis auf die Namen gebundener Variablen) eine eindeutige Normalform. Aber selbst in ungetypten funktionalen Programmiersprachen lässt sich das Problem möglicher Nichtterminierung zumindest pragmatisch leicht lösen: wenn Inlining zu lange dauert, bricht man die Transformation einfach ab!

3.4 Spezialisierung rekursiver Funktionen

Inlining ist zuerst einmal eine Technik, um Aufrufe *nichtrekursiver* Funktionen zu optimieren. Was können wir tun, um die Effizienz rekursiver Funktionen zu erhöhen? Eine gängige Technik funktionaler Programmierung verwendet rekursive polymorphe Funktionen höherer Ordnung wie die Funktion map. Solche Funktionen realisieren die algorithmische Essenz einer Problemstellung und werden auf die konkrete Anwendung mit Hilfe geeigneter (eventuell funktionaler) Argumente angepasst.

Beispiel 3.4.1 Betrachten Sie das folgende Programmfragment:

$$
\begin{aligned}
&\textbf{let } f = \textbf{fun } x \to x \cdot x \\
&\textbf{in } \textbf{let rec } \text{map} = \textbf{fun } g \to \textbf{fun } y \to \text{match } y \\
&\qquad\qquad\qquad\qquad\qquad\qquad\quad \text{with} \quad [\,] \to [\,] \\
&\qquad\qquad\qquad\qquad\qquad\qquad\quad\ \ |\quad x_1 :: z \to g\,x_1 :: \text{map}\,g\,z \\
&\textbf{in } \text{map f } \textit{list}
\end{aligned}
$$

Der aktuelle Parameter der Funktionsanwendung map f ist die Funktion $\textbf{fun } x \to x \cdot x$. Die Funktionsanwendung **map f** *list* repräsentiert also eine Funktion, die alle Elemente der Liste *list* quadriert. Beachten Sie, dass wir hier wie üblich den Listenkonstruktor :: infix zwischen seine beiden Argumente geschrieben haben. □

Sei f eine rekursive Funktion und f v eine Funktionsanwendung auf einen Ausdruck v, der einen *Wert*, d.h. entweder eine andere Funktion oder eine Konstante repräsentiert. Unser Ziel ist, für den Ausdruck f v eine neue Funktion h einzuführen. Diese Optimierung nennt man auch *Funktionsspezialisierung*.

Sei f definiert durch **let rec** f = **fun** $x \to e$. Dann definieren wir h durch:

$$\textbf{let } h = \textbf{let } x = v \textbf{ in } e$$

wobei wir anschließend die gebundenen Variablen dieser Definition durch neue Variablen ersetzen.

Beispiel 3.4.2 Betrachten wir das Programmfragment aus Beispiel 3.4.1.

$$\begin{aligned}
\textbf{let } h = \ &\textbf{let } g = \boxed{\textbf{fun } x \ \rightarrow \ x \cdot x} \\
&\textbf{in fun } y \ \rightarrow \ \textbf{match } y \\
&\qquad \textbf{with} \quad [\,] \ \rightarrow \ [\,] \\
&\qquad |\quad x_1 :: z \ \rightarrow \ g\ x_1 ::\ \boxed{\text{map } g}\ z
\end{aligned}$$

Weil die Funktion map rekursiv ist, gibt es im Rumpf der Funktion h einen weiteren Aufruf von map. Spezialisierung der Funktion map für diesen Aufruf würde eine Funktion h_1 einführen mit der gleichen Definition (bis auf Umbenennung gebundener Variablen) wie h. Statt eine weitere Funktion h_1 einzuführen, ersetzt man umgekehrt den Aufruf map g durch die Funktion h. Dieses Ersetzen der rechten Seite einer Definition durch ihre linke Seite nennt man auch Funktions-*Faltung*.

Im Beispiel erhalten wir damit:

$$\begin{aligned}
\textbf{let rec } h = \ &\textbf{let } g = \textbf{fun } x \ \rightarrow \ x \cdot x \\
&\textbf{in fun } y \ \rightarrow \ \textbf{match } y \\
&\qquad \textbf{with} \quad [\,] \ \rightarrow \ [\,] \\
&\qquad |\quad x_1 :: z \ \rightarrow \ g\ x_1 ::\ h\ z
\end{aligned}$$

Die Definition von h enthält keinen expliziten Aufruf der Funktion map mehr und ist nun selbst rekursiv. Das Inlining der Funktion g ergibt dann:

$$\begin{aligned}
\textbf{let rec } h = \ &\textbf{let } g = \textbf{fun } x \ \rightarrow \ x \cdot x \\
&\textbf{in fun } y \ \rightarrow \ \textbf{match } y \\
&\qquad \textbf{with} \quad [\,] \ \rightarrow \ [\,] \\
&\qquad |\quad x_1 :: z \ \rightarrow \ (\textbf{ let } x = x_1 \\
&\qquad\qquad\qquad\qquad\quad \textbf{in } x \cdot x\ )\ ::\ h\ z
\end{aligned}$$

Die Beseitigung überflüssiger Definitionen und Variablen-Variablen-Bindungen liefert schließlich:

$$\begin{aligned}
\textbf{let rec } h = \ &\textbf{fun } y \ \rightarrow \ \textbf{match } y \\
&\qquad \textbf{with} \quad [\,] \ \rightarrow \ [\,] \\
&\qquad |\quad x_1 :: z \ \rightarrow \ x_1 \cdot x_1 ::\ h\ z
\end{aligned}$$

□

Im Allgemeinen können wir nicht davon ausgehen, dass die rekursiven Aufrufe der Funktion, die wir spezialisieren wollen, sich sofort zu einem Aufruf der Spezialisierung zurück falten lassen, schlimmer noch: es kann passieren, dass die fortgesetzte Spezialisierung zu einer unendlichen Menge von Hilfsfunktionen führt und damit selbst nicht terminiert. Hier können wir uns aber erneut auf einen pragmatischen Standpunkt stellen und mit der Einführung neuer Funktionen zu irgend einem Zeitpunkt aufhören, der uns angemessen erscheint.

3.5 Eine verbesserte Wertanalyse

Inlining und Funktionsspezialisierung optimieren Funktionsanwendungen $f\ e$. Für die Funktion f gingen wir davon aus, dass sie in einem umfassenden *let*- bzw. *letrec*-Ausdruck definiert wurde. In funktionalen Sprachen können Funktionen jedoch auch als Parameter übergeben oder als Ergebnisse zurück geliefert werden. Die Anwendbarkeit von Inlining und Funktionsspezialisierung kann deshalb durch eine Analyse erhöht werden, die für jede Variable eine *Obermenge* ihrer möglichen Laufzeitwerte berechnet. Dies ist das Ziel der nächsten Analyse.

Innerhalb der Menge der in einem Programm auftretenden Ausdrücke identifizieren wir die Teilmenge E aller Ausdrücke, deren Werte ermittelt werden sollen. Diese Menge E besteht aus allen Teilausdrücken des Programms, die eine Variable, eine Funktionsanwendung, ein *let*-, *letrec*-, *match*- oder *if*-Ausdruck sind.

Beispiel 3.5.1 Betrachten Sie das folgende Programm:

$$\begin{array}{ll}\textbf{let rec}\ \text{from} &= \textbf{fun}\ i\ \to i::\text{from}\,(i+1)\\ \textbf{and}\ \text{first} &= \textbf{fun}\ l\ \to \textbf{match}\ l\ \textbf{with}\ x::xs \to x\\ \textbf{in}\ \ \text{first}\,(\text{from}\,2)\end{array}$$

Die Menge E besteht dann aus den Ausdrücken:

$$E = \{\text{from}, i, \text{from}\,(i+1), \text{first}, l, x, \text{from}\,2, \text{first}\,(\text{from}\,2),\\ \textbf{match}\,l\ \textbf{with}\ldots, \textbf{let rec}\ \text{from} = \ldots\}$$

□

Sei V die Menge der übrigen Teilausdrücke des Programms. Die Ausdrücke aus V stellen somit entweder Werte dar wie Funktionsabstraktionen oder Konstanten oder sie liefern zumindest den obersten Konstruktor eines Werts bzw. die äußerste Operatoranwendung. Im Programm aus Beispiel 3.5.1 ist die Menge V gegeben durch:

$$V = \{\textbf{fun}\ i\ \to \ldots, i::\text{from}\,(i+1), i+1, \textbf{fun}\ l\ \to \ldots, 2\}$$

Jeder Teilausdruck e in V lässt sich eindeutig in einen oberen Teil zerlegen, in dem nur Konstruktoren, Werte oder Operatoren vorkommen, und in die darunter liegenden maximalen Teilausdrücke $e_1, \ldots, e_k$ aus der Menge E. Den oberen Teil repräsentieren wir durch ein k-stelliges *Muster*, d.h. einen Term, in dem an den Blättern die Mustervariablen $\bullet_1, \ldots, \bullet_k$ für die Ausdrücke $e_1, \ldots, e_k$ vorkommen. Der Ausdruck e hat dann die Form: $e \equiv t[e_1/\bullet_1, \ldots, e_k/\bullet_k]$ oder kurz: $e \equiv t[e_1, \ldots, e_k]$.

In unserem Beispiel lässt sich etwa der Ausdruck $e \equiv (i::\text{from}\,(i+1))$ zerlegen in $e \equiv t[i, \text{from}\,(i+1)]$ für Ausdrücke $i \text{from}\,(i+1)$ aus E und das Muster $t \equiv (\bullet_1 :: \bullet_2)$.

Unser Ziel besteht darin, für jeden Ausdruck $e \in E$ eine Teilmenge von Ausdrücken aus V zu ermitteln, zu welchen sich e möglicherweise entwickelt. Bevor wir ein Verfahren zur Berechnung solcher Teilmengen aus V angeben, wollen wir kurz

3.5 Eine verbesserte Wertanalyse

festhalten, in welchem Sinn eine Relation $G \subseteq E \times V$ für jeden Ausdruck aus E eine Menge von *Wertausdrücken* definiert.

Ein *Wertausdruck* ist ein Ausdruck v, der gemäß folgender Grammatik gebildet ist:

$$v ::= b \mid \textbf{fun } x \to e \mid c\, v_1 \ldots v_k \mid (v_1, \ldots, v_k) \mid \square_1\, v \mid v_1 \square_2 v_2$$

für Basiswerte b, beliebige Ausdrücke e, Konstruktoren c und ein- bzw. zweistellige Operatoren $\square_1, \square_2$, die Basiswerte zurück liefern.

Sei $G \subseteq E \times V$ eine Relation zwischen Ausdrücken aus E und V. Den Ausdrücken $e \in E$ ordnen wir die Menge $[\![e]\!]_G^\sharp$ aller Wertausdrücke zu, welche für e mit Hilfe von G hergeleitet werden können. Jedes Paar $(e, t[e_1, \ldots, e_k]) \in G$ für Ausdrücke $e, e_1, \ldots, e_k \in E$ und Muster t kann aufgefasst werden als die Ungleichung:

$$[\![e]\!]_G^\sharp \supseteq t[[\![e_1]\!]_G^\sharp, \ldots, [\![e_k]\!]_G^\sharp]$$

Dabei interpretieren wir die Anwendung eines Musters t auf Mengen $V_1, \ldots, V_k$ als die Menge:

$$t[V_1, \ldots, V_k] = \{t[v_1, \ldots, v_k] \mid v_i \in V_i\}$$

Die Mengen $[\![e]\!]_G^\sharp, e \in E$, definieren wir dann als die *kleinste Lösung* dieses Systems von Ungleichungen.

Beispiel 3.5.2 Sei G die Relation

$$G = \{(i, 2), (i, i + 1)\}\ .$$

Dann besteht die Menge $[\![i]\!]_G^\sharp$ aus allen Ausdrücken der Form 2 oder $(\ldots (2 + 1) \ldots) + 1$. Beachten Sie, dass wir im Zusammenhang mit der Analyse Operatoranwendungen nicht ausrechnen, sondern wie Datenkonstruktoren behandeln. Für

$$G' = \{(\text{from } (i + 1), i :: \text{from } (i + 1))\}$$

ist die Menge $[\![\text{from } (i + 1)]\!]_{G'}^\sharp$ dagegen leer. □

Eine Relation G kann als eine *reguläre Baumgrammatik* aufgefasst werden mit Nichtterminalen E und Konstanten bzw. Funktionsabstraktionen als 0-stelligen Terminalsymbolen sowie Operatoren und Konstruktoren als mehrstelligen Terminalsymbolen. Für einen Ausdruck $e \in E$ (d.h. ein Nichtterminal) bezeichnet die Menge $[\![e]\!]_G^\sharp$ dann die Menge der aus e bzgl. der Grammatik ableitbaren terminalen Ausdrücke (siehe Aufg. 4 und 5). Die Mengen $[\![e]\!]_G^\sharp$ sind im Allgemeinen *unendlich*. Die Relation G stellt jedoch eine *endliche* Repräsentation dieser Mengen dar, die es erlaubt, einfache Eigenschaften der Mengen $[\![e]\!]_G^\sharp$ zu entscheiden. Die wichtigste Frage ist, ob $[\![e]\!]_G^\sharp$ einen bestimmten Term v enthält oder nicht. Diese Frage ist besonders leicht zu beantworten, wenn v eine Funktionsabstraktion $\textbf{fun } x \to e'$ ist. Da bei jedem Paar (e, u) aus G die rechte Seite u entweder eine Konstante, eine Funktion oder die Anwendung eines Konstruktors oder eines Operators ist, folgt dass $(\textbf{fun } x \to e') \in [\![e]\!]_G^\sharp$ genau dann gilt, wenn $(e, \textbf{fun } x \to e') \in G$.

Weitere Beispiele für leicht entscheidbare Eigenschaften sind:

- Ist $[\![e]\!]_G^\sharp$ nicht-leer?
- Ist $[\![e]\!]_G^\sharp$ endlich, und wenn ja, aus welchen Elementen besteht diese Menge?

Ziel unserer Wertanalyse ist es, für ein Programm eine Relation G zu konstruieren, so dass für jeden Ausdruck e des Programms $[\![e]\!]_G^\sharp$ alle Werte enthält, zu denen sich e zur Laufzeit (relativ zu den sich zur Laufzeit ergebenden Bindungen für die in e freien Variablen) möglicherweise auswertet. Die Relation $G \subseteq E \times V$ definieren wir mit Hilfe von Axiomen und Schlussregeln. Zunächst erweitern wir die Relation G, indem wir alle Paare (v, v) für $v \in V$ zu G hinzu fügen. Diese Relation bezeichnen wir mit $\Rightarrow$ und schreiben dieses Relationssymbol zur besseren Lesbarkeit als infix-Symbol.

Axiome stellen diejenigen Beziehungen bereit, die ohne Voraussetzung gelten:

$$v \Rightarrow v \quad (v \in V)$$

d.h. Ausdrücke aus der Menge V stehen zu sich selbst in Beziehung. Für jedes Programmkonstrukt werden nun Regeln aufgestellt:

Funktionsanwendung. Sei $e \equiv (e_1\ e_2)$. Dann haben wir die Regeln:

$$\frac{e_1 \Rightarrow \mathbf{fun}\ x \to e_0 \quad e_0 \Rightarrow v}{e \Rightarrow v} \qquad \frac{e_1 \Rightarrow \mathbf{fun}\ x \to e \quad e_2 \Rightarrow v}{x \Rightarrow v}$$

Wertet sich der Funktionsausdruck einer Funktionsanwendung zu einer Funktion $\mathbf{fun}\ x \to e_0$ aus und der Hauptausdruck e_0 der Funktion zu einem Wert v, dann könnte die Funktionsanwendung selbst sich zu v entwickeln. Wertet sich andererseits das Argument der Funktionsanwendung zu einem Wert v aus, dann ist v auch ein möglicher Wert des formalen Parameters x der Funktion.

let-**Definition.** Sei $e \equiv \mathbf{let}\ x_1 = e_1\ \mathbf{in}\ e_0$. Dann haben wir die Regeln:

$$\frac{e_0 \Rightarrow v}{e \Rightarrow v} \qquad \frac{e_1 \Rightarrow v}{x \Rightarrow v}$$

Wertet sich der Hauptausdruck e_0 eines *let*-Ausdrucks zu einem Wert v aus, dann auch der gesamte *let*-Ausdruck. Jeder Wert für den Ausdruck e_1 stellt andererseits einen möglichen Wert für die lokale Variable x dar. Eine ähnliche Überlegung rechtfertigt auch die Regeln für *letrec*-Ausdrücke.

letrec-**Definition.** Für $e \equiv \mathbf{let\ rec}\ x_1 = e_1 \ldots \mathbf{and}\ x_k = e_k\ \mathbf{in}\ e_0$. haben wir:

$$\frac{e_0 \Rightarrow v}{e \Rightarrow v} \qquad \frac{e_i \Rightarrow v}{x_i \Rightarrow v}$$

Fallunterscheidungen. Sei $e \equiv \mathbf{match}\ e_0\ \mathbf{with}\ p_1 \to e_1 \mid \ldots \mid p_m \to e_m$. Falls p_i ein Basiswert ist, haben wir die Regeln:

$$\frac{e_i \Rightarrow v}{e \Rightarrow v}$$

Ist andererseits $p_i \equiv c\, y_1 \ldots y_k$, haben wir:

$$\frac{e_0 \Rightarrow c\, e'_1 \ldots e'_k \quad e_i \Rightarrow v}{e \Rightarrow v} \qquad \frac{e_0 \Rightarrow c\, e'_1 \ldots e'_k \quad e'_j \Rightarrow v}{y_j \Rightarrow v} \quad (j = 1, \ldots, k)$$

Ist schließlich p_i eine Variable y, haben wir:

$$\frac{e_i \Rightarrow v}{e \Rightarrow v} \qquad \frac{e_0 \Rightarrow v}{y \Rightarrow v}$$

Wertet sich eine Alternative zu einem Wert aus, kann sich die gesamte Fallunterscheidung zu diesem Wert auswerten — sofern das zugehörige Muster bei der Auswertung des Ausdrucks e_0 nicht ausgeschlossen werden kann. Da wir die genauen Werte von Operatoranwendungen nicht verfolgen, nehmen wir bei Basiswerten stets an, dass sie möglich sind. Anders sieht es bei einem Muster $c\, y_1 \ldots y_k$. Dieses Muster passt auf den Wert von e_0 nur, wenn $e_0 \Rightarrow v$ gilt, wobei c der oberste Konsttruktor von v ist. In diesem Fall hat v die Form $v = c\, e'_1 \ldots e'_k$, und die Werte für e'_i sind mögliche Werte für die Variable x_i.

Bedingte Ausdrücke. Sei $e \equiv \text{if } e_0 \text{ then } e_1 \text{ else } e_2$. Für $i = 1, 2$ haben wir:

$$\frac{e_i \Rightarrow v}{e \Rightarrow v}$$

Diese Regeln sind analog zu den Regeln für *match*-Ausdrücke, bei denen Basiswerte als Muster verwendet werden.

Beispiel 3.5.3 Betrachten wir erneut das Programm:

$$\begin{aligned}
&\textbf{let rec } \text{from} = \textbf{fun } i \to i :: \text{from}\, (i + 1) \\
&\textbf{and } \text{first} = \textbf{fun } l \to \textbf{match}\, l\, \textbf{with}\, x :: xs \to x \\
&\textbf{in } \text{first}\, (\text{from}\, 2)
\end{aligned}$$

Dieses Programm terminiert nur mit verzögerter Auswertung wie in HASKELL. In OCAML dagegen mit gieriger Auswertung würde der Aufruf from 2 nicht terminieren und damit auch das ganze Programm nicht. Eine Beispielableitung der Beziehung $x \Rightarrow 2$ sieht so aus:

$$\frac{\text{first} \Rightarrow \textbf{fun}\, l \to \ldots \quad \dfrac{\dfrac{\text{from} \Rightarrow \textbf{fun}\, i \to i :: \text{from}\,(i+1)}{\text{from}\, 2 \Rightarrow i :: \text{from}\,(i+1)}}{l \Rightarrow i :: \text{from}\,(i+1)} \quad \dfrac{\text{from} \Rightarrow \textbf{fun}\, i \to i :: \text{from}\,(i+1)}{i \Rightarrow 2}}{x \Rightarrow 2}$$

Dabei haben wir Vorkommen von Axiomen $v \Rightarrow v$ weggelassen. Für $e \in E$ sei $G(e)$ die Menge aller Ausdrücke $v \in V$, für die $e \Rightarrow v$ abgeleitet werden kann. Für die Variablen und Funktionsanwendungen dieses Programms liefert die Analyse:

$$\begin{aligned}
G(\mathsf{from}) &= \{\mathbf{fun}\, i \to i :: \mathsf{from}\,(i+1)\} \\
G(\mathsf{from}\,(i+1)) &= \{i :: \mathsf{from}\,(i+1)\} \\
G(\mathsf{from}\,2) &= \{i :: \mathsf{from}\,(i+1)\} \\
G(i) &= \{2, i+1\} \\
G(\mathsf{first}) &= \{\mathbf{fun}\, l \to \mathbf{match}\, l \ldots\} \\
G(l) &= \{i :: \mathsf{from}\,(i+1)\} \\
G(x) &= \{2, i+1\} \\
G(xs) &= \{i :: \mathsf{from}\,(i+1)\} \\
G(\mathsf{first}\,(\mathsf{from}\,2)) &= \{2, i+1\}
\end{aligned}$$

Wir schließen, dass die Auswertung der Ausdrücke from 2 und from $(i+1)$ niemals einen endlichen Wert liefert. Die Variable i andererseits wird möglicherweise an Ausdrücke gebunden mit Werten $2, 2+1, 2+1+1, \ldots$. Gemäß dieser Analyse liefert damit der Hauptausdruck einen der Werte $2, 2+1, 2+1+1, \ldots$. □

Die Mengen $G(e)$ können durch Fixpunktiteration berechnet werden. Eine etwas geschicktere Implementierung rechnet nicht mit Mengen von Ausdrücken, sondern propagiert Ausdrücke $v \in V$ einzeln. Wird v einer Menge $G(e)$ hinzugefügt, sind möglicherweise die Voraussetzungen weiterer Regeln erfüllt, welche wiederum zu neuen Hinzufügungen von Ausdrücken v' zu Mengen $G(e')$ führen können. Das ist die Idee des kubischen Algorithmus von Heintze [Hei94].

Die Korrektheit dieser Analyse kann mit Hilfe einer operationellen Semantik für Programme mit verzögerter Auswertung gezeigt werden. Wir werden hier diesen Beweis nicht führen, weisen aber darauf hin, dass die Regeln zur Ableitung der Beziehungen $e \Rightarrow v$ ganz analog sind zu entsprechenden Regeln einer solchen Semantik – mit den folgenden wesentlichen Unterschieden:

- Operatoren $\Box_1, \Box_2$ auf Basistypen werden nicht weiter ausgewertet;
- An Verzweigungen, die von Basiswerten abhängen, werden nichtdeterministisch alle Möglichkeiten verfolgt;
- Bei Fallunterscheidungen bleibt die Reihenfolge der Muster unberücksichtigt.
- Die Berechnung der Rückgabewerte einer Funktion wird von der Bestimmung der möglichen aktuellen Parameter dieser Funktion entkoppelt.

Die beschriebene Analyse ist ebenfalls korrekt für Programme einer Programmiersprache mit gieriger Ausdrucksauswertung. Für diese können wir die Genauigkeit der Analyse erhöhen, indem wir bei der Anwendung der Regeln zusätzliche Vorbedingungen verlangen:

- Bei Funktionsaufrufen mit Argument e_2 sollte die Menge $[\![e_2]\!]_G^\sharp$ nicht leer sein;
- Bei *let*- und *letrec*-Ausdrücken sollte für die rechten Seiten e_i der lokal eingeführten Variablen jeweils $[\![e_i]\!]_G^\sharp$ nicht leer sein;
- Bei bedingten Ausdrücken sollte jeweils die Menge $[\![e_0]\!]_G^\sharp$ für die Bedingung e_0 nicht leer sein;

- Analog sollte bei Fallunterscheidungen **match** $e_0 \ldots$ die Menge $[\![e_0]\!]_G^\sharp$ nicht leer sein. Und bei den Regeln für Muster $c\ y_1 \ldots y_k$ sollten für den Wert $c\ e_1' \ldots e_k'$ in $[\![e_0]\!]_G^\sharp$ auch die Mengen $[\![e_j']\!]_G^\sharp$ für $j = 1, \ldots, k$ nicht leer sein.

Im Beispiel hätte das zur Folge, dass

$$[\![l]\!]_G^\sharp = [\![x]\!]_G^\sharp = [\![xs]\!]_G^\sharp = [\![\textbf{match}\ l \ldots]\!]_G^\sharp = [\![\textsf{first (from 2)}]\!]_G^\sharp = \emptyset$$

Die Analyse findet heraus, dass die gierige Auswertung des Aufrufs first (from 2) nicht terminiert.

Die hier vorgestellte Wertanalyse liefert erstaunlich genaue Ergebnisse. Sie lässt sich erweitern auf eine Analyse der möglicherweise bei der Auswertung eines Ausdrucks geworfenen Ausnahmen (Aufg. 7) bzw. der Menge der während der Auswertung aufgetretenen Seiteneffekte (Aufg. 8). Ungenauigkeiten treten allerdings auf, da die Analyse etwa bei Funktionen die Approximation der möglichen Werte der Parameter von der Berechnung der Rückgabewerte entkoppelt. Bei der Analyse polymorpher Funktionen bedeutet das, dass die Argumentwerte unterschiedlicher Typen vermengt werden.

3.6 Beseitigung von Zwischendatenstrukturen

Eine der wichtigsten Datenstrukturen, die von funktionalen Programmiersprachen unterstützt werden, sind Listen. Funktionale Programme sammeln Zwischenergebnisse in Listen, wenden Funktionen auf alle Elemente von Listen an und berechnen aus Listen das Ergebnis. Gängige Bibliotheken stellen deshalb höhere Funktionen auf Listen zur Verfügung, die diesen Programmierstil unterstützen. Beispiele für solche höheren Funktionen sind:

$$
\begin{aligned}
\textsf{map} \quad &= \textbf{fun}\ \textsf{f} \to \textbf{fun}\ l \to \textbf{match}\ l \\
&\qquad \textbf{with}\ [\,] \to [\,] \\
&\qquad |\ h :: t \to \textsf{f}\ x :: \textsf{map}\ \textsf{f}\ t \\
\textsf{filter} \quad &= \textbf{fun}\ \textsf{p} \to \textbf{fun}\ l \to \textbf{match}\ l \\
&\qquad \textbf{with}\ [\,] \to [\,] \\
&\qquad |\ h :: t \to \textbf{if}\ \textsf{p}\ h\ \textbf{then}\ h :: \textsf{filter}\ \textsf{p}\ t \\
&\qquad\qquad\qquad\qquad \textbf{else}\ \textsf{filter}\ \textsf{p}\ t) \\
\textsf{fold\_left} &= \textbf{fun}\ \textsf{f}\ \to\ \textbf{fun}\ a \to \textbf{fun}\ l \to \textbf{match}\ l\ \textbf{with}\ [\,] \to a \\
&\qquad |\ h :: t \to \textsf{fold\_left}\ \textsf{f}\ (\textsf{f}\ a\ h)\ t
\end{aligned}
$$

Funktionen lassen sich mit Hilfe der Funktionskomposition verknüpfen:

$$\textsf{comp} = \textbf{fun}\ \textsf{f} \to \textbf{fun}\ \textsf{g} \to \textbf{fun}\ x \to \textsf{f}\ (\textsf{g}\ x)$$

Wie mit diesen einfachen Hilfsmitteln komplexere Funktionalität realisiert werden kann, zeigt das nächste Beispiel.

Beispiel 3.6.1 Das folgende Programmfragment stellt Funktionen zur Berechnung der Summe der Elemente einer Liste, zur Berechnung der Länge einer Liste und zur Berechnung der Standardabweichung der Elemente einer Liste zur Verfügung:

$$
\begin{aligned}
&\textbf{let } \text{sum} &&= \text{fold\_left } (+)\ 0\\
&\textbf{in let } \text{length} &&= \text{comp sum (map } (\textbf{fun } x \to 1))\\
&\textbf{in let } \text{der} &&= \textbf{fun } l \to\\
&&&\quad \textbf{let } s_1 \ = \text{sum } l\\
&&&\quad \textbf{in let } n \ = \text{length } l\\
&&&\quad \textbf{in let } \text{mean} = s_1/n\\
&&&\quad \textbf{in let } s_2 \ = \text{sum } (\\
&&&\qquad \text{map } (\textbf{fun } x \to x \cdot x)\ (\\
&&&\qquad \text{map } (\textbf{fun } x \to x - \text{mean})\ l))\\
&&&\quad \textbf{in} \quad s_2/n
\end{aligned}
$$

Dabei steht $(+)$ für die Funktion $\textbf{fun } x \to \textbf{fun } y \to x + y$. In den angegebenen Definitionen kommt Rekursion nicht mehr explizit vor, sondern ist nur noch implizit in den Funktionen map und fold_left enthalten. Die Definition von length kommt sogar ohne explizite Funktionsabstraktion $\textbf{fun} \ldots \to$ aus. Einerseits wird die Implementierung so übersichtlicher, andererseits führt dieser Programmierstil aber dazu, dass für Zwischenergebnisse Hilfsdatenstrukturen angelegt werden, die vermieden werden können. Die Funktion length könnte direkt implementiert werden durch:

$$\textbf{let } \text{length} = \text{fold\_left } (\textbf{fun } a \to \textbf{fun } y \to a + 1)\ 0$$

Diese Implementierung vermeidet das Anlegen der Hilfsliste, die für jedes Element der Eingabe eine 1 enthält. □

Die folgenden Regeln erlauben es, einige offensichtlich überflüssige Hilfsdatenstrukturen zu beseitigen:

$$
\begin{aligned}
&\text{comp (map f) (map g)} &&= \text{map (comp f g)}\\
&\text{comp (fold\_left f } a)\ (\text{map g}) &&= \text{fold\_left } (\textbf{fun } a \to \text{comp (f } a)\ \text{g})\ a\\
&\text{comp (filter } p_1)\ (\text{filter } p_2) &&= \text{filter } (\textbf{fun } x \to \textbf{if } p_2\ x \textbf{ then } p_1\ x\\
&&&\qquad\qquad\qquad\qquad \textbf{else } \text{false})\\
&\text{comp (fold\_left f } a)\ (\text{filter } p) &&= \text{fold\_left } (\textbf{fun } a \to \textbf{fun } x \to \textbf{if } p\ x \textbf{ then } f\ a\ x\\
&&&\qquad\qquad\qquad\qquad \textbf{else } a)\ a
\end{aligned}
$$

Während die Auswertung der linken Seite jeweils eine Hilfsdatenstruktur benötigt, kommt die Auswertung der rechten Seite ohne diese Hilfsdatenstruktur aus! Diese Regeln erlauben die Optimierung der Funktion length aus Beispiel 3.6.1. Linke und rechte Seite der Regeln sind jedoch nicht unter allen Umständen äquivalent! Vielmehr dürfen diese Regeln nur dann angewendet werden, wenn die dabei auftretenden Funktionen f, g, p_1, p_2 keine Seiteneffekte haben.

3.6 Beseitigung von Zwischendatenstrukturen   155

Ein weiteres Problem dieser Optimierung besteht darin zu erkennen, *wann* sie angewendet werden kann. Oft wird ein Programmierer nicht einen expliziten Operator verwenden, um Funktionen hintereinander auszuführen, sondern direkt geschachtelte Funktionsanwendungen hinschreiben. Dieser Fall liegt bei der Definition der Funktion der aus Beispiel 3.6.1 vor. Für diesen Fall können wir aber die Ersetzungsregeln auch schreiben als:

$$
\begin{aligned}
\text{map f (map g } l) &= \text{map (}\mathbf{fun}\ z \to \text{f (g } z\text{)) } l \\
\text{fold\_left f } a \text{ (map g } l) &= \text{fold\_left (}\mathbf{fun}\ a \to \mathbf{fun}\ z \to \text{f } a \text{ (g } z\text{)) } a\ l \\
\text{filter } p_1 \text{ (filter } p_2\ l) &= \text{filter (}\mathbf{fun}\ x \to \mathbf{if}\ p_2\ x\ \mathbf{then}\ p_1\ x \\
& \qquad\qquad\qquad\qquad \mathbf{else}\ \text{false) } l \\
\text{fold\_left f } a \text{ (filter p } l) &= \text{fold\_left (}\mathbf{fun}\ a \to \mathbf{fun}\ x \to \mathbf{if}\ p\ x\ \mathbf{then}\ f\ a\ x \\
& \qquad\qquad\qquad\qquad \mathbf{else}\ a\text{) } a\ l
\end{aligned}
$$

Beispiel 3.6.2 Anwendung dieser Regeln auf die Definition der Funktion der aus Beispiel 3.6.1 liefert:

$$
\begin{aligned}
&\mathbf{let}\ \text{sum} = \text{fold\_left } (+)\ 0 \\
&\mathbf{in\ let}\ \text{length} = \text{fold\_left (}\mathbf{fun}\ a \to \mathbf{fun}\ z \to a + 1)\ 0 \\
&\mathbf{in\ let}\ \text{der} = \mathbf{fun}\ l \to \quad \mathbf{let}\ s_1 = \text{sum } l \\
&\qquad\qquad\qquad\qquad \mathbf{in\ let}\ n = \text{length } l \\
&\qquad\qquad\qquad\qquad \mathbf{in\ let}\ \text{mean} = s_1/n \\
&\qquad\qquad\qquad\qquad \mathbf{in\ let}\ s_2 = \text{fold\_left (}\mathbf{fun}\ a \to \mathbf{fun}\ z \to \\
&\qquad\qquad\qquad\qquad\qquad\qquad (+)\ a\ (\\
&\qquad\qquad\qquad\qquad\qquad\qquad (\mathbf{fun}\ x \to x \cdot x)\ (\\
&\qquad\qquad\qquad\qquad\qquad\qquad (\mathbf{fun}\ x \to x - \text{mean})\ z)))\ 0\ l \\
&\qquad\qquad\qquad\qquad \mathbf{in} \quad s_2/n
\end{aligned}
$$

Wiederholte Anwendung der Optimierung von Funktionsanwendungen sowie der *let*-Optimierung liefert dafür:

$$
\begin{aligned}
&\mathbf{let}\ \text{sum} = \text{fold\_left } (+)\ 0 \\
&\mathbf{in\ let}\ \text{length} = \text{fold\_left (}\mathbf{fun}\ a \to \mathbf{fun}\ z \to a + 1)\ 0 \\
&\mathbf{in\ let}\ \text{der} = \mathbf{fun}\ l \to \quad \mathbf{let}\ s_1 = \text{sum } l \\
&\qquad\qquad\qquad\qquad \mathbf{in\ let}\ n = \text{length } l \\
&\qquad\qquad\qquad\qquad \mathbf{in\ let}\ \text{mean} = s_1/n \\
&\qquad\qquad\qquad\qquad \mathbf{in\ let}\ s_2 = \text{fold\_left (}\mathbf{fun}\ a \to \mathbf{fun}\ z \to \\
&\qquad\qquad\qquad\qquad\qquad\qquad \mathbf{let}\ x = z - \text{mean} \\
&\qquad\qquad\qquad\qquad\qquad\qquad \mathbf{in\ let}\ y = x \cdot x \\
&\qquad\qquad\qquad\qquad\qquad\qquad \mathbf{in} \quad a + y)\ 0\ l \\
&\qquad\qquad\qquad\qquad \mathbf{in} \quad s_2/n
\end{aligned}
$$

Alle Zwischendatenstukturen sind verschwunden. Nur Aufrufe der Funktion fold_left sind übrig geblieben. Weil die Funktion fold_left sogar *endrekursiv* ist, wird für diese Aufrufe Code erzeugt, der so effizient ist wie Schleifen in imperativen Programmen. □

Gelegentlich wird eine erste Liste von Zwischenergebnissen durch *Tabellierung* einer Funktion erstellt. Tabellierung von n Werten einer Funktion f : **int** $\to \tau$ liefert eine Liste:

$$[f\ 0; \ldots; f\ (n-1)]$$

Eine Funktion tabulate, um diese Liste zu berechnen, könnte in OCAML so definiert werden:

let tabulate $\quad$ = **fun** $n \to$ **fun** f $\to$
$\quad\quad$ **let rec** tab = **fun** $j \to$ **if** $j \geq n$ **then** [ ]
$\quad\quad\quad\quad\quad\quad\quad\quad\quad\quad$ **else** (f j) :: tab $(j+1)$
$\quad$ **in** tab 0

Unter der Voraussetzung, dass alle vorkommenden Funktionsaufrufe terminieren und keine Seiteneffekte haben, gilt dann:

$\quad$ map f (tabulate n g) $\quad\quad$ = tabulate n (comp f g)
$\quad\quad\quad\quad\quad\quad\quad\quad\quad\quad$ = tabulate n (**fun** $j \to$ f (g j))
$\quad$ fold_left f a (tabulate n g) = loop n (**fun** $a \to$ comp (f a) g) a
$\quad\quad\quad\quad\quad\quad\quad\quad\quad\quad$ = loop n (**fun** $a \to$ **fun** $j \to$ (f a (g j)) a

Dabei ist:

let loop $\quad\quad$ = **fun** $n \to$ **fun** f $\to$ **fun** $a \to$
$\quad\quad$ **let rec** doit = **fun** $a \to$ **fun** $j \to$ **if** $j \geq n$ **then** a
$\quad\quad\quad\quad\quad\quad\quad\quad\quad\quad\quad\quad$ **else** doit (f a j) $(j+1)$
$\quad$ **in** doit a 0

Die endrekursive Funktion loop entspricht einer *for*-Schleife: die lokalen Daten stehen in ihrem akkumulierenden Parameter a, während ihr funktionaler Parameter f festlegt, wie der neue Wert für a nach dem j-ten Durchlauf aus a vor dem Durchlauf und j berechnet wird. Die Funktion loop berechnet dabei ihr Ergebnis ganz ohne Liste als Hilfsdatenstruktur.

Die Anwendbarkeit der Regeln hängt wesentlich davon ab, dass Kompositionen der Funktionen fold_left f a, map f, filter p erkannt werden. Diese Struktur kann in einem konkreten Programm aber eventuell nur sehr mittelbar vorkommen: Teilausdrücke können in *let*-Definitionen ausgelagert sein oder gelangen über Parameter an die entsprechende Stelle. Hier können erfolgreich die *let*-Optimierungen aus Abschnitt 3.2 sowie in komplexeren Situationen die Wertanalyse aus Kapitel 3.5 eingesetzt werden.

Das Prinzip der hier vorgestellten Optimierungen kann in verschiedene Richtungen verallgemeinert werden:

- Neben den betrachteten Funktionen können weitere gängige Listenfunktionen in Betracht gezogen werden wie z.B. die Funktion rev, welche die Anordnung einer Liste umdreht, die endrekursive Version rev_map der Funktion map und die Funktion fold_right (siehe Aufg. 10).
- Die Unterdrückung von Zwischendatenstrukturen bietet sich auch für *indexabhängige* Versionen der Funktionen map und fold_left an (siehe Aufg. 11).
  Bezeichne l die Liste $[x_0; \ldots; x_{n-1}]$ vom Typ: $'b$ **list**.
  Die index-abhängige Version von map erhält als Argument eine Funktion f vom Typ: **int** $\to' b \to' c$ und liefert für l die Liste:
  $$[f\ 0\ x_0;\ \ldots;\ f\ (n-1)\ x_{n-1}]$$
  Entsprechend erhält die index-abhängige Version von fold_left als Argumente eine Funktion f vom Typ: **int** $\to' a \to' b \to' a$, einen Anfangswert a vom Typ: $'a$ und berechnet den Wert:
  $$f\ (n-1)\ (\ldots\ f\ 1\ (f\ 0\ a\ x_0)\ x_1\ \ldots)\ x_{n-1}$$
- Die Funktionen map und fold_left lassen sich ganz allgemein für benutzerdefinierte funktionale Datentypen definieren, wenn sie auch dort i.A. weniger verbreitet sind. Zumindest prinzipiell steht damit der Anwendung analoger Optimierungen, wie wir sie für Listen angegeben haben, in diesem verallgemeinerten Kontext nichts im Wege (siehe Aufg. 12).

3.7 Verbesserung der Auswertungsreihenfolge: Die Striktheitsanalyse

Programmiersprachen wie HASKELL verzögern die Auswertung von Ausdrücken so lange, bis ihre Auswertung zwingend erforderlich ist. Deshalb werten sie *let*-definierte Variablen wie die aktuellen Parameter einer Funktion erst aus, wenn auf ihren Wert zugegriffen wird. Eine so verzögerte Auswertung gestattet die elegante Behandlung (potentiell) unendlicher Listen, von denen aber in jeder Anwendung nur ein Teil zur Berechnung des Ergebnisses benötigt wird. Die Verzögerung der Auswertung eines Ausdrucks e verursacht aber zusätzliche Kosten, da für die spätere Auswertung von e ein *Abschluss* angelegt werden muss.

Beispiel 3.7.1 Betrachten Sie das folgende Programm:

let rec from = **fun** n $\to$ n :: from $(n+1)$
  and take = **fun** k $\to$ **fun** s $\to$ **if** $k \leq 0$ **then** [ ]
      else match s **with** [ ] $\to$ [ ]
        | $h :: t$ $\to$ $h ::$ take $(k-1)\ t$

Verzögerte Auswertung des Ausdrucks take 5 (from 0) liefert die Liste $[0; 1; 2; 3; 4]$, während gierige Auswertung mit CBV-Parameterübergabe nicht terminiert. □

3 Optimierung funktionaler Programme

Verzögerte Auswertung hat aber auch Nachteile. Selbst endrekursive Funktionen haben unter Umständen keinen konstanten Platzverbrauch mehr.

Beispiel 3.7.2 Betrachten Sie das folgende Programmfragment:

$$\textbf{let rec } \mathsf{fac2} = \textbf{fun } x \ \to \ \textbf{fun } a \ \to \ \textbf{if } x \leq 0 \textbf{ then } a$$
$$\textbf{else } \mathsf{fac2} \ (x-1) \ (a \cdot x)$$

Verzögerte Auswertung wird für die Multiplikationen im akkumulierenden Parameter jeweils eigene Abschlüsse anlegen. Erst wenn der rekursive Abstieg bei dem Aufruf fac2 x 1 ankommt, wird die geschachtelte Folge von Abschlüssen ausgewertet. Die Multiplikation jeweils sofort auszuführen wäre da erheblich effizienter. □

Statt eine Berechnung zu verzögern, ist es wie in dem Beispiel oft billiger, diese Berechnung sofort auszuführen und damit das Anlegen eines Abschlusses zu vermeiden. Das ist das Ziel der folgenden Optimierung.

Zur Vereinfachung betrachten wir zuerst einmal nur Programme ohne zusammengesetzte Datenstrukturen und ohne höhere Funktionen. Zusätzlich nehmen wir an, alle Funktionen wären auf der obersten Programmebene definiert. Für die Transformation führen wir ein Konstrukt:

$$\textbf{let\#} \ x = e_1 \textbf{ in } e_0$$

ein, das die Auswertung von e_1 erzwingt, wann immer der Wert von e_0 benötigt wird. Ziel der Optimierung ist es, so viele *let*-Ausdrücke wie möglich durch *let#*-Ausdrücke zu ersetzen – ohne jedoch das Terminierungsverhalten des Programms zu ändern. *Striktheitsanalyse* liefert uns die dazu erforderliche Information über das Terminierungsverhalten von Ausdrücken. Eine k-stellige Funktion f nennen wir *strikt* in ihrem j-ten Argument, $1 \leq j \leq k$, falls die Auswertung eines Ausdrucks f $e_1 \ldots e_k$ immer dann nicht terminiert, wenn die Auswertung von e_j nicht terminiert. Ist die Funktion strikt in dem Argument j, können wir die Berechnung des j-ten Arguments e_j vorziehen, ohne das Terminierungsverhalten zu ändern. Wir können also f $e_1 \ldots e_k$ ersetzen durch:

$$\textbf{let\#} \ x = e_j \textbf{ in } \mathsf{f} \ e_1 \ldots e_{j-1} \ x \ e_{j+1} \ldots e_k$$

Analog können wir einen *let*-Ausdruck **let** $x = e_1$ **in** e_0 durch den Ausdruck:

$$\textbf{let\#} \ x = e_1 \textbf{ in } e_0$$

ersetzen, sofern die Auswertung von e_0 immer dann nicht terminiert, wenn die Berechnung des Werts für x in e_0 nicht terminiert.

Die einfachste Form der Striktheitsanalyse unterscheidet nur, ob die Auswertung eines Ausdrucks definitiv nicht terminiert oder möglicherweise einen Wert liefert. Sei **2** der endliche Verband, der aus den Elementen 0 und 1 besteht mit $0 < 1$. Den Wert 0 wollen wir einem Ausdruck zuordnen, dessen Auswertung definitiv nicht terminiert, während der Wert 1 mögliche Terminierung bedeutet. Eine k-stellige Funktion f beschreiben wir dann durch eine k-stellige abstrakte Funktion:

3.7 Verbesserung der Auswertungsreihenfolge: Die Striktheitsanalyse

$$[\![f]\!]^\sharp : \mathbf{2} \to \ldots \to \mathbf{2} \to \mathbf{2}$$

Aus $[\![f]\!]^\sharp\, 1 \ldots 1\, 0\, 1 \ldots 1 = 0$ (0 im j-ten Argument) können wir folgern, dass ein Funktionsaufruf von f mit Sicherheit nicht terminiert, wenn die Auswertung des j-ten Arguments nicht terminiert. Die Funktion f ist folglich *strikt* im j-ten Argument.

Um für alle Funktionen f des Programms zugehörige abstrakte Beschreibungen $f^\sharp$ zu berechnen, stellen wir ein Gleichungssystem auf. Dazu benötigen wir als Hilfsfunktion die abstrakte Auswertung von Ausdrücken e relativ zu einer Variablenbelegung ρ für die freien Variablen von einem Basistyp und einer Zuordnung ϕ von Funktionen zu ihren (aktuellen) abstrakten Beschreibungen:

$$
\begin{aligned}
[\![b]\!]^\sharp\, \rho\, \phi &= 1 \\
[\![x]\!]^\sharp\, \rho\, \phi &= \rho\, x \\
[\![\Box_1\, e]\!]^\sharp\, \rho\, \phi &= [\![e]\!]^\sharp\, \rho\, \phi \\
[\![e_1\, \Box_2\, e_2]\!]^\sharp\, \rho\, \phi &= [\![e_1]\!]^\sharp\, \rho\, \phi \wedge [\![e_2]\!]^\sharp\, \rho\, \phi \\
[\![\text{if } e_0 \text{ then } e_1 \text{ else } e_2]\!]^\sharp\, \rho\, \phi &= [\![e_0]\!]^\sharp\, \rho\, \phi \wedge ([\![e_1]\!]^\sharp\, \rho\, \phi \vee [\![e_2]\!]^\sharp\, \rho\, \phi) \\
[\![\text{f } e_1 \ldots e_k]\!]^\sharp\, \rho\, \phi &= \phi(\text{f})\, ([\![e_1]\!]^\sharp\, \rho\, \phi) \ldots ([\![e_k]\!]^\sharp\, \rho\, \phi) \\
[\![\text{let } x_1 = e_1 \text{ in } e]\!]^\sharp\, \rho\, \phi &= [\![e]\!]^\sharp\, (\rho \oplus \{x_1 \mapsto [\![e_1]\!]^\sharp\, \rho\})\, \phi \\
[\![\text{let\# } x_1 = e_1 \text{ in } e]\!]^\sharp\, \rho\, \phi &= ([\![e_1]\!]^\sharp\, \rho\, \phi) \wedge ([\![e]\!]^\sharp\, (\rho \oplus \{x_1 \mapsto 1\})\, \phi)
\end{aligned}
$$

Die Auswertungsfunktion $[\![.]\!]^\sharp$ interpretiert Konstanten durch den abstrakten Wert 1, während die Werte für Variablen in ρ nachgeschlagen werden. Einstellige Operatoren $\Box_1$ werden durch die Identität approximiert, da die Auswertung einer Anwendung eines solchen Operators nicht terminiert, wann immer das Argument des Operators nicht terminiert. Entsprechend werden binäre Operatoren durch Konjunktion interpretiert. Die abstrakte Auswertung eines *if*-Ausdrucks ist gegeben durch $b_0 \wedge (b_1 \vee b_2)$, sofern b_0 der abstrakte Wert für die Bedingung und b_1, b_2 die abstrakten Werte für die Alternativen darstellen. Hier ist die Intuition, dass bei dem bedingten Ausdruck die Bedingungg mit Sicherheit ausgewertet werden muss, während nur eine der beiden Alternativen eine Rolle spielt. Bei einer Funktionsanwendung wird der (gegenwärtige) abstrakte Wert der Funktion in der Funktionsumgebung ϕ nachgeschlagen und auf die Werte angewendet, den die Auswertung rekursiv für die Argumentausdrücke ermittelt. Bei einer *let*-definierten Variable x in einem Ausdruck e_0 wird erst der abstrakte Wert für x ermittelt und dann der Wert des Hauptausdrucks e_0 relativ zu diesem Wert berechnet. Ist die Variable x dagegen *let#*-definiert, müssen wir zusätzlich sicherstellen, dass der Gesamtausdruck den abstrakten Wert 0 erhält, falls der Wert, der für x ermittelt wurde, 0 ist.

Beispiel 3.7.3 Betrachten Sie den Ausdruck e, der gegeben ist durch:

$$\begin{aligned}
&\text{if } x \le 0 \text{ then } a \\
&\text{else } \text{fac2 } (x - 1)\, (a \cdot x)
\end{aligned}$$

Für Werte $b_1, b_2 \in \mathbf{2}$, sei ρ die Variablenbelegung $\rho = \{x \mapsto b_1, a \mapsto b_2\}$. Außerdem ordne die Abbildung ϕ der Funktion fac2 die abstrakte Funktion **fun** $x \to$ **fun** $a \to x \wedge a$ zu. Dann liefert die abstrakte Auswertung von e den Wert:

160   3 Optimierung funktionaler Programme

$$[\![e]\!]^\sharp \, \rho \, \phi = (b_1 \wedge 1) \wedge (b_2 \vee (\phi\,\mathsf{fac2})\,(b_1 \wedge 1)\,(b_2 \wedge b_1))$$
$$= b_1 \wedge (b_2 \vee (b_1 \wedge b_2))$$
$$= b_1 \wedge b_2$$

□

Mit der abstrakten Ausdrucksauswertung stellen wir für jede im Programm definierte Funktion $\mathsf{f} = \mathbf{fun}\, x_1 \to \ldots \to \mathbf{fun}\, x_k \to e$ die Gleichungen:

$$\phi(\mathsf{f})\, b_1 \, \ldots \, b_k = [\![e_i]\!]^\sharp \, \{x_j \mapsto b_j \mid j = 1, \ldots, k\} \, \phi$$

auf für alle $b_1, \ldots, b_k \in \mathbf{2}$. Weil die rechten Seiten monoton von den abstrakten Werten $\phi(\mathsf{f})$ abhängen, besitzt dieses Gleichungssystem eine kleinste Lösung. Diese Lösung bezeichnen wir mit $[\![\mathsf{f}]\!]^\sharp$.

Beispiel 3.7.4 Für die Funktion fac2 aus Beispiel 3.7.2 erhalten wir die Gleichungen:

$$[\![\mathsf{fac2}]\!]^\sharp \, b_1 \, b_2 = b_1 \wedge (b_2 \vee [\![\mathsf{fac2}]\!]^\sharp \, b_1 \, (b_1 \wedge b_2))$$

Eine Fixpunktiteration liefert für $[\![\mathsf{fac2}]\!]^\sharp$ sukzessive die abstrakten Funktionen:

0	$\mathbf{fun}\, x \to \mathbf{fun}\, a \to 0$
1	$\mathbf{fun}\, x \to \mathbf{fun}\, a \to x \wedge a$
2	$\mathbf{fun}\, x \to \mathbf{fun}\, a \to x \wedge a$

Beachten Sie, dass wir hier die auftretenden abstrakten Funtionen durch boolesche Ausdrücke anstelle ihrer Wertetabellen repräsentiert haben.

Wir folgern, dass die Funktion fac2 in beiden Argumenten strikt ist. Damit können wir die Definition von fac2 transformieren in:

$$\begin{array}{l}\mathbf{let\ rec}\ \mathsf{fac2} = \mathbf{fun}\ x \to \mathbf{fun}\ a \to \mathbf{if}\ x \leq 0\ \mathbf{then}\ a \\ \qquad\qquad\qquad\qquad\qquad\qquad \mathbf{else}\quad \mathbf{let\#}\ x' = x - 1 \\ \qquad\qquad\qquad\qquad\qquad\qquad \mathbf{in\ let\#}\ a' = x \cdot a \\ \qquad\qquad\qquad\qquad\qquad\qquad \mathbf{in}\quad \mathsf{fac2}\ x'\ a'\end{array}$$

□

Im Beispiel liefert die Analyse die richtigen Ergebnisse. Tatsächlich ist die angegebene abstrakte Ausdrucksauswertung die Abstraktion der *denotationellen* Semantik unserer funktionalen Sprache. Die denotationelle Semantik verwendet für die ganzen Zahlen eine partielle Ordnung, die aus der Menge $\mathbb{Z}$ der Zahlwerte zusammen mit einem speziellen Wert $\bot$ besteht, der eine (noch) nicht terminierte Auswertung repräsentiert. Die Ordnungsbeziehung in dieser partiellen Ordnung ist gegeben durch $\bot \sqsubseteq z$ für alle $z \in \mathbb{Z}$. Die *abstrakte* denotationelle Semantik interpretiert stattdessen Basiswerte und Operatoren über dem Verband **2**. Als Beschreibungsrelation zwischen konkreten und abstrakten Werten verwenden wir:

3.7 Verbesserung der Auswertungsreihenfolge: Die Striktheitsanalyse

$$\bot \mathrel{\Delta} 0 \quad \text{und} \quad z \mathrel{\Delta} 1 \quad \text{für } z \in \mathbb{Z}$$

Wir verzichten auf den Beweis, dass die angegebene Analyse stets korrekte Ergebnisse liefert, weisen aber darauf hin, dass die Korrektheit mit Induktion über die Fixpunktiteration nachgewiesen werden kann.

Im Folgenden sollen neben Basiswerten auch strukturierte Daten berücksichtigt werden. Bisher wurde bei Funktionen nur unterschieden, ob ein Argument ganz oder gar nicht für die Berechnung des Ergebnisses benötigt wird. Bei zusammengesetzten Datenstrukturen können Funktionen jedoch auf unterschiedlich große Teile ihrer Argumente zugreifen.

Beispiel 3.7.5 Die Funktion

$$\textbf{let } \mathsf{hd} = \textbf{fun } l \;\to\; \textbf{match } l \textbf{ with } h :: t \;\to\; h$$

besucht nur den obersten Listen-Konstruktor ihres Arguments und liefert das erste Element zurück. Die Funktion length aus Beispiel 3.6.1 benötigt dagegen sämtliche Listen-Konstruktoren und die leere Liste am Ende der Argumentliste, um ihr Ergebnis zu berechnen. □

Um die unterschiedliche Benutzung von Argumenten zu studieren, betrachten wir nun Programme, die neben Basiswerten zusätzlich mit Tupeln und Listen arbeiten. Wir erweitern deshalb die Syntax für Ausdrücke e, indem wir die entsprechenden Konstrukte für zusammengesetzte Datenstrukturen zulassen:

$$\begin{aligned}e \;::=\;& \ldots \mid [\,] \mid e_1 :: e_2 \mid \textbf{match } e_0 \textbf{ with } [\,] \to e_1 \mid h::t \to e_2 \\& \mid (e_1,\ldots,e_k) \mid \textbf{match } e_0 \textbf{ with } (x_1,\ldots,x_k) \to e_1\end{aligned}$$

Wir betrachten zuerst den Fall, dass man nur jeweils am obersten Konstruktor der Werte interessiert ist. Eine Funktion f heißt *wurzel-strikt* im i-ten Argument, falls für die Berechnung des obersten Konstruktors einer Funktionsanwendung von f der oberste Konstruktor des i-ten Arguments erforderlich ist. Für Basiswerte stimmt Wurzel-Striktheit mit Striktheit, wie wir sie bisher betrachtet haben, überein. Wie bei der Striktheit für Basiswerte verwenden wir ein Konstrukt $\textbf{let\#}\; x = e_1 \textbf{ in } e_0$, das vor der Berechnung des Wurzelkonstruktors von e_0 den Wert von x bis zum Wurzelkonstruktor auswertet.

Wie die Striktheitseigenschaften von Funktionen auf Basiswerten beschreiben wir auch Wurzel-Striktheit mit Hilfe boolescher Funktionen. Der Wert 0 repräsentiert nur den konkreten Wert $\bot$ (nicht terminierte Berechnung), der Wert 1 dagegen sämtliche übrigen Werte, also z.B. die Liste $[1;2]$ wie auch die teilweise berechneten Listen $[1;\bot]$ oder $1 :: \bot$.

Bei der Analyse gehen wir vor wie bei der Striktheitsanalyse für Basiswerte, erweitern aber die abstrakte Auswertungsfunktion $[\![e]\!]^{\sharp}\, \rho\, \phi$ mit Regeln für Listen, Tupel und Fallunterscheidung:

$$[\![\mathbf{match}\ e_0\ \mathbf{with}\ [\,]\ \to\ e_1\ |\ h::t\ \to\ e_2]\!]^\sharp\ \rho\ \phi\ =$$
$$[\![e_0]\!]^\sharp\ \rho\ \phi\ \wedge\ ([\![e_1]\!]^\sharp\ \rho\ \phi\ \vee\ [\![e_2]\!]^\sharp\ (\rho \oplus \{h, t \mapsto 1\}))\ \phi$$
$$[\![\mathbf{match}\ e_0\ \mathbf{with}\ (x_1, \ldots, x_k)\ \to\ e_1]\!]^\sharp\ \rho\ \phi\ =$$
$$[\![e_0]\!]^\sharp\ \rho\ \phi\ \wedge\ [\![e_1]\!]^\sharp\ (\rho \oplus \{x_1, \ldots, x_k \mapsto 1\})\ \phi$$
$$[\![[\,]]\!]^\sharp\ \rho\ \phi\ =\ [\![e_1 :: e_2]\!]^\sharp\ \rho\ \phi\ =\ [\![(e_1, \ldots, e_k)]\!]^\sharp\ \rho\ \phi = 1$$

Wenn ein Ausdruck bereits selbst den obersten Konstruktor des Ergebnisses bereit stellt, liefert seine Auswertung den Wert 1. Ein *match*-Ausdruck für Listen wird analog zu einem *if*-Ausdruck ausgewertet. Weil wir nichts über die Werte der beiden neu eingeführten Variablen im Fall einer zusammengesetzten Liste aussagen können, beschreiben wir diese jeweils mit dem Wert 1. Die abstrakte Auswertung eines *match*-Ausdrucks für Tupel entspricht der Konjunktion des Werts für den Ausdruck e_0 und des Werts für den Rumpf e_1, bei der als Werte für die neu eingeführten Variablen 1 angenommen wird.

Beispiel 3.7.6 Überprüfen wir unsere Analyse für die Funktion app, welche zwei Listen konkateniert:

$$\mathbf{let\ rec}\ \mathsf{app} = \mathbf{fun}\ x\ \to\ \mathbf{fun}\ y\ \to\ \mathbf{match}\ x\ \mathbf{with}\ [\,]\ \to\ y$$
$$|\ h::t\ \to\ h :: \mathsf{app}\ t\ y$$

Abstrakte Interpretation liefert die Gleichungen:

$$[\![\mathsf{app}]\!]^\sharp\ b_1\ b_2 = b_1\ \wedge\ (b_2 \vee 1)$$
$$= b_1$$

für Werte $b_1, b_2 \in \mathbf{2}$. Wir schließen, dass zur Berechnung des Wurzelkonstruktors des Ergebnisses mit Sicherheit der Wurzelkonstruktor des ersten Arguments erforderlich ist. □

In vielen Anwendungen wird nicht nur der Wurzelkonstruktor des Ergebniswerts benötigt, sondern der gesamte Wert. Welche Argumente einer Funktion werden *ganz* benötigt, wenn das Ergebnis *ganz* benötigt wird? Diese Verallgemeinerung der Striktheit auf Basiswerten auf zusammen gesetzte Werte nennen wir *totale* Striktheit. Nun beschreibt der abstrakte Wert 0 alle konkreten Werte, die definitiv ein ⊥ enthalten, während 1 nach wie vor sämtliche Werte beschreibt.

Auch das totale Striktheitsverhalten einer Funktion wollen wir durch boolesche Funktionen beschreiben. Die Regeln zur Ausdrucksauswertung der Striktheit für Ausdrücke ohne zusammengesetzte Datentypen erweitern wir erneut auf die Konstrukte für Tupel, Listen und *match*-Ausdrücke:

3.7 Verbesserung der Auswertungsreihenfolge: Die Striktheitsanalyse

$[\![\mathbf{match}\, e_0\, \mathbf{with}\, [\,]\, \to e_1 \mid h :: t \to e_2]\!]^\sharp\, \rho\, \phi = \mathbf{let}\, b = [\![e_0]\!]^\sharp\, \rho\, \phi$
$\qquad\qquad\qquad\qquad\qquad\qquad\qquad\quad \mathbf{in}\, b \wedge [\![e_1]\!]^\sharp\, \rho\, \phi$
$\qquad\qquad\qquad\qquad\qquad\qquad\qquad\quad\ \vee [\![e_2]\!]^\sharp\, (\rho \oplus \{h \mapsto b, t \mapsto 1\})\, \phi$
$\qquad\qquad\qquad\qquad\qquad\qquad\qquad\quad\ \vee [\![e_2]\!]^\sharp\, (\rho \oplus \{h \mapsto 1, t \mapsto b\})\, \phi$

$[\![\mathbf{match}\, e_0\, \mathbf{with}\, (x_1, \ldots, x_k) \to e_1]\!]^\sharp\, \rho\, \phi\ = \mathbf{let}\, b = [\![e_0]\!]^\sharp\, \rho\, \phi$
$\qquad\qquad\qquad\qquad\qquad\qquad\qquad\quad\ \mathbf{in}\, [\![e_1]\!]^\sharp\, (\rho \oplus \{x_1 \mapsto b, x_2, \ldots, x_k \mapsto 1\})\, \phi$
$\qquad\qquad\qquad\qquad\qquad\qquad\qquad\quad\ \vee \ldots \vee\, [\![e_1]\!]^\sharp\, (\rho \oplus \{x_1, \ldots, x_{k-1} \mapsto 1, x_k \mapsto b\})\, \phi$

$[\![[\,]\,]\!]^\sharp\, \rho\, \phi \qquad\qquad\qquad\qquad = 1$
$[\![e_1 :: e_2]\!]^\sharp\, \rho\, \phi \qquad\qquad\qquad = [\![e_1]\!]^\sharp\, \rho\, \phi\, \wedge\, [\![e_2]\!]^\sharp\, \rho\, \phi$
$[\![(e_1, \ldots, e_k)]\!]^\sharp\, \rho\, \phi \qquad\qquad = [\![e_1]\!]^\sharp\, \rho\, \phi\, \wedge \ldots \wedge\, [\![e_k]\!]^\sharp\, \rho\, \phi$
$[\![\mathbf{let\#}\, x_1 = e_1\, \mathbf{in}\, e]\!]^\sharp\, \rho\, \phi \quad\ = [\![e]\!]^\sharp\, (\rho \oplus \{x_1 \mapsto [\![e_1]\!]^\sharp\, \rho\, \phi\})\, \phi$

Bei der Analyse totaler Striktheit müssen Konstruktoranwendungen anders behandelt werden als bei der Analyse von Wurzelstriktheit. Die Anwendung eines Datenkonstruktors wird nun als *Konjunktion* der abstrakten Werte interpretiert, welche die Auswertung der Komponenten ergibt. Bei der Analyse eines *let#*-Ausdrucks muss beachtet werden, dass der vorgezogene Ausdruck nur bis zum Wurzelkonstruktor ausgewertet wird. Der so berechnete Wert kann damit durchaus ⊥ enthalten, ohne dass die Auswertung des Gesamtausdrucks nicht terminiert. Die abstrakte Auswertung eines *let#*-Ausrucks unterscheidet sich deshalb nicht von der abstrakten Auswertung eines *let*-Ausdrucks. Auch die Zerlegung des Werts eines Ausdrucks mit Hilfe des *match*-Konstrukts hat sich geändert: Wird der Ausdruck e_0, für den die Fallunterscheidung vorgenommen wird, zur leeren Liste ausgewertet, dann ist sein abstrakter Wert nicht 0. Diesem Fall entspricht deshalb die Konjunktion des abstrakten Werts von e_0 und dem abstrakten Wert des Ausdrucks für den Fall einer leeren Liste. Ergibt der Ausdruck e_0 andererseits eine zusammengesetzte Liste, betrachten wir zwei Fälle. Liefert die abstrakte Auswertung von e_0 den Wert 1, kann für die Komponenten der Liste ebenfalls nur der Wert 1 angenommen werden. Liefert die abstrakte Auswertung für e_0 dagegen 0, muss entweder das erste Element oder der Rest der Liste ⊥ enthalten. Folglich muss entweder die lokale Variable h oder die lokale Variable t den Wert 0 erhalten. Sei b der Wert des Ausdrucks e_0. Diese beiden Fälle kann man dann kompakt zusammenfassen durch die Disjunktion der Ergebnisse, die die abstrakten Auswertungen des Ausdrucks für zusammengesetzte Listen liefern, bei denen für die neu eingeführten lokalen Variablen h, t jeweils $b, 1$ bzw. $1, b$ eingesetzt werden. Eine ähnliche Disjunktion ergibt sich bei der abstrakten Auswertung eines *match*-Ausdrucks für Tupel. Wird ein Tupel durch 0 beschrieben, d.h. enthält es als Bestandteil ⊥, dann muss einer der Komponenten ebenfalls ⊥ enthalten. Diese Komponente kann dann durch 0 beschrieben werden. Wird ein Tupel dagegen durch 1 beschrieben, ist nichts über seine Komponenten bekannt. Sie müssen dann sämtlich durch 1 beschrieben werden.

Beispiel 3.7.7 Wir testen unseren Ansatz zur Analyse totaler Striktheit erneut an der Funktion app aus Beispiel 3.7.6. Abstrakte Interpretation liefert die Gleichungen:

$$[\![\text{app}]\!]^\sharp\, b_1\, b_2 = b_1 \wedge b_2 \vee b_1 \wedge [\![\text{app}]\!]^\sharp\, 1\, b_2 \vee 1 \wedge [\![\text{app}]\!]^\sharp\, b_1\, b_2$$
$$= b_1 \wedge b_2 \vee b_1 \wedge [\![\text{app}]\!]^\sharp\, 1\, b_2 \vee [\![\text{app}]\!]^\sharp\, b_1\, b_2$$

für $b_1, b_2 \in \mathbf{2}$. Fixpunktiteration liefert die folgenden Approximationen an den kleinsten Fixpunkt:

0	**fun** $x \to$ **fun** $y \to 0$
1	**fun** $x \to$ **fun** $y \to x \wedge y$
2	**fun** $x \to$ **fun** $y \to x \wedge y$

Wir schließen, dass beide Argumente definitiv *ganz* benötigt werden, sofern das Ergebnis ganz benötigt wird. □

Ob der Wert eines Ausdrucks aber *ganz* benötigt wird, hängt vom Kontext ab, in dem der Ausdruck steht. Für eine Funktion f, die möglicherweise in einem solchen Kontext vorkommt, sollte eine Variante f# bereit gehalten werden, die ihr Ergebnis gegebenenfalls effizienter berechnet. Der Einfachheit halber betrachten wir nur Funktionen, die für das ganze Ergebnis die Werte sämtlicher Argumente *ganz* benötigen. Für die Implementierung der Funktion f# nehmen an, dass ihre Argumente bereits ganz ausgewertet sind. Die Implementierung muss dann garantieren, dass dies auch für alle rekursiven Aufrufe der Varianten g# gilt und auch das Ergebnis bereits ganz ausgewertet ist. Für die Funktion app lässt sich die Variante app# so implementieren:

let rec app# = **fun** $x \to$ **fun** $y \to$ **match** x **with** [ ] $\to y$
$\qquad\qquad\qquad\qquad$ | $h :: t \to$ **let#** $t_1 =$ app# $t\, y$
$\qquad\qquad\qquad\qquad\qquad\qquad\quad$ **in** $h :: t_1$

Dabei nehmen wir an, dass sowohl für Variablen wie für Konstruktoren, die nur auf Variablen angewendet werden, keine eigenen Abschlüsse angelegt werden. Eine allgemeine Transformation, die Informationen über totale Striktheit systematisch ausnutzt, entwickelt Aufg. 13.

Das Programmiersprachenfragment, für das wir bisher Striktheitsanalysen entwickelt haben, ist sehr eingeschränkt. Im Folgenden wollen wir knapp skizzieren, wie diese Einschränkungen zumindest teilweise abgemildert werden können.

Als erstes haben wir angenommen, dass alle Funktionen auf der obersten Ebene definiert werden. Jedes Programm unseres OCAML-Fragments kann so transformiert werden, dass diese Eigenschaft erfüllt ist (siehe Aufg. 15). Alternativ ordnen wir bei der Analyse einer lokalen Funktion sämtlichen freien Variablen der Funktion den Wert 1 (don't know) zu. Das liefert möglicherweise ungenauere Informationen, aber zumindest korrekte Ergebnisse.

Weiterhin haben wir uns auf k-stellige Funktionen ohne funktionale Parameter oder Ergebnisse und ohne partielle Anwendungen beschränkt. Der Grund ist, dass der vollständige Verband aller k-stelligen monotonen abstrakten Funktionen $\mathbf{2} \to \ldots \to \mathbf{2}$ echt aufsteigende Ketten enthält, deren Länge exponentiell in k, d.h. der Anzahl der Parameter ist. Die Anzahl der Elemente in diesem Verband ist sogar doppelt exponentiell groß. Mit zunehmend komplexen Typen steigt die Komplexität allein der potenziell zu betrachtenden abstrakten Funktionen dramatisch an. Ein Ausweg besteht darin, die abstrakten Funktionsbereiche selbst durch kleinere vollständige Verbände zu abstrahieren. Zum Beispiel könnten wir für Funktionsbereiche wieder den booleschen Verband **2** verwenden: 0 repräsentiert dann etwa die konstante 0-Funktion. Bei einer so starken Abstraktion wird man in Programmen, die systematisch höhere Funktionen einsetzen, wenig brauchbare Striktheitsinformationen ableiten können. Ein Teil der höheren Funktionen kann jedoch durch Funktionsspezialisierung aus Kapitel 3.4 beseitigt werden — wodurch sich die Möglichkeiten für eine Striktheitsanalyse verbessern.

Striktheitsanalyse, wie wir sie hier betrachtet haben, ist nur für monomorphe Funktionen bzw. monomorphe Instanzen polymorpher Funktionen geeignet. Für den Programmierer ist oft nicht leicht nachvollziehbar, wann der Übersetzer in der Lage ist, Striktheitsinformationen zu berechnen und auszunutzen. Die Programmiersprache HASKELL bietet deshalb *Annotationen* an, die es dem Programmierer erlauben, die Auswertung von Ausdrücken zu erzwingen, wann immer er es aus Effizienzgründen für wichtig erachtet.

3.8 Aufgaben

1. *let-Optimierung.* Betrachten Sie die folgende Gleichung:

$$(\mathbf{fun}\ y \to \mathbf{let}\ x = e\ \mathbf{in}\ e_1) = (\mathbf{let}\ x = e\ \mathbf{in}\ \mathbf{fun}\ y \to e_1)$$

    falls y nicht frei in e vorkommt.
    a) Geben Sie Bedingungen an, unter denen die Ausdrücke auf beiden Seiten semantisch äquivalent sind.
    b) Geben Sie Bedingungen an, unter denen die Anwendung dieser Gleichung von links nach rechts zur Erhöhung der Effizienz der Auswertung beitragen kann.
2. *letrec-Optimierung.* Geben Sie Regeln an, wie *let*-Definitionen auch aus *letrec*-Ausdrücken herausgezogen werden können. Geben Sie Bedingungen an, unter denen Ihre Transformationen Semantik-erhaltend sind bzw. zu einer Verbesserung der Effizienz führen. Testen Sie Ihre Optimierungen an einigen Beispielen.
3. *let-Optimierung.* Was halten Sie von den Regeln:

$$(\mathbf{if}\ \mathbf{let}\ x = e\ \mathbf{in}\ e_0\ \mathbf{then}\ e_1\ \mathbf{else}\ e_2) = (\mathbf{let}\ x = e\ \mathbf{in}\ \mathbf{if}\ e_0\ \mathbf{then}\ e_1\ \mathbf{else}\ e_2)$$
$$(\mathbf{if}\ e_0\ \mathbf{then}\ \mathbf{let}\ x = e\ \mathbf{in}\ e_1\ \mathbf{else}\ e_2) = (\mathbf{let}\ x = e\ \mathbf{in}\ \mathbf{if}\ e_0\ \mathbf{then}\ e_1\ \mathbf{else}\ e_2)$$

    wobei x nicht frei in den Ausdrücken $e_0, e_1,$ und e_2 vorkommt.
4. *Baumgrammatik.* Eine Baumgrammatik ist ein Tupel $G = (N, T, P)$, wobei N eine endliche Menge von Nichtterminalsymbolen ist, T eine endliche Menge von terminalen Konstruktoren und P eine Menge von Regeln der Form $A \Rightarrow t$,

wobei t ein Term ist, der nicht-terminalen Symbolen aus N mit Hilfe der Konstruktoren aus T aufgebaut ist. Die *Sprache* $\mathcal{L}_G(A)$ der regulären Baumgrammatik G für ein Nichtterminal A ist die Menge aller terminalen Ausdrücke t, die aus dem Nichtterminal A mit Hilfe der Regeln aus P ableitbar sind. Ein Ausdruck heißt dabei *terminal*, wenn in ihm kein Nichtterminal vorkommt.

Geben Sie reguläre Baumgrammatiken an für die folgenden Mengen von Bäumen:

    a) alle Listen (innere Knoten : "::") mit einer geraden Anzahl von Elementen aus $\{0,1,2\}$;

    b) alle Listen mit Elementen aus $\{0,1,2\}$, so dass die Summe der Elemente gerade ist;

    c) alle Terme mit inneren Knoten :: und Blättern $\{0,1,2\}$ oder [ ], die vom Typ list list **int** sind.

5. *Baumgrammatik (Forts.).* Sei G eine reguläre Baumgrammatik der Größe n und A ein Nichtterminalsymbol von G. Zeigen Sie:

    a) $\mathcal{L}_G(A) \neq \emptyset$ gdw. $t \in \mathcal{L}_G(A)$ für ein t der Tiefe $\leq n$;

    b) $\mathcal{L}_G(A)$ ist unendlich gdw. $t \in \mathcal{L}_G(A)$ für ein t der Tiefe d mit $n \leq d < 2n$.

(Definieren Sie insbesondere "Größe einer Grammatik" so, dass diese Behauptungen gelten.)

6. *Wertanalyse: Fallunterscheidung.* Modifizieren Sie den Algorithmus zur Wertanalyse so, dass er bei Fallunterscheidungen die Reihenfolge der Muster berücksichtigt.

7. *Wertanalyse: Ausnahmen.* Betrachten Sie die funktionale Kernsprache, erweitert um die Konstrukte:

$$e \quad ::= \quad \ldots \mid \textbf{raise } e \mid (\textbf{try } e \textbf{ with } p_1 \to e_1 \mid \ldots \mid p_k \to e_k)$$

Der Ausdruck **raise** e wirft eine Ausnahme vom Wert e, während der *try*-Ausdruck den Hauptausdruck e auswertet und, sofern die Berechnung mit einer Ausnahme v endet, diese Ausnahme fängt, falls eines der Muster p_i auf v passt und andernfalls die Ausnahme erneut wirft.

Wie muss die Wertanalyse modifiziert werden, um die Menge der Ausnahmen zu ermitteln, die die Auswertung eines Ausdrucks möglicherweise werfen kann?

8. *Wertanalyse: Referenzen.* Betrachten Sie die funktionale Kernsprache, erweitert um destruktiv modifizierbare Referenzen:

$$e \quad ::= \quad \ldots \mid \textbf{ref } e \mid (e_1 := e_2) \mid !e$$

Erweitern Sie die Wertanalyse auf diese erweiterte Programmiersprache. Wie könnte man mit Hilfe dieser Analyse heraus finden, dass ein Ausdruck *pur* ist, d.h. dass seine Auswertung keine Referenzen modifiziert?

9. *Vereinfachungsregeln für die Identität.* Sei id = **fun** x $\to$ x. Stellen Sie ein System von Regeln auf, mit dem Ausdrücke, die id enthalten, vereinfacht werden können!

10. *Vereinfachungsregeln für* rev. Definieren Sie Funktionen rev, fold_right, rev_map, rev_tabulate und ref_loop, wobei ref zu einer Liste eine Liste mit den

gleichen Elementen, aber in umgekehrter Reihenfolge liefert. Für die übrigen Funktionen gilt:

$$\begin{aligned} \text{fold\_right f } a &= \text{comp (fold\_left f } a\text{) rev} \\ \text{rev\_map f} &= \text{comp (map f) rev} \\ \text{rev\_tabulate } n &= \text{comp rev tabulate } n \end{aligned}$$

rev_loop n soll sich wie loop n verhalten, nur dass die Iteration von $n - 1$ bis 0 läuft und nicht umgekehrt.

Entwerfen Sie Regeln für die Kompositionen dieser Funktionen sowie dieser Funktionen mit map, fold_left, filter und tabulate! Verwenden Sie dabei, dass comp rev rev die Identität ist.

Erläutern Sie, unter welchen Umständen diese Regeln anwendbar sind und warum sie die Effizienz verbessern!

11. *Vereinfachungsregeln für indexabhängige Funktionen.* Definieren Sie indexabhängige Varianten der Funktionen map und fold_left. Stellen Sie Vereinfachungsregeln auf und argumentieren Sie, unter welchen Bedingungen diese anwendbar sind!

    Wie verhalten sich die neuen Funktionen bei Komposition mit map, fold_left, filter und tabulate?

12. *Vereinfachungsregeln für allgemeine Datenstrukturen.* Stellen Sie Vereinfachungsregeln auf für Funktionen map und fold_left auf baumartigen Datenstrukturen. Die Funktion map soll dabei eine Funktion auf alle Datenelemente anwenden, die in der Datenstruktur enthalten sind, während fold_left alle in der Datenstruktur enthaltenen Datenelemente in einen Wert zusammenfasst.

    Geben Sie Beispiele für Ihr generelles Schema und diskutieren Sie seine Anwendbarkeit. Wie könnte eine Verallgemeinerung der Funktion tabulate von Listen auf baumartige Datenstrukturen aussehen?

    Gibt es in Ihrem Schema auch ein Analogon zu der Listenfunktion filter? Definieren Sie zusätzlich Funktionen to_list und from_list, die Ihre Datenstruktur in eine Liste transformieren bzw. aus einer Liste rekonstruieren. Welche Vereinfachungsregeln gibt es für diese Funktionen?

13. *Optimierung für totale Striktheit.* Entwickeln Sie eine Transformation, die zu einem Ausdruck, dessen Ergebnis sicher *ganz* benötigt wird, einen optimierten Ausdruck liefert.

14. *Kombinierung von Wurzel- und totaler Striktheit.* Definieren Sie eine Striktheitsanalyse, die simultan totale Striktheit und Wurzelstriktheit analysiert. Verwenden Sie dazu einen Verband $\mathbf{3} = \{0 < 1 < 2\}$.

    Definieren Sie eine Beschreibungsrelation zwischen konkreten Werten und abstrakten Werten aus $\mathbf{3}$ und definieren Sie die benötigte abstrakte Ausdrucksauswertung.

    Probieren Sie Ihre Analyse an der Funktion app aus.

    Verallgemeinern Sie Ihre Analyse zu einer Analyse, die für ein gegebenes $k \geq 1$ ermittelt, bis zu welcher Tiefe $\leq k - 1$ die Argumente einer Funktion ausgewertet werden müssen (oder ganz), wenn das Ergebnis bis zu einer Tiefe $0 \leq j \leq k-1$ oder ganz benötigt wird.

15. *Verschiebung lokaler Funktionen auf die oberste Ebene.* Transformieren Sie ein gegebenes OCaml-Programm so, dass sämtliche Funktionen auf der obersten Ebene definiert werden.

16. *Monotone Funktionen über* **2**. Konstruieren Sie die folgenden vollständigen Verbände monotoner Funktionen:
    a) **2 → 2**;
    b) **2 → 2 → 2**;
    c) **(2 → 2) → 2 → 2**!

17. *Striktheitsanalyse höherer Funktionen.* Analysieren Sie die totalen Striktheitseigenschaften der monomorphen Instanzen der Funktionen map und fold_left mit den Typen:

    map   : (**int → int**) → list **int** → list **int**
    fold_left : (**int → int → int**) → **int** → list **int** → list **int**

3.9 Literaturhinweise

Der λ-Kalkül mit β-Reduktion und α-Konversion bildet die theoretische Grundlage funktionaler Programmiersprachen. Er basiert auf Arbeiten zur Grundlegung der Mathematik von Alonzo Church und Stephen Cole Kleene aus den 1930er Jahren. Nach wie vor ist das Buch von Hendrik Barendregt [Bar84] das Standardwerk, in dem wichtige Eigenschaften und Theoreme umfassend dargestellt werden.

Einen Überblick über die Optimierungen im HASKELL-Compilers bietet [JS98]. Dort werden auch ausführlich Optimierungen geschachtelter *let*-Ausdrücke behandelt [JPS96].

Die *fold/unfold*-Transformationen werden erstmals ausführlich in [BD77] diskutiert. Inlining und Funktionsspezialisierung sind einfache Formen *partieller Auswertung* von Programmen [SS99]. Unsere Wertanalyse lehnt sich an die von Nevin Heintze beschriebene an [Hei94]. Eine typbasierte Analyse von Seiteneffekten wurde von Torben Amtoft, Flemming Nielson und Hanne Riis Nielson [ANN97] vorgeschlagen.

Die Idee, Zwischendatenstrukturen systematisch zu unterdrücken, stammt von Phil Wadler [Wad90]. Eine Erweiterung auf Programme mit höheren Funktionen bietet [SS98]. Die hier vorgestellte, besonders einfache Variante für Listen wurde von Andrew J. Gill, John Launchbury und Simon L. Peyton Jones vorgeschlagen [GLJ93]. Verallgemeinerungen auf beliebige algebraische Datenstrukturen studieren Akihiko Takano und Erik Meijer [TM95].

Die Idee, Striktheitsanalyse zur Umwandlung von CBV in CBN einzusetzen, geht auf Alan Mycroft zurück [Myc80]. Eine Verallgemeinerung auf monomorphe Programme mit höheren Funktionen haben Geoff Burn, Chris Hankin und Samson

Abramsky vorgestellt [BHA86]. Das hier beschriebene Verfahren zur Analyse totaler Striktheit für Programme mit strukturierten Daten ist eine Vereinfachung des Verfahrens von R.C. Sekar, I.V. Ramakrishnan und Prateek Mishra [SPR90].

Gar nicht behandelt wurde in unserem Kapitel Optimierungen, die auf der Repräsentation funktionaler Programme in continuation-passing style basieren. Eine ausführliche Darstellung dieser Technik bietet Andrew W. Appel [App07].

Literaturverzeichnis

[ABRT02] Paul Anderson, David Binkley, Genevieve Rosay, Tim Teitelbaum. Flow insensitive points-to sets. *Information & Software Technology*, 44(13):743–754, 2002.
[AG04] Andrew W. Appel, Maia Ginsburg. *Modern Compiler Implementation in C*. Cambridge University Press, 2004.
[AH87] Samson Abramsky, Chris Hankin (Hrsg.). *Abstract Interpretation of Declarative Languages*. Ellis Horwood, 1987.
[ALSU07] Alfred V. Aho, Monica S. Lam, Ravi Sethi, Jeffrey D. Ullman. *Compilers: Principles, Techniques, & Tools*. Addison-Wesley, 2007. 2nd revised Edition.
[ANN97] Torben Amtoft, Flemming Nielson, Hanne Riis Nielson. Type and Behaviour Reconstruction for Higher-Order Concurrent Programs. *J. Funct. Program.*, 7(3):321–347, 1997.
[App07] Andrew W. Appel. *Compiling with Continuations*. Cambridge University Press, 2007.
[Bac97] David Francis Bacon. *Fast and Effective Optimization of Statically Typed Object-oriented Languages*. PhD thesis, Berkeley, 1997.
[Bar84] Hendrik Pieter Barendregt. *The Lambda Calculus: Its Syntax and Semantics*, volume 103 of *Studies in Logic and the Foundations of Mathematics*. North Holland, Amsterdam, 1984. Revised edition.
[BD77] Rod M. Burstall, John Darlington. A Transformation System for Developing Recursive Programs. *J. ACM*, 24(1):44–67, 1977.
[BHA86] Geoffrey L. Burn, Chris Hankin, Samson Abramsky. Strictness Analysis for Higher-Order Functions. *Sci. Comput. Program.*, 7(3):249–278, 1986.
[CC76] Patrick Cousot, Radhia Cousot. *Static Determination of Dynamic Properties of Programs*. In 2nd Int. Symp. on Programming, pp. 106–130. Dunod, Paris, France, 1976.
[CC77a] Patrick Cousot, Radhia Cousot. *Abstract Interpretation: A Unified Lattice Model for Static Analysis of Programs by Construction or Approximation of Fixpoints*. In 4th ACM Symp. on Principles of Programming Languages (POPL), pp. 238–252, 1977.
[CC77b] Patrick Cousot, Radhia Cousot. *Static Determination of Dynamic Properties of Recursive Procedures*. In E.J. Neuhold (Hrsg.), IFIP Conf. on Formal Description of Programming Concepts, pp. 237–277. North-Holland, 1977.
[CC02] Patrick Cousot, Radhia Cousot. *Systematic Design of Program Transformation Frameworks by Abstract Interpretation*. In 29th ACM Symp. on Principles of Programming Languages (POPL), pp. 178–190, 2002.

[CGS+99]   Jong-Deok Choi, Manish Gupta, Mauricio Serrano, Vugranam C. Sreedhar, Sam Midkiff. Escape Analysis for Java. *SIGPLAN Not.*, 34(10):1–19, 1999.
[CH78]   Patrick Cousot, Nicolas Halbwachs. *Automatic Discovery of Linear Restraints among Variables of a Program*. In 5th ACM Symp. on Principles of Programming Languages (POPL), pp. 84–97, 1978.
[CLRS09]   Thomas H. Cormen, Charles E. Leiserson, Ronald L. Rivest, Clif Stein. *Introduction to Algorithms (Third Edition)*. MIT Press, 2009.
[CT04]   Keith D. Cooper, Linda Torczon. *Engineering a Compiler*. Morgan Kaufmann, 2004.
[FRD00]   Manuel Fähndrich, Jakob Rehof, Manuvir Das. Scalable Context-sensitive Flow Analysis Using Instantiation Constraints. *SIGPLAN Not.*, 35(5):253–263, 2000.
[FS99]   Christian Fecht, Helmut Seidl. A Faster Solver for General Systems of Equations. *Science of Computer Programming (SCP)*, 35(2):137–161, 1999.
[GLJ93]   Andrew J. Gill, John Launchbury, Simon L. Peyton Jones. *A Short Cut to Deforestation*. In Functional Programming and Computer Architecture (FPCA), pp. 223–232, 1993.
[GMW81]   Robert Giegerich, Ulrich Möncke, Reinhard Wilhelm. *Invariance of Approximate Semantics with Respect to Program Transformations*. In GI Jahrestagung, pp. 1–10, 1981.
[Gra91]   Philippe Granger. *Static Analysis of Linear Congruence Equalities among Variables of a Program*. In Int. Joint Conf. on Theory and Practice of Software Development (TAPSOFT), pp. 169–192. LNCS 493, Springer, 1991.
[GS07]   Thomas Gawlitza, Helmut Seidl. *Precise Fixpoint Computation Through Strategy Iteration*. In European Symposium on Programming (ESOP), pp. 300–315. LNCS 4421, Springer, 2007.
[Hec77]   Matthew S. Hecht. *Flow Analysis of Computer Programs*. North Holland, 1977.
[Hei94]   Nevin Heintze. Set-based Analysis of ML Programs. *SIGPLAN Lisp Pointers*, VII(3):306–317, 1994.
[JPS96]   Simon L. Peyton Jones, Will Partain, André Santos. *Let-floating: Moving Bindings to Give Faster Programs*. In Int. Conf. on Functional Programming (ICFP), pp. 1–12, 1996.
[JS98]   Simon L. Peyton Jones, André L. M. Santos. A Transformation-Based Optimiser for Haskell. *Sci. Comput. Program.*, 32(1-3):3–47, 1998.
[Kar76]   Michael Karr. Affine Relationships Among Variables of a Program. *Acta Informatica*, 6:133–151, 1976.
[Kil73]   Gary A. Kildall. *A Unified Approach to Global Program Optimization*. In ACM Symp. on Principles of Programming Languages (POPL), pp. 194–206, 1973.
[Kno98]   Jens Knoop. *Optimal Interprocedural Program Optimization, A New Framework and Its Application*. LNCS 1428, Springer, 1998.
[KRS94a]   Jens Knoop, Oliver Rüthing, Bernhard Steffen. Optimal Code Motion: Theory and Practice. *ACM Trans. Program. Lang. Syst.*, 16(4):1117–1155, 1994.
[KRS94b]   Jens Knoop, Oliver Rüthing, Bernhard Steffen. *Partial Dead Code Elimination*. In ACM Conf. on Programming Languages Design and Implementation (PLDI), pp. 147–158, 1994.
[KS92]   Jens Knoop, Bernhard Steffen. *The Interprocedural Coincidence Theorem*. In 4th Int. Conf. on Compiler Construction (CC), pp. 125–140. LNCS 541, Springer, 1992.
[KTL09]   Sudipta Kundu, Zachary Tatlock, Sorin Lerner. *Proving Optimizations Correct Using Parameterized Program Equivalence*. In ACM SIGPLAN Conf. on Programming Language Design and Implementation (PLDI), 2009.

Literaturverzeichnis

[KU76]   John B. Kam, Jeffrey D. Ullman. Global Data Flow Analysis and Iterative Algorithms. *Journal of the ACM*, 23(1):158–171, 1976.

[KU77]   John B. Kam, Jeffrey D. Ullman. Monotone Data Flow Analysis Frameworks. *Acta Inf.*, 7:305–317, 1977.

[Ler09]   Xavier Leroy. Formal Verification of a Realistic Compiler. *Communications of the ACM*, 52(7):107–115, 2009.

[LMC03]   Sorin Lerner, Todd D. Millstein, Craig Chambers. *Automatically Proving the Correctness of Compiler Optimizations*. In ACM SIGPLAN Conf. on Programming Language Design and Implementatio (PLDI), pp. 220–231, 2003.

[LMRC05] Sorin Lerner, Todd Millstein, Erika Rice, Craig Chambers. *Automated Soundness Proofs for Dataflow Analyses and Transformations via Local Rules*. In 32nd ACM Symp. on Principles of Programming Languages (POPL), pp. 364–377, 2005.

[LPH01]   Donglin Liang, Maikel Pennings, Mary Jean Harrold. *Extending and Evaluating Flow-insensitive and Context-insensitive Points-to Analyses for Java*. In ACM SIGPLAN-SIGSOFT Workshop on Program Analysis For Software Tools and Engineering (PASTE), pp. 73–79, 2001.

[MAWF98] Florian Martin, Martin Alt, Reinhard Wilhelm, Christian Ferdinand. *Analysis of Loops*. In 7th Int. Conf. on Compiler Construction (CC), pp. 80–94. LNCS 1383, Springer, 1998.

[MJ81]   Steven S. Muchnick, Neil D. Jones (Hrsg.). *Program Flow Analysis: Theory and Application*. Prentice Hall, 1981.

[MOS04]   Markus Müller-Olm, Helmut Seidl. *Precise Interprocedural Analysis through Linear Algebra*. In 31st ACM Symp. on Principles of Programming Languages (POPL), pp. 330–341, 2004.

[MOS05]   Markus Müller-Olm, Helmut Seidl. *A Generic Framework for Interprocedural Analysis of Numerical Properties*. In Static Analysis, 12th Int. Symp. (SAS), pp. 235–250. LNCS 3672, Springer, 2005.

[MOS07]   Markus Müller-Olm, Helmut Seidl. Analysis of Modular Arithmetic. *ACM Trans. Program. Lang. Syst.*, 29(5), 2007.

[Muc97]   Steven S. Muchnick. *Advanced Compiler Design and Implementation*. Morgan Kaufmann, 1997.

[Myc80]   Alan Mycroft. *The Theory and Practice of Transforming Call-by-need into Call-by-value*. In Symposium on Programming: Fourth 'Colloque International sur la Programmation', pp. 269–281. LNCS 83, Springer, 1980.

[NNH99]   Flemming Nielson, Hanne Riis Nielson, Chris Hankin. *Principles of Program Analysis*. Springer, 1999.

[Pai90]   Robert Paige. *Symbolic Finite Differencing - Part I*. In 3rd European Symposium on Programming (ESOP), pp. 36–56. LNCS 432, Springer, 1990.

[PS77]   Robert Paige, Jacob T. Schwartz. *Reduction in Strength of High Level Operations*. In 4th ACM Symp. on Principles of Programming Languages (POPL), pp. 58–71, 1977.

[Ram02]   G. Ramalingam. On Loops, Dominators, and Dominance Frontiers. *ACM Trans. Program. Lang. Syst. (TOPLAS)*, 24(5):455–490, 2002.

[SHR+00] Vijay Sundaresan, Laurie Hendren, Chrislain Razafimahefa, Raja Vallée-Rai, Patrick Lam, Etienne Gagnon, Charles Godin. *Practical Virtual Method Call Resolution for Java*. In 15th ACM SIGPLAN Conf. on Object-oriented Programming, Systems, Languages, and Applications (OOPSLA), pp. 264–280, 2000.

[Sim08]   Axel Simon. *Value-Range Analysis of C Programs: Towards Proving the Absence of Buffer Overflow Vulnerabilities*. Springer Verlag, 2008.

[SLGA03] Jeffrey Sheldon, Walter Lee, Ben Greenwald, Saman P. Amarasinghe. *Strength Reduction of Integer Division and Modulo Operations*. In Languages and Compilers for Parallel Computing, 14th Int. Workshop (LCPC). Revised Papers, pp. 254–273. LNCS 2624, Springer, 2003.

[SP81] Micha Sharir, Amir Pnueli. Two Approaches to Interprocedural Data Flow Analysis. In Steven S. Muchnick, Neil D. Jones (Hrsg.), Program Flow Analysis: Theory and Application, pp. 189–234. Prentice Hall, 1981.

[SPR90] R. C. Sekar, Shaunak Pawagi, I. V. Ramakrishnan. *Small Domains Spell Fast Strictness Analysis*. In ACM Symp. on Principles o Programming Languages (POPL), pp. 169–183, 1990.

[SRW99] Mooly Sagiv, Thomas W. Reps, Reinhard Wilhelm. *Parametric Shape Analysis via 3-Valued Logic*. In 26th ACM Symp. on Principles of Programming Languages (POPL), pp. 105–118, 1999.

[SRW02] Mooly Sagiv, Thomas W. Reps, Reinhard Wilhelm. Parametric Shape Analysis via 3-Valued Logic. *ACM Trans. Program. Lang. Syst. (TOPLAS)*, 24(3):217–298, 2002.

[SS98] Helmut Seidl, Morten Heine Sørensen. Constraints to Stop Deforestation. *Sci. Comput. Program.*, 32(1-3):73–107, 1998.

[SS99] Jens P. Secher, Morten Heine Sørensen. *On Perfect Supercompilation*. In 3rd Int. Andrei Ershov Memorial Conference: Perspectives of System Informatics (PSI), pp. 113–127. LNCS 1755, Springer, 1999.

[SS03] Y.N. Srikant, Priti Shankar (Hrsg.). *The Compiler Design Handbook: Optimizations and Machine Code Generation*. CRC Press, 2003.

[Ste96] Bjarne Steensgaard. *Points-to Analysis in Almost Linear Time*. In 23rd ACM Symp. on Principles of Programming Languages (POPL), pp. 32–41, 1996.

[TL09] Jean-Baptiste Tristan, Xavier Leroy. *Verified validation of Lazy Code Motion*. In ACM SIGPLAN Conf. on Programming Language Design and Implementation (PLDI), pp. 316–326, 2009.

[TM95] Akihiko Takano, Erik Meijer. *Shortcut Deforestation in Calculational Form*. In SIGPLAN-SIGARCH-WG2.8 Conf. on Functional Programming Languages and Computer Architecture (FPCA), pp. 306–313, 1995.

[Wad90] Philip Wadler. Deforestation: Transforming Programs to Eliminate Trees. *Theor. Comput. Sci.*, 73(2):231–248, 1990.

Stichwortverzeichnis

Abschluss, 157
Abstrakte Interpretation, 47
Alias, 69
  May-, 69
  Must-, 69
Aliasanalyse, 68
α-Konversion, 142
Analyse, 3
  flussunabhängige, 75
    Korrektheit, 76
  interprozedurale, 124
  Points-to, 72
    Korrektheit der, 74
Analyserahmen
  distributiver, 30
  monotoner, 27
Ansatz
  Call-String, 134
  funkionaler, 125
Antisymmetrie, 17
Anwendung
  partielle, 139
Äquivalenzklasse, 77
Array-Bounds-Check, 55
Aufruf
  -keller, 117
  letzter, 122
Aufrufgraph, 121
Ausdruck
  verfügbarer, 11
  Wert-, 149
Ausdrucksauswertung, 10
  abstrakte, 46
Auswertung
  gierige, 143, 157
  partielle, 44
  verzögerte, 157

  verzögerte, 139
  zögerte, 143

Baumgrammatik
  Nichtterminal einer, 149
  reguläre, 149
Berechnung, 9
Berechnungsfolge
  erreichende, 119
  pegelerhaltende, 118
Berechnungsschritt, 8
Beschreibungsrelation, 47
β-Reduktion, 142
Bottom, 18
Bound
  Upper, 17
  Least, 17

C, 3, 139
Call
  Last, 122
Call Stack, 117
Code
  schleifeninvarianter, 97
Constant Folding, 43
Constant Propagation, 43
Copy Propagation, 40

Datenflussanalyse, V
Datenstruktur
  Union-Find-, 79
Dead Code Elimination, 35
Deforestation, 153
.NET-Instruktionen, 139

Element
  atomares, 29

größtes, 18
kleinstes, 18
Endrekursion, 123
evaluation
  eager, 143
  lazy, 143

Fixpunkt, 22
  größter, 23
  kleinster, 22
  Post-, 22
Fixpunktiteration
  akkumulierende, 24
  lokale, 90
  naive, 23
  rekursive, 87
  Round-Robin, 24
FORTRAN, V
F#, 139
Funktion
  distributive, 28
  monotone, 20
  strikte, 28
  total distributive, 28
Funktionen
  Faltung von, 147
  Inlining von, 144
  Spezialisierung von, 146
Funktionsabstraktion, 141

Halbordnung, 17
HASKELL, 139, 143, 146

Inlining
  von Funktionen, 144
  von Prozeduren, 120
Interpretation
  abstrakte, VI
Intervallanalyse, 54
Intervallarithmetik, 57

JAVA, 3
Java Virtual Machine, 139

Kanteneffekt
  abstrakter, 12
  konkreter, 9
Kellerrahmen, 117
Kette

absteigende, 66
aufsteigende, 21
stabile aufsteigende, 22
Konkretisierung, 48
Konstantenfaltung, 43
Konstantenpropagation, 43
  interprozedurale, 132
Kontrollflussgraph, 8
  interprozeduraler, 116
Korrektheit
  der Intervallanalyse, 60
  der Konstantenpropagation, 47
  der Transformation DE, 35
  der Transformation PRE, 97
  der Transformation RE, 14
  interprozeduraler Analyse, 127
Kreistrenner, 63

λ-Kalkül, 142
Lattice
  Atomic, 29
  Complete, 16, 18
LISP, 146
Listenkonstruktor, 146
Loop Inversion, 98
Loop Separator, 63
Lösung, 19
  Merge-Over-All-Paths, 27

Mehrfachberechnung, 7
Memoisierung, 7
Muster, 148

Narrowing, 65
  -Operator, 67
Nichtterminal einer Baumgrammatik, 149

OCAML, 139, 143
Ordnungsrelation, 17
  duale, 23

Partial Order, 17
Partitionen, 77
  Verfeinerung von, 77
Pattern Matching, 139
Polymorphie, 139
Prädominator, 99
Programm
  wohlgetyptes, 141

Programmoptimierung, 3
Programmpunkt, 8
Programmzustand, 9
Propagation von Kopien, 40
  interprozedurale, 124
  intraprozedurale, 40

Redundancy Elimination, 13
Redundanz, 7
Redundanzen
  Beseitigung von, 13
  partielle, 90
Reflexivität, 17
Register
  virtuelles, 4
Registerzuteilung, 4
Round-Robin-Iteration, 24
  Korrektheit der, 25
Rücksprungkante, 100
Rückwärtsanalyse, 34

SCALA, 139
Schleifenumkehr, 98
Schranke
  größte untere, 18
  kleinste obere, 17
  obere, 17
Seiteneffekt, 143
Semantik
  denotationelle, 160
  instrumentierte, 74
  operationelle, 3, 152
    small-step, 8
  Referenz-, 74
Speicher, 4
  dynamisch allokierter, 68
Speicherzelle
  uninitialisierte, 74
Stack Frame, 117
Striktheit, 157
  totale, 162
  Wurzel-, 161
Substitution, 142
Supergraph
  interprozeduraler, 135

Terminierung, 143
Top, 18
totale Striktheit, 162
toter Code

Beseitigung von, 35
Transitivität, 17
Typinferenz, 139
Typsystem, 69

Übersetzung
  getrennte, 124
Ungleichungssystem, 15
  Größe eines, 85

Variable
  globale, 32
Variablen, 1
  -anordnung, 26
  -belegung, 9
    abstrakte, 45
  -umbenennung, 142
  Benutzung einer, 32
  Definition einer, 32
  echt lebendige, 37
  echte Benutzung einer, 38
  lebendige, 32
  teilweise tote, 102
  tote, 32
Verband
  atomarer, 29
  flacher, 18
  Höhe eines vollständigen, 25, 85
  Teilmengen-, 18
  vollständiger, 16, 18
Verifikation, VI
Vorwärtsanalyse, 34

Wertanalyse, 148
Widening, 61
  -Operator, 62
Worklist-Algorithmus, 83
Wurzel-Striktheit, 161

Zeiger, 68
Zeigerarithmetik, 69
Zuweisung
  sehr beschäftigte, 91
  teilweise tote, 102
  tote, 32
  verfügbare, 12
  verzögerbare, 104
  zwischen Variablen, 40
Zwischendatenstrukturen, 153